# 90일 밤의 우주

Collect
**22**

# 90일 밤의 우주

**1판 1쇄 발행** 2023년 05월 19일
**1판 6쇄 발행** 2024년 10월 05일

**지은이** 김명진, 김상혁, 노경민, 신지혜, 이우경, 정태현, 정해임, 홍성욱
**발행인** 김태웅
**기획편집** 김유진, 정보영
**디자인** 어나더페이퍼 **교정교열** 박성숙
**마케팅 총괄** 김철영
**마케팅** 서재욱, 오승수
**온라인 마케팅** 양희지
**인터넷 관리** 김상규
**제작** 현대순
**총무** 윤선미, 안서현, 지이슬
**관리** 김훈희, 이국희, 김승훈, 최국호
**발행처** ㈜동양북스
**등록** 제2014-000055호
**주소** 서울시 마포구 동교로22길 14(04030)
**구입 문의 전화** (02)337-1737 **팩스** (02)334-6624
**내용 문의 전화** (02)337-1734 **이메일** dymg98@naver.com

**ISBN** 979-11-5768-920-0 03400

90일 밤의 우주

UNIVERSE
SPACE
COSMOS

잠들기 전 짧막하게 읽어보는 천문우주 이야기

김명진 · 김상혁 · 노경민 · 신지혜 · 이우경 · 정태현 · 정해임 · 홍성욱 지음

📖 동양북스

# 지금부터 8인의 천문학자와 함께
# 밤하늘 우주여행을 떠납니다!

전 세계가 우주로 향하는 지금, 우주에서는 어떤 일들이 벌어지고 있을까요. 과연 우주는 어디서부터 어디까지이며, 얼마나 많은 이야기가 숨어 있을까요. 아마도 여러분이 상상하는 그 이상일 겁니다. 이 책에서는 우리나라의 대표 천문우주 연구 기관인 한국천문연구원Korea Astronomy and Space Science Institute; KASI 소속 8인의 천문우주 전문가가 경이로운 우주에 대해 하루에 하나씩 소개합니다. 우주 지식뿐 아니라 최첨단 연구 현장의 최신 소식은 물론, 과학자들의 열정이나 애환도 곳곳에 담겨 있으니 신비한 우주 사진과 함께 즐거운 90일 밤의 여행하시길 바랍니다.
우리를 우주로 안내할 천문우주 전문가들을 소개합니다.

"소행성은 태양계 기원과
진화의 비밀을 풀 열쇠입니다."

김명진 _M

**간단한 자기소개**

은하와 은수, 합치면 '은하수'인 예쁜 이름을 가진 두 아이의 아빠입니다. 별을 바라보는 것이 좋아서 천문학자가 되었고, 별 사이사이를 가로지르며 움직이는 소행성을 관측하는 재미에 빠져 소행성을 전공했습니다. 돌덩어리 같은 소행성의 각기 다른 생김새가 태양계의 기원과 진화의 비밀을 풀 열쇠라는 사실을 굳게 믿고 있지요. 최근에는 공룡이 멸종한 것은 천문학자가 없었기 때문이라 주장하는 지구 방위대 일원으로 활약하며, 지구를 위협할 가능성이 있는 소행성을 찾아내는 망원경을 만들고 있습니다.

**이 책에서 주로 어떤 주제를 소개했나?**

천문학자로서의 제 정체성은 크게 두 가지입니다. 관측 천문학자, 태양계 천문학자. 이 두 가지와 관련된 주제를 선정했습니다. 관측 천문학자로서 제가 경험한 경이로운 밤하늘을 소개하고 별 보는 즐거움을 전달하기 위해, 그리고 그 문턱을 조금이라도 낮춰보기 위해서요. 또한 실제로 관측하는 대상에 직접 가보거나, 탐사선을 보낼 수 있는 태양계 천문학의 매력을 전하고 싶었습니다.

**90일간 우주여행을 떠날 독자에게 해주고 싶은 말이 있다면?**

"별을 바라본다는 것은 꿈을 꾸는 일이다." 대학 시절 읽은 한수산 작가의 《꿈꾸는 일에는 늦음이 없다》에 나온 문장입니다. 바쁜 현대 사회를 사는 우리지만, 별을 바라보듯 그렇게 꿈을 꾸며 오늘만큼은 하늘 한 번 쳐다보며 조금 여유롭게 살아가는 우리가 되면 좋겠습니다. 세상 절반의 아름다움이라는 밤하늘을 찾아 함께 여행을 떠나볼까요.

"시간의 역사 속에 던져진 고천문학은
 자연과학이자 인문학의 한 분야랍니다."

**김상혁 _K**

**간단한 자기소개**

별이 비교적 잘 보이는 서울 변두리에서 어린 시절을 보내며, 주말 아침에 보았던 몇 편의 공상과학 만화의 매력에 빠져 천문학자의 꿈을 꾸었습니다. 시간이 흘러 천문우주학 전공자로 대학 시절을 보내던 저에게 역사와 천문학이라는 새로운 탐구 대상이 생겨났습니다. 첨성대에서는 어떻게 하늘을 관측했을까? 자격루에는 어떤 작동 원리가 담긴 걸까? 조선 시대에 어떻게 혼천시계를 제작할 수 있었나? 이런 호기심으로 1998년 고천문학과 인연을 맺게 되었고, 2004년부터 본격적으로 한국 과학사와 문화재 관련 공부를 시작했습니다. 현재 한국천문연구원에서 조선 시대 천문의기 복원을 연구하고 있으며, 대중과 소통하기 위한 고천문학 강연에도 힘쓰고 있습니다.

**이 책에서 주로 어떤 주제를 소개했나?**

천문학의 한 분야를 담당하는 고천문학에 대해 제가 연구하며 경험한 것을 공유하고, 선조의 다양한 천문 활동을 소개합니다. 국보와 보물로 지정된 천문과학 문화재, 우리나라 별자리, 현존하는 가장 오래된 천문대, 궁궐 속 천문 시설, 달력을 편찬했던 옛 천문 관청, 지폐 속에 나오는 천문기기 등 우리나라 천문학에 대한 이야기를 풀어냈습니다.

**90일간 우주여행을 떠날 독자에게 해주고 싶은 말이 있다면?**

우주를 연구하는 천문학은 자연과학의 한 분야지만, 시간의 역사 속에 던져진 천문학은 인문학의 한 분야이기도 합니다. 우주에 대한 신비와 선조의 천문학적 삶을 알아보고 싶은 사람들에게 이 책을 권해드립니다.

"과학도
아는 만큼 보입니다."

**노경민** _R

**간단한 자기소개**

어릴 적 막연히 가졌던 과학자라는 꿈이 현실이 되었습니다. 아마도 갈릴레오와 케플러, 뉴턴을 거친 천체의 움직임을 수학적으로 표현할 수 있다는 점에 매력을 느꼈던 것 같습니다. 이렇게 천체역학을 전공해서 지금은 인공위성의 궤도를 연구하고 있습니다.

**이 책에서 주로 어떤 주제를 소개했나?**

인공위성과 궤도에 대한 내용입니다. 오래된 학문이면서도 최근 달 탐사나 GPS 같은 항법 위성으로 관심받고 있는 분야라서 같이 이야기를 나누고 싶었습니다.

**90일간 우주여행을 떠날 독자에게 해주고 싶은 말이 있다면?**

유홍준 작가님의 책 《나의 문화유산답사기》(창비, 2011)의 철학이 아마 "아는 만큼 보인다"였던 것 같아요. 과학도 마찬가지라는 생각으로 글을 썼습니다. '그렇다더라…' 정도라도 아는 것이 의외의 즐거움이 되길 바랍니다.

> "오래전 천문학자가 되기로 결심한 순간의
> 설렘과 벅참이 여러분께 가닿길 바랍니다."

**신지혜 _ S**

**간단한 자기소개**

한국천문연구원에서 컴퓨터 시뮬레이션으로 은하의 생성과 진화를 연구하고 있습니다. 관측한 우주의 단편에 맥락을 부여하고 해석하는 역할을 하지요. 밤새우는 것을 극히 싫어해서 밤하늘을 관측하며 밤샐 일은 절대 없어 보이는 분야를 선택했는데요, 막상 대학원에 들어가 보니 밤새는 건 분야를 막론하고 별반 차이가 없더라고요. 하지만 컴퓨터 코딩으로 '가상'의 우주를 창조하는 것은 우주를 '직접' 관측하는 것 못지않게 매력적이랍니다.

**이 책에서 주로 어떤 주제를 소개했나?**

은하, 성단, 우주 팽창, 중력, 시뮬레이션 등에 대해 다루었습니다. 제가 실제로 다루는 연구 분야이기도 한데요, 원고를 준비하며 초심자의 마음으로 돌아가 대상을 낯설게 바라볼 수 있었습니다.

**90일간 우주여행을 떠날 독자에게 해주고 싶은 말이 있다면?**

글을 쓰는 내내 20여 년 전《오레오 쿠키를 먹는 사람들》을 읽으며 천문학자가 되기로 결심한 순간이 떠올랐습니다. 그때 느꼈던 설렘과 벅참이 여러분께 가닿길 바랍니다.

"우주는 핫하고 신나는 뉴스로
가득 차 있습니다."

**이우경** _W

**간단한 자기소개**

천문학자가 되려고 대학에 갔다가 또 다른 우주에 눈을 뜨게 된 우주 과학자 이우경입니다. 어릴 적부터 꿈은 천문학자 아니면 고고학자였어요. 고등학교 때 이과를 선택하면서 자연스레 하나로 좁혀졌는데 대학에 가보니 우리와 가까운 우주, 스페이스가 있더군요. SF 소설과 로봇 만화를 좋아했던 저는 왠지 이 우주가 더 끌렸습니다. 결국 천문학이 아닌 우주 과학을 선택했지요. GPS로 지구 대기를 연구하고 동시에 우주에서 오로라를 찍는 카메라를 만드는 중입니다. 이 카메라는 2025년 누리호에 실려 우주로 갈 예정이니 많이 응원해주세요.

**이 책에서 주로 어떤 주제를 소개했나?**

아무래도 우주 업계에 몸담고 있다 보니 우주 탐사, 우주 개발, 뉴 스페이스와 관련한 이야기를 전하게 됐습니다. 자고 일어나면 새로운 소식이 들릴 만큼 우주는 핫하고 신나는 뉴스로 가득 차 있습니다. 우주에서 푸른 지구를 만끽할 날이 생각보다 멀지 않았습니다.

**90일간 우주여행을 떠날 독자에게 해주고 싶은 말이 있다면?**

SF 작가 레이 브래드버리Ray Bradbury를 좋아합니다. 우주를 소재로 사람의 이야기를 풀어내는 그의 소설을 읽다 보면 여기가 화성인지 지구인지 헷갈리죠. 이제 우주는 저 멀리 안드로메다가 아닌 우리 삶의 터전입니다. 저와 함께 우주라는 새로운 바다에 퐁당 빠져봅시다.

"사건 지평선 너머로 모든 물질이 빨려 들어가듯
   우주에 흠뻑 빠지는 90일 밤이 되시길 바랍니다."

**정태현 _T**

**간단한 자기소개**

평상에 누워 밤하늘을 바라보며 느꼈던 끝없는 우주의 공간에 매료되고, 과학 서적을 읽으며 그 안에서 일어나는 매력적인 천체 현상들에 빠져 있었던 어린 시절. 작은 아마추어 망원경으로는 풀리지 않는 호기심으로 자연스럽게 천문학자가 되는 꿈을 꾸었고, 천문학자가 되었습니다.

머리말

**이 책에서 주로 어떤 주제를 소개했나?**

우주를 탐구하는 천문우주 과학의 여러 분야 가운데 상대적으로 잘 알려지지 않은 전파 천문학에 대한 내용입니다. 특히 전파 망원경으로 바라본 우주의 또 다른 모습을 여러분께 전달하고 싶었습니다.

**90일간 우주여행을 떠날 독자에게 해주고 싶은 말이 있다면?**

블랙홀의 사건 지평선 너머로 모든 물질이 빨려 들어가듯, 서로 같으면서도 다른 유니버스, 스페이스, 코스모스의 매력에 흠뻑 빠지는 90일 밤이 되시길 바랍니다!

> "천문학자들의 연구를 응원하고, 그 열정을
> 소문내고픈 마음. 곧 공감하게 될 거예요."

**정해임 _ J**

**간단한 자기소개**

문학을 좋아했지만, 지금은 문학보다 천문학을 좋아하게 된 홍보인입니다. 20대에 공저로 어린이 과학책을 2권 출간했으며, 30대에는 천문지도사 자격증을 땄습니다. 저자 중 유일하게 천문학자가 아니지만, 천문학자가 있는 현장에서 매일 우주에 대한 경이로운 소식을 듣고 말하고 읽고 씁니다.

**이 책에서 주로 어떤 주제를 소개했나?**

저는 이 책에서 직접 두 눈으로 본 천문 현상과 과학 기술 현장 속 천문학자들의 이야기를 주로 다뤘습니다.

**90일간 우주여행을 떠날 독자에게 해주고 싶은 말이 있다면?**

우리가 살아 숨 쉬는 우주, 누군가는 그 우주의 비밀을 풀어나가야 합니다. 저는 천문학자들이 인류를 대신해 그 일을 한다고 생각합니다. 그래서 항상 천문학자들의 연구를 응원하는 마음, 그들의 열정을 소문내고 싶은 마음을 가지고 있습니다. 이 책을 펼친 당신도 곧 공감하게 될 거라 믿습니다.

> **"우주 거대 구조와 외계 생명, 다중 우주 등 상상력을 자극하는 주제들을 담았어요."**

**홍성욱** _H

**간단한 자기소개**

어렸을 때 즐겨 보던 〈독수리 오형제〉나 〈메칸더 V〉 같은 애니메이션 속 과학자가 멋져 보여서 자연스럽게 과학자가 되고 싶었습니다. 그런데 화학자는 실험하다가 폭발할까 봐 겁이 나고, 생물학자는 징그러운 해부 실험을 해야 해서 무서웠습니다. 대신 공부만 열심히 하면 무섭고 위험한 실험은 하지 않아도 될 것 같은 이론 천문학자가 되겠다고 마음먹었고, 특히 우주 전체가 어떻게 태어나서 변해왔는지를 연구하는 우주론을 연구하기로 결심했답니다. 대학교에 가서 코딩으로도 우주를 흉내 낼 수 있다는 사실을 깨닫고, 그때부터 지금까지 컴퓨터 시뮬레이션을 이용한 우주 거대 구조를 연구하고 있습니다. 또한 요즘에는 천문학 연구에도 인공지능이 도입되고 있어서 주로 인공지능을 활용한 우주론을 연구합니다. 그 외에도 우주를 살펴보기 위한 관측기기 개발, 지구 너머에 있는 외계 생명 존재의 가능성을 이론적으로 계산하는 연구도 하고 있습니다.

**이 책에서 주로 어떤 주제를 소개했나?**

크게 세 종류로 나눌 수 있습니다. 우선 우주 거대 구조, 암흑 에너지, 중력파처럼 우주론에서 중요하게 다루는 주제, 또 외계 행성과 외계 생명처럼 외계인과 관련 있는 주제 그리고 시간, 공간, 다중 우주와 같이 여러분의 상상력을 자극할 만한 주제가 있습니다.

**90일간 우주여행을 떠날 독자에게 해주고 싶은 말이 있다면?**

연구 논문은 여럿 써봤지만, 단행본으로 출간될 원고를 쓴 것은 이번이 처음이라서 제가 다룬 내용이 여러분께 쉽고 재미있게 다가갈지 걱정되면서도 궁금합니다. 다음에는 천문학 지식뿐 아니라, 제 주변의 훌륭한 천문학자들 이야기를 담은 책도 여러분께 선보일 수 있으면 좋겠습니다.

**한국천문연구원KASI**

우리나라 대표 천문우주 연구기관이다. 우리나라의 유구한 천문 역사를 계승해 국가 천문대 역할을 하고 있으며, 관측 시스템 구축 및 우주 탐사 핵심 기술 개발을 이끌어가고 있는 첨단 연구기관이다. 광학, 전파, 이론, 우주 과학 연구를 통해 우주에 대한 근원적인 의문에 과학으로 답해 나간다. 우주 위험으로부터 우리를 보호하는 연구와 우주로 나아가기 위한 연구들도 다양하게 진행 중이다.

차례

# UNIVERSE
## 유 니 버 스

**당신 머리 위 우주 이야기**

# SPACE
## 스 페 이 스

**우주 탐사와 뉴 스페이스**

# COSMOS
## 코스모스

### 이론 속 우주 그리고 천문학자

## Plus Episode

# 우 주 ,  그 리 고  천 문 학 자

# 유 니 버 스

## 당신 머리 위 우주 이야기

낭만과 신비로 가득한 밤하늘을 매일 볼 수 있다는 건 축복입니다. 우리가 비교적 자주 만날 수 있는 천체들과 직접 보고 느낄 수 있는 특별한 천문 현상, 관측 가능한 우주 이야기와 함께 생활 속 천문 이야기를 전해드립니다.

# 불 꺼진 천장

#우주
#Universe
#세계관의진화


"엄마, 해님은 지금 땅속에서 자고 있어요?"

유치원에 다니기 시작한 둘째 아이가 잠자리에 누워 질문을 합니다. 사실을 바로잡아주고 싶은 마음이 일었지만, 이내 어리석은 생각이란 것을 깨닫고 "맞아, 해님은 지금쯤 땅속에서 코도 골고 있을걸"이라 답하며 아이의 머리를 쓰다듬어주었습니다. 아이에게 태양은 그저 방긋 웃는 해님이기를 바라는 마음이 들며, 이맘때 아이들이 생각하는 우주는 어떤 모습일지 궁금해졌지요.

어린 시절 제게 우주는 불 꺼진 천장과도 같았습니다. 세상을 뒤덮는 높고 커다란 천장에 '해님'과 '달님', '별님'이라는 조명이 달려 있다고 생각했습니다. 세상이라고 해봤자 집과 유치원, 놀이터를 둘러싼 인근 동네가 전부였지만요. 당시에는 발을 딛고 선 땅이 무엇인지, 올려다본 하늘이 무엇인지 딱히 궁금하지 않았던 것 같습니다. 인식하고 있는 것이 그리 많지 않았기 때문이겠지요.

저 스스로 인식했던 우주는 딱 거기까지였습니다. 더 궁금해지기도 전, 유치원 선생님으로부터 '해님', '달님', '별님'의 실체를 전해 들었거든요. 당시엔 우리가 딛고 선 땅이 '지구'라는 동그란 공의 표면에 해당한다는 사실이 가장 큰 충격으로 다가왔습니다. 중력을 제대로 이해할 리 없는 저는 어디론가 떨어질 것만 같은 불안을 느꼈지요.

우주에 대한 인식, 그리고 그 시작에 대한 의문은 예전부터 이어져 온 인류의 지적 호기심 중 하나입니다. 어쩌면 이 의문은 인류의 조상이 도구와 불을 다루기 시작했을 무렵부터, 혹은 생존을 위한 사투로부터 한시름 벗어날 수 있었던 때부터 시작되었는지 모릅니다. 다만 인류가 언어 능력을 갖추지 못했던 시기에는 어린아이가 인식하는 우주에서 더 나아가지 못했겠지요.

인류가 맨눈으로 하늘을 관측하던 시절에는 천체의 상대적인 위치와 움직임이 우주에 대한 이해와 해석의 대부분이었습니다. 태양, 달, 별, 행성은 신의 의도로 움직이며, 곧 생산력과 직결되는 거대한 달력이라고 받아들였지요. 그 때문에 각국은 천문학자를 거느림으로써 왕실의 권위를 과시하기도 했습니다.

인류가 우주의 실체를 하나씩 마주하는 매 과정에는 크고 작은 부대낌이 있었습니다. 우리가 딛고 선 땅이 평면이 아니라 커다란 구의 표면이라는 사실, 지구 반대편에서도 사람이 땅에 발을 딛고 있다는 사실, 태양과 하늘이 지구를 중심으로 회전하는 것이 아니라 지구가 회전한다는 사실, 모두 기존의 세계관에 쉽게 어우러지지 않는 혁신적인 주장이었지요. 신구 세력 간의 부침과 공방 끝에 새로운 패러다임으로의 혁명적인 전환이 이루어지며 세계관은 단계적으로 진화했습니다.

17세기, 망원경의 발명과 함께 우주에 대한 이해는 한층 새로운 영역으로 확대되었습니다. 우리 두 눈으로는 볼 수 없었던 것들이 보이기 시작한 것이지요. 이후 근현대 과학 기술이 발전하면서 태양은 지구에서 가장 가까이 위치한 평범한 별이라는 사실, 태양을 포함한 수천억 개의 별이 우리은하를 이루고 있다는 사실, 이런 은하가 관측 가능한 우주에 수천억 개나 있다는 사실을 알게 되었습니다. 더불어 만물을 품은 우주가 손톱보다 작은 한 점에서 138억 년 전 대폭발과 함께 시작되었으며, 무한한 크기의 우주가 지금도 여전히 팽창하고 있다는 것이 현대의 우주관으로 자리 잡게 되었지요.

인류는 이제 중력의 변화가 시공간을 전파해가며 만들어내는 '중력파'를 검출하고 있습니다. 최첨단의 대형 망원경으로도 보지 못했던, 시공간의 일렁임을 이제 막 보기 시작한 것이지요.

대기가 맑고, 인공 불빛이 없는 교외에서 볼 수 있는 은하수. 천체사진공모전 수상작. © 박성용

현재 정설로 자리 잡고 있는 현대의 우주관도 언제, 어떠한 패러다임으로 교체될지 아무도 모릅니다. 다만 분명한 것은 우리가 지금 이해하고 있는 우주의 실체도 완벽하지 않다는 점, 우주에 궁극의 진리는 존재하지 않는다는 점, 그럼에도 불구하고 인류의 우주 탐구는 멈추지 않을 것이란 점입니다._s

우주를
더 가까이!

풍선 위를 걷고 있는 개미에게 풍선은 2차원 평면으로 느껴질 것입니다. 멀찌감치 떨어져 전체를 볼 수 있는 우리에겐 풍선이 3차원으로 다가오지요. 인류도 개미처럼 지구가 평평한 2차원 공간이라고 믿어 의심치 않았던 때가 있었습니다. 우리가 인식하지 못할 뿐 어쩌면 지금 이 우주도 3차원, 4차원을 넘어 무수한 다차원의 세계일지도 모릅니다.

# 모든 천체의 보금자리

#은하
#Galaxy
#우리은하

은하, 은하수, 우리은하…. 우리가 자주 입에 올리는 단어, 그리고 이 책에도 자주 등장할 '은하'란 과연 무엇일까요? 막연하게 느껴지는 은하의 정체에 관해 이야기해보려고 합니다.

"거대한 중력장 속에 한데 묶여 빛을 내는 수백억 개 별의 무리"를 '은하'라고 부릅니다. 별들이 모인 형태에 따라 둥근 모양인 경우 타원 은하, 넓적한 원반과 나선 팔 모양을 띠고 있는 경우 나선 은하로 구분할 수 있습니다. 우리 태양계가 속한 은하는 특별히 '우리은하'라고 부르지요. 비슷한 단어인 '은하수(Day 03. 참고)'는 거대한 우리은하 안의 작디작은 태양계, 그보다 더 작은 '지구'에서 바라본 우리은하의 모습에 해당합니다.

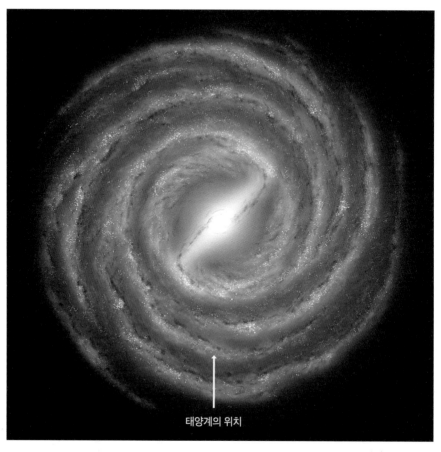

태양계의 위치

나선형 은하인 우리은하 상상도. [출처: R. Hurt(SSC)/JPL-Caltech/NASA]

빛보다 빠른 우주선을 탈 수 있다면, 금세 우리은하 밖으로 나가 우리은하의 멋진 자태를 한눈에 파악할 수 있겠지요. 저 멀리 거대한 거울이라도 있다면 우리은하의 모습을 비춰볼 수 있겠지만, 안타깝게도 우리는 우리은하의 형태를 다른 은하 바라보듯 쉽게 알아낼 수 없습니다. 물론 갖가지 복잡한 과학 기술을 활용해 우리은하의 3차원 구조를 정밀히 측량해내고 있지만 말이에요.

현재 우리가 관측할 수 있는 범위 내에 존재하는 은하의 개수는 수천억 개로 추산하고 있습니다. 그 크기는 일반적으로 10만 광년Light Year(1광년은 빛이 1년 동안 이동하는 거리로, 약 9.5조 킬로미터)이며, 은하 간 거리는 100만 광년에 달합니다.

은하와 은하 사이의 공간에는 물질이 거의 존재하지 않기 때문에 개개의 은하는 망망대해와 같은 우주의 빈 공간에 외롭게 솟아 있는 별들의 섬이라고도 할 수 있습니다. 이런 은하들이 모여 다시 상위의 구조물을 만들어내는데, 거미줄 혹은 거품을 닮은 이 거대한 구조물이 우주 거대 구조입니다(Day 61. 참고). 은하는 모든 천체의 보금자리이자 우주의 거대한 구조물을 이루는 벽돌과도 같으므로 은하를 이해한다는 것은 곧 우주를 이해한다는 것과 크게 다르지 않습니다.

은하를 이루고 있는 수천억 개의 별 사이사이는 가스 구름(성운)으로 채워져 있는데, 이 가스 구름은 새로운 별이 만들어지는 데 쓰일 재료이자 생을 마감하고 돌아온 별의 잔해이기도 합니다. 은하 내 별들과 가스 구름은 지속해서 물질과 에너지를 순환하고 있지요. 흙에서 태어나 흙으로 돌아가는 지구 생태계의 모습과 유사하지 않나요? 이러한 이유로 각각의 은하를 별들이 사는 거대한 생태계와 비유하곤 합니다.

100억 년에 달하는 시간 동안 서서히 지금의 형태를 갖추게 된 은하는 지금 이 순간에도 끊임없이 변화하고 있습니다. 천문학자들은 이렇게 영겁의 세월을 거쳐 살아 있는 생명체처럼 변화하는 은하의 모습을 두고 줄곧 "진화한다"라고 표현합니다.

은하라고 다 같은 것은 아닙니다. 저마다 다른 캐릭터를 갖고 있습니다. 크기, 나선 팔 구조의 유무, 별들의 나이와 색, 성간 구름의 양, 거대 질량 블랙홀 유무 등의 특성이 은하의 캐릭터를 결정합니다. 이처럼 고유의 캐릭터를 가진 은하는 주변 은하들과 조화를 이루며 살아가는 우주 사회의 구성원이 됩니다.

은하가 고립된 환경에 외따롭게 존재하고 있다면 수십억 년 동안 고유한 특성이 서서히 진화하겠지만, 대부분의 은하는 이웃한 주변 은하의 영향을 받으며 보다 빠르게 진화할 수 있습니다. 즉, 이웃한 은하들의 캐릭터가 어떠한지, 얼마나 빈번하고 긴밀하게 상호작용하는지에 따라 은하의 진화 양상이 크게 달라지는 것입니다. 은하의 실체와 관계의 규모는 인간인 우리가 맺는 사회적 관계와 너무나 다르지만, 주변 은하와 환경의 영향을 받는 모습은 우리와 매우 닮아 있는 것 같습니다.

이웃한 은하와 상호작용을 하며 캐릭터가 변하는 데는 수억 년에서 수십억 년이 걸립니다. 우리의 문명은 고작해야 수천 년 되었을 뿐인데, 수백억 년에 걸친 은하의 진화에 대해서는 어떻

탄생한 지 얼마 되지 않은 매우 어린 은하들의 무리(판도라 은하단)를 제임스 웹 우주 망원경으로 관측한 모습. (출처: NASA)

게 이해할 수 있었던 걸까요? 실시간 모니터링으로 은하의 진화를 아는 것도 불가능하고, 은하들을 대상으로 실험을 하는 것도 불가능한데 말이에요.

이 수수께끼의 열쇠는 우리가 관측할 수 있는 우주에 수천억 개의 은하가 있다는 사실에 숨어 있습니다. 관측 가능한 은하가 보여주는 다양한 특성, 그 은하 주변의 다양한 환경, 그 은하가 맺고 있는 이웃 은하와의 다양한 관계 등의 정보를 수집함으로써, 우리는 은하의 특성과 진화의 상관관계를 통계학적으로 추론해나갈 수 있습니다. 다시 말해 숲을 보면서 다양한 단계에 있는 나무의 정보를 수집하고, 이를 통해 나무의 일생을 파악하는 것과 같은 원리이지요.

우주에 대한 탐구는 곧 우리의 존재가 어디에서 왔으며, 무엇이며, 어디로 가는지에 대한 위대한 질문에 대답하기 위함입니다. 은하는 우주를 이해하기 위한 등불에 해당하지요. 그렇기에 은하를 연구하는 천문학자는 더 많은 은하의 정보를 수집하기 위해, 은하의 어두운 빛조차 놓치지 않으려 애쓰고 있답니다. _S

### 우주를 더 가까이!

자주 접하는 모바일 제품의 브랜드명 중 하나로 '갤럭시'가 있지요. 이 브랜드명은 은하를 뜻하는 영어 Galaxy(갤럭시)에서 유래했습니다. 은하처럼 무한한 가능성을 지니길 바라는 뜻에서 '갤럭시'라고 결정했다고 합니다. 모든 천체의 생태계이자 저마다의 캐릭터를 지닌 은하. 우주적인 시각으로 봐도 참 잘 지은 이름 같지 않나요?

**Day 03**

# 숲속에서는
# 숲의 전체 모습을 알 수 없다

#은하수
#MilkyWay
#하늘의건설

서울에서 태어나고 자란 저는 은하수의 존재를 알지 못한 채 20년을 보냈습니다. 대학에 들어가 경기도 가평 '싸리재'라는 곳으로 별을 보러 떠난 첫 번째 관측회에서 난생처음 본 은하수의 장관을 아직도 잊지 못합니다. '하늘에 흐르는 은빛 강물'이라는 은하수銀河水 이름에 걸맞은 멋진 모습이었습니다. 불빛이 없었던 옛날에는 은하수가 더욱 밝게 빛났겠지요.

은하수는 눈으로 보기에는 희뿌연 길 같아서 그리스 신화 속 헤라 여신의 젖이 흘러나와 생겼다고 영어로는 밀키웨이Milky Way 라고 부릅니다. 은하수를 부르는 순우리말 미리내는 용을 뜻하는 '미르'와 시내를 뜻하는 '내'가 합쳐져 '하늘로 올라간 용이 사는 시대'를 의미합니다. 몇 해 전 가장 아름다운 순우리말로 뽑히기도 했지요.

오래전부터 인류에게 친숙했던 은하수의 본모습을 처음으로 밝혀낸 사람은 바로 이탈리아 르네상스 말기의 천문학자이자 철학자이기도 한 갈릴레오 갈릴레이Galileo Galilei입니다. 지금으로부터 400여 년 전, 그는 태양계의 행성과 위성뿐 아니라 밤하늘에 뿌옇게 보이는 천체들을 자신이 직접 만든 망원경으로 자세히 살펴보았습니다. 흐릿하고 뿌옇게 보이는 은하수가 실제로는 별들이 촘촘히 박혀 있는 모습이라는 사실을 처음으로 발견했지요.

그로부터 약 170년 뒤, 천왕성을 발견한 윌리엄 허셜William Herschel은 '하늘의 건설Construction of the Heavens'이라는 제목의 방대한 계획을 세웁니다. 당시 세계 최대 크기인 1.2미터 망원경으로 밤하늘, 특히 은하수 주변의 모든 별의 개수를 세어보기로 한 것입니다. 숲속에서 숲의 전체 모습을 알기는 매우 어렵겠지만, 최소한 눈에 보이는 나무들의 군집은 파악해보자는 취지의 프로젝트였습니다. 허셜은 3억 개에 달하는 은하수의 별들을 모두 직접세었고, 인류 최초로 우리가 속한 은하, 이때까지는 우주 전체로받아들였던 '우리은하'의 지도를 만들었습니다. 그는 우리은하가 수레바퀴와 같은 원반 형태이고, 태양은 우리은하의 중심에 있으며, 은하수는 우리은하를 원반의 단면에서 바라봤을 때 보이는

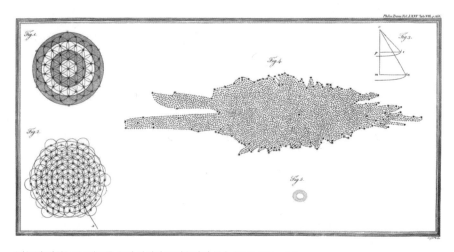

'하늘의 건설' 프로젝트를 통해 완성한 우리은하의 모습. (출처: Wikipedia)

칠레 파라날Paranal 천문대에서 촬영한 은하수. (출처: ESO)

모습이라고 주장했습니다.

여름철 밤하늘의 은하수가 두 갈래로 갈라지는 모습도 지도에 담겨 있습니다.

그런데 사실 이 프로젝트는 약간의 허점이 있습니다. 허셜은 지구에서 별까지의 거리를 측정하는 방법을 몰랐기에 모든 별의 밝기가 같다고 가정했습니다. 추후 이 가정은 틀렸다는 것이 밝혀졌고, 별들의 거리를 정확하게 계산해본 결과 태양은 우리은하의 중심이 아닌 가장자리에 있다는 것이 알려졌습니다. 하지만 허셜의 '하늘의 건설' 프로젝트를 통한 우리은하 구조 연구는 우주에 대한 우리의 이해를 확장시킨 첫걸음으로 그 의미가 매우 큽니다.

그 후 관측 기술이 발달하면서 우리은하 너머의 먼 우주에도 우리은하와 같은 은하가 많다는 것을 발견했습니다. 물론 생김새가 다른 것이 더 많긴 하지만요.

이 모든 과학적 연구 결과가 밤하늘의 별 세기에서 시작되었다는 사실을 상기하며 오늘 밤 쌍안경으로 별빛 가득 반짝반짝한 은하수를 한번 살펴보지 않겠어요? 우리 주위에서 쉽게 찾을 수 있는 쌍안경은 갈릴레오가 사용했던 망원경보다 성능이 훨씬 좋으니까요. _M

**우주를 더 가까이!**

은하수는 사계절 내내 볼 수 있지만, 우리나라와 같은 북반구에서는 겨울보다 여름철에 훨씬 진하게 보입니다. 왜 그럴까요? 견우와 직녀가 은하수를 건너 만나는 칠월칠석이 한여름이기 때문일까요? 그것은 여름철이 지구에서 우리은하의 중심부를 보는 방향, 즉 별이 훨씬 많은 영역을 보는 방향이기 때문입니다. 더 많은 별을 볼 수 있는 한여름, 은하수를 찾아 떠나는 여행을 한번 계획해봅시다. 포털 사이트, 유튜브YouTube 등에서 검색해보면 우리나라에서 은하수가 잘 보이는 곳, 은하수가 보이는 시간 등을 잘 정리해놓은 웹 사이트가 많답니다.

# 스타는 스타★

#스스로타는
#별

밤하늘의 별만큼 아름답게 반짝이는 것이 또 있을까요? 별을 모르고 사는 것은 지구상에 존재하는 아름다움의 반을 모르고 사는 것과 같다는 말이 있습니다. 우리가 살아가는 시간의 절반은 밤이고 해가 지면 하나둘 그 모습을 드러내는 것이 별이기 때문이지요. 하지만 사실 낮에도 별은 떠 있습니다. 다만 우리 눈에 보이지 않을 뿐입니다. 그런데 여러분은 밤하늘의 별이 왜 반짝이는지 아시나요?

별을 한 문장으로 정의하면 스스로 타는 천체, 스스로 빛을 내는 천체입니다. 별이 영어로 스타Star인 것은 '스'스로 '타'기 때문이라는 우스갯소리도 있지요. 그런데 정말 이보다 더 정확하게

밝은 별을 많이 볼 수 있는
겨울철 밤하늘의
오리온자리와 큰개자리.
© 김명진

Universe

별을 설명할 순 없을 것 같습니다. 우리는 이처럼 스스로 빛을 내는 천체를 '별'이라 부르며, 별들 사이를 가로질러 움직이는 행성들과는 달리 변하지 않고 언제나 그 자리에 있다는 의미로 항성恒星이라고도 부릅니다.

그러면 밝게 타오르며 떨어지는 별똥별처럼 지구 대기권에 들어와 마찰에 의해서 스스로 타버리는 것도 별이라고 부를 수 있을까요? 정답은 "아니오"입니다. 그 이유는 별에는 "스스로 탈 때 수소를 사용한다"는 또 다른 정의가 있기 때문입니다. 별똥별은 마찰에 의해서 스스로 타기는 하지만 빛을 내는 원료가 수소가 아니기 때문에 이름에 별이 2개나 들어가 있지만, 별은 아니지요.

하필 왜 수소일까요? 그 이유는 우주에서 가장 먼저 만들어진 원소이자 가장 많은 원소이기 때문입니다. 이 수소 연료가 매우 높은 온도와 압력을 만나면 좀 더 무거운 원소인 헬륨으로 바뀌는 핵융합 반응이 일어납니다. 이때 폭탄이 터지는 것처럼 열과 빛을 내지요. 바로 이 빛 덕분에 우리가 밤하늘에서 아름답게 반짝이는 별을 만날 수 있는 것입니다. 다행히 수소가 우주에 차고 넘쳐서 밤하늘을 수놓는 수많은 별을 볼 수 있지요.

아주 멀리 떨어진 별에서 출발한 빛도 몇 년에서 몇백 년을 여행한 뒤 우리에게 반짝거리는 그 모습을 보여줍니다. 밤하늘의 수많은 별이 반짝이는 이유가 여기에 있습니다. 더욱이 별빛은 지구 대기권을 통과하면서 굴절되는데 공기는 가만히 있는 것이 아니라 계속 움직이므로 별이 반짝이는 것입니다. 습도가 높거나 대기층이 두꺼운 지평선 부근은 그 효과가 더 커지지요. 사실 안정적인 영상을 얻어야 하는 천문학자들에게 반짝이는 별은 큰 골칫거리입니다. 전 세계의 유명한 천문대들이 건조하고 대기가 희박한 높은 산꼭대기에 위치한 이유이기도 하지요.

자, 이제 우리는 이렇게 스스로, 그리고 수소로 타는 것만 별이라고 불러야 합니다. 그러니 더 이상 '지구별'이라는 단어를 쓰기는 어렵겠어요. 지구는 스스로 타지도, 수소를 연료로 이용하지도 않으니까요.

그렇다면 가장 밝게 빛나는 태양은 별일까요? 태양은 수소 기체로 가득 찬 거대한 천체입니다. 중심부의 온도와 압력은 엄청나게 높지요. 따라서 내부에서 스스로 수소를 태우며 빛나는 천체이기 때문에 별이 맞습니다.

태양은 우리와 가장 가까운 별인 동시에 태양계의 유일한 별이기도 하며, 스스로를 태워서 태양계에 빛과 열을 공급하는 고마운 존재입니다. 특별히 지구에는 우리가 살아가기에 적당한 온도를 유지하며 생명체가 살아갈 수 있도록 도와줍니다. 다시 말하면 우리가 버틸 수 있는 힘과 긍정적인 에너지를 전해준다고 볼 수도 있지요. 텔레비전 프로그램이나 스포츠 경기에 등장하는 이러한 존재를 스타라고 부르는 이유이기도 합니다.

이 글을 읽고 지금 당장 경이롭고 아름다운 별빛을 만끽해보고 싶다면 돌아오는 달빛 없는 주말 밤, 한적한 교외로 나가보는 것은 어떨까요? 준비물은 거의 없습니다. 별을 관측하는 가장 훌륭한 도구는 바로 우리 눈이니까요. 별은 아무리 커다란 망원경으로 봐도 그저 한낱 점에 불과합니다. 아주 멀리 떨어져 있어서 그렇습니다. 대신 돗자리는 반드시 준비해주세요. 일어서서 보는 것보다는 누워서 보는 것이 훨씬 편안합니다.

그럼 이제 진정한 별지기가 되기 위한 첫 번째 관문인 '별명' 한번 즐겨보시겠어요? 별은 바라보는 자에게 반드시 빛을 준다고 하잖아요. _M

**우주를 더 가까이!**

도시에서 가장 별을 보기 쉬운 곳은 학교 운동장입니다. 주위가 어두운 학교 운동장에서 하늘을 딱 1분만 쳐다보고 있으면 별이 이렇게나 많다는 사실을 새롭게 깨닫게 됩니다.

오늘 밤, 가로등이 없는 밤하늘에서 쏟아지는 별빛의 향연을 느껴보세요.

Day 05

# 쌍안경으로 바라본
# 별들의 고향

#성운
#성단
#플레이아데스

스스로, 수소로 타는 별은 거대한 성운(별 사이사이에 분포하는 가스 구름 덩어리)에서 태어납니다. 모종의 사건이 일어나면, 성운은 오랜 평형 상태에서 벗어나 중력적으로 붕괴하기 시작하지요. 덩어리가 수축하며 뭉쳐지는 현상이 가속화되면, 그 중심 영역은 수소 핵융합 반응이 일어날 수 있는 고온·고압의 조건에 다다릅니다. 핵융합을 통해 스스로 빛과 에너지를 발산하는 천체, 별들이 탄생하는 것이지요(Day 04. 참고).

별은 홀로 태어나지 않습니다. 거대한 성운에서 형제자매 별들과 함께 태어납니다. 같은 성운에서 태어난 별들은 탄생한 시기, 화학적 특성 등이 거의 같습니다. 이렇게 같은 성운에서 태어나 특성이 비슷한 형제자매 별들의 무리를 성단이라 부릅니다.

성단의 별들은 오밀조밀하게 모여 서로를 중력으로 잡아당깁니다. 중력으로 서로를 결박하는 힘이 약한 경우, 별이 하나둘씩 무리를 빠져나가기 시작하다 어느샌가 뿔뿔이 흩어져버리고 맙니다. 머지않아 와해될 운명을 지닌, 수백 개의 별로 이루어진 성단을 '산개성단'이라고 합니다. 대부분의 성단은 이처럼 갓 태어난 별을 품고 있다가 별들이 자립할 때가 되면 모두 놓아주지요.

반면 수십만 개의 별이 조밀하게 모여 서로를 강하게 결박하는 까닭에 오랫동안 형태를 유지할 수 있는 성단을 '구상성단'이라고 합니다. 이름에서 느껴지듯이, 구상성단의 별들은 공 모양을 이루며 모여 있지요. 구상성단을 이루는 대부분의 별은 성단이라는 운명 공동체 속에서 일생을 살아가게 됩니다.

구상성단은 은하가 형성될 때 그 속에서 함께 만들어졌을 것으로 추정하고 있습니다. 은하는 형성 당시의 모습을 찾아볼 수 없을 정도로 크게 달라졌지만, 구상성단은 처음과 크게 다르지 않은 모습으로 은하 안을 떠돌고 있지요. 그래서 은하의 원시 환경은 구상성단을 이해함으로써 간접적으로 유추할 수 있습니다. 화석으로 지구의 역사와 환경을 유추하는 것과 비슷하지요. 이러한 이유로 구상성단은 줄곧 '은하의 화석'으로 비유되곤 합니다.

구상성단에서 태어난 밝은 별들은 삶을 마감한 지 오래입니다. 수십만 개의 별이 함께 모여 있어도 전체 밝기는 그리 밝지

수십만 개의 별이 구 형태로 모여 있는 구상성단. (출처: Wikipedia)

Universe

않기 때문에 웬만한 아마추어급 천체 망원경으로는 관측하기가 쉽지 않지요. 반면 산개성단은 태어난 지 얼마 안 된 수백 개의 어린 별들로 이루어졌고, 개중에는 밝은 별들이 섞여 있어 레저용 쌍안경으로도 쉽게 볼 수 있습니다.

하늘이 맑게 갠 겨울밤에는 '플레이아데스Pleiades 성단'이라는 산개성단을 맨눈으로도 쉽게 볼 수 있습니다. 다만 시력이 매우 좋지 않은 이상, 하나의 별처럼 보이거나 희뿌연 구름 덩어리처럼 느껴지기 십상이지요. 하지만 쌍안경으로 보면 누구나 십여 개의 별이 옹기종기 모여 있는 모습을 또렷이 볼 수 있습니다. 무질서하게 듬성듬성 놓인 여느 별들과는 달리, 여러 별이 함께 모여 있는 모습은 생경하면서도 무척 신비롭습니다. 마치 누군가가

가장 아름다운 산개성단으로 손꼽히는 플레이아데스 성단. (출처: NASA/ESA/AURA/ Caltech, Palomar Observatory)

일부러 별들을 한데 모아놓은 것처럼 느껴지기도 하지요.

이 글을 쓰다 보니 플레이아데스 성단을 처음 관측했을 때가 떠오릅니다. 고등학교 야간 자율학습 시간에 친구들과 쌍안경을 주고받으며, "봤어? 나도 나도", "우와"를 연발하며 한참 동안 야단법석을 떨었지요. 지금 생각하니 눈을 반짝이던 친구들의 모습과 플레이아데스 성단이 꼭 닮은 것 같습니다. 조만간 울타리를 벗어나 넓은 세상을 직접 마주할 별들의 모습과 말이에요. 말이 나온 김에 오랫동안 묵혀둔 쌍안경을 꺼내 플레이아데스 성단을 들여다봐야겠습니다. _s

우주를
더 가까이!

우리은하와 구상성단의 크기를 단숨에 파악할 수 있는 영상을 소개합니다. 영상은 은하수를 담아낸 넓은 시야에서부터 'M55'라 불리우는 구상성단을 향해 시야를 점차 좁혀 들어가지요. 자, 구상성단을 향해 여행을 떠나볼까요?

# Day 06

## 달, 우리의 벗

#Moon
#보름달
#월식

✦ 달이 떴다고 전화를 주시다니요.

이 밤 너무 신나고 근사해요.

김용택 시인의 시, 〈달이 떴다고 전화를 주시다니요〉의 첫 구절처럼 누구나 한 번쯤 달이 아름답다고 여긴 적이 있을 겁니다. (김용택, 《달이 떴다고 전화를 주시다니요》, 마음산책, 2021.) 저는 달에 자주 반합니다. 집으로 돌아가는 길에 달을 확인하는 습관이 있습니다. 꽉 찬 보름달이 되어 밝으면 밝은 대로, 초승달이 되어 새초롬해지면 그 매력대로, 구름 낀 하늘 사이로 비추는 달빛은 또 운치 있는 모습 그대로, 휴대폰 사진으로 종종 담습니다. 어릴 적 시골 할머니 댁에서 밤 산책을 하러 가면, 엄마 옆에 꼭 붙어서 두리번거리다 달을 올려다보곤 했습니다. 엄마는 달이 우리를 집까지 잘 바래다줄 거라고 말씀하시곤 했지요. 30년이 지난 지금도 전 달의 배웅을 받으며 귀가하고 있네요.

달에 대한 든든함과 친근함은 저만 느끼는 게 아닐 것입니다. 달은 지구인뿐만 아니라 지구와도 절친한 친구입니다. 지구 둘레를 규칙적으로 도는 유일한 천체, 바로 하나뿐인 자연 위성이니까요.

지구가 생겨난 시점과 거의 비슷한 시점에 만들어졌다고 하는 달은 지난 45억 년 전부터 지구를 중심으로, 너무 가깝지도 너무 멀지도 않은 위치에서 돌고 있습니다. 오랫동안 함께해 가까운 사이더라도, 어느 정도 거리감이 있어야 좋은 관계를 오래 유지할 수 있는 인간관계처럼, 지구와 달 사이도 너무 가깝지도 멀지도 않은 이 거리감과 서로의 존재감이 중요합니다.

달이 그 존재감, 즉 중력으로 지구를 붙잡고 있기에 지구는 자전축 기울기를 일정하게 유지할 수 있었습니다. 달이 없다면 현재 23.5도인 지구의 자전축은 0~85도까지 급격하게 변할 수 있다고 합니다. 이렇게 자전축이 중심 잃은 팽이처럼 요동치면 적도가 극지방과 같은 기후가 되고, 극지방이 적도와 같은 기후로 변해버립니다. 엄청 더운 지방에 적응해 사는 생물이 갑자기 혹한에 놓인다면 오래 살아남을 수 없겠지요.

다누리호가 촬영한 달과 지구. (출처: KARI)

또 달이 없다면 밀물과 썰물의 차가 줄거나 아예 없었을 겁니다. 그랬다면 바다와 육지의 경계인 갯벌 같은 생태 환경이 만들어질 수 없었을 테고, 생물이 지금처럼 진화하지 못했을 것입니다. 지구와 달이 적당한 거리를 유지하고 중력이 영향을 미쳤기에, 지구에 계절이 생기고 생명이 살아 숨 쉬는 풍요로운 지구가 될 수 있었지요.

요즘 많은 사람이 달에 관심을 가지는 때는 소위 '슈퍼 문Super Moon'이라고 부르는 때와 월식일 것입니다. 모두 달이 보름달일 때 일어나는 현상인데, 일반적으로 슈퍼 문은 그해 가장 큰 '으뜸 보름달'을 의미하지요. 그런데 사실 천문학에 슈퍼 문이라는 용어는 없습니다.

달의 크기가 일정한데도 우리 눈에 보름달의 크기가 다르게 보이는 이유는 달이 지구 주위를 타원 궤도로 돌기 때문입니다. 지구와 달 사이의 거리가 가까우면 달이 커 보이고 멀면 작게 보이는 거죠. 물론 달과 지구의 물리적인 거리가 조금 더 가까워지긴 하지만 달이 크게 혹은 작게 보이는 데는 날씨나 주관적인 부분도 작용하기에 맨눈으로는 큰 차이를 느끼지 못할 수 있습니다.

반면 월식은 지구가 달과 태양 사이에 위치해 지구의 그림자에 달이 가려지는 현상입니다. 달 전체가 가려지는 개기월식은 망원경 등 어떤 장비가 없어도 맨눈으로 쉽게 관측할 수 있는 흥미로운 이벤트이기도 하지요. 그 옛날 고대 그리스 시대의 아리스토텔레스Aristoteles는 월식을 관측하다가 달에 드리운 그림자가 지구의 그림자이며, 이 그림자를 통해 지구가 둥글다는 것을 알았다고 합니다.

지구의 그림자에 달이 완전히 가리는 개기월식 땐 달이 안 보이는 게 아니라 붉게 보입니다. 지구의 대기를 통과한 햇빛이 굴절되면서 달에 비치는데, 이때 지구의 대기가 프리즘 역할을 하면서 파장이 짧은 푸른색 계통은 산란하는 반면 파장이 긴 붉은색 계통은 대기를 그대로 지나 지구 그림자에 비치기 때문입니다. 그래서 '레드 문Red Moon', '블러드 문Blood Moon'이라고 불리기도 합니다. 다음 개기월식은 2025년 9월 8일인데 그날도 부디 날씨가 좋기를 바라봅니다.

글을 쓰다 창밖을 내다보니 보름이라 달이 크고 달빛이 영롱하네요. 이 글을 읽고 있는 당신의 달은 어떨지 문득 궁금해지는 밤입니다. _J

개기월식 과정 때 달의 모습. 달이 완전히 가리는 개기월식 때는 달이 붉게 보인다. © 박영식

## 우주를 더 가까이!

천문학 용어는 아니지만, 미디어에서 많이 쓰이는 달 관련 용어에 대해 알아봅니다.

슈퍼 문: 그해 가장 큰 보름달.

미니 문Mini Moon: 슈퍼 문과 반대로 그해 가장 작은 보름달.

블루 문Blue Moon: 한 달에 보름달이 두 번 뜨는 경우 두 번째 보름달. 과거 서양에서는 보름달을 불길하게 여겨 보름달이 두 번 뜨는 것을 불길함의 징조로 받아들였다는 설이 있다.

레드 문(블러드 문): 개기월식 때 붉게 보이는 보름달.

**Day 07**

# 행성들이 빛나는 밤

#Planet
#수금지화목토천해

행성行星은 한자어로 '돌아다니는 별'이라는 의미가 있습니다. 영어로는 플래닛Planet인데, 이는 '배회하는 자', '길 잃은 자'라는 뜻의 그리스어 플라네테스πλανήτης에서 왔다고 합니다. 돌아다니는 별, 길 잃은 자, 왠지 외로운 이미지가 떠오르는 행성은 왜 이런 이름을 가지게 되었을까요?

수성, 금성, 화성, 목성, 그리고 토성은 옛날부터 아무런 장비 없이 맨눈으로도 쉽게 볼 수 있었습니다. 밝게 빛나는 5개 행성의 움직임은 동쪽에서 떠서 서쪽으로 지며 매일 같은 속도로 움직이는 별들과는 아주 달랐습니다. 별은 매년 같은 날 같은 위치에서 보였지만 행성은 그렇지 않았거든요. 또한 5개 행성 중 화성, 목성, 토성은 가끔 서쪽에서 동쪽으로, 즉 반대 방향으로 움직이는 역행逆行을 보이기도 했지요. 이런 변화무쌍한 움직임을 보이는 행성은 별과 비교되며 "길을 잃고 돌아다니는 별"이라 불릴 만했던 것 같습니다.

밤하늘의 별은 모두 같은 속도와 같은 방향으로 움직이는 것처럼 보입니다. 별이 움직이는 게 아니라 지구의 자전 때문에 그렇게 보이는 것뿐이라는 사실이 불과 400여 년 전에야 밝혀졌으니, 그 옛날에는 별이 움직인다고 여겼을 수밖에요. 그렇다면 별이 움직이지 않는다는 것을 아는 21세기 현대인들은 행성을 어떻게 바라보게 되었을까요?

"수·금·지·화·목·토·천·해·명."

우주에 대해 잘 모르는 사람들도 우리 태양계의 9개 행성을 이렇게 외웠던 기억이 있을 겁니다. 2006년 8월 이전까지만 해도요.

현재까지도 논란의 여지가 남아 있긴 하지만 지금 우리 태양계의 행성은 8개입니다. 2006년 체코 프라하에서 열린 국제천문연맹International Astronomical Union; IAU(이하 IAU) 총회에서 행성의 정의를 다음 세 가지로 규정했습니다.

첫째, 태양을 중심으로 공전할 것.

둘째, 큰 질량과 중력으로 구의 형태를 유지할 것.

셋째, 자신의 공전 궤도 근처에 다른 유사한 이웃 천체가 없을 것.

이에 따라 몇십 년 전까지 태양계 행성으로 분류했던 명왕성을 왜소행성Dwarf Planet으로 재분류했거든요.

명왕성은 앞의 두 가지 정의는 충족했지만, 자신의 위성인 카론Charon이 있었기 때문에 마지막 세 번째 정의는 충족하지 못했습니다. 명왕성이 행성이 되지 못한 것은 유일하게 미국인 천문학자가 발견한 행성이기 때문이라는 신문 기사가 종종 등장하기도 했지만, 그것은 사실이 아닙니다. 명왕성과 비슷한 크기의 천체들, 심지어는 명왕성보다 큰 천체들이 속속들이 발견되면서 행성의 정의를 새롭게 규정하는 일은 불가피했으니까요.

자, 이제 우리는 태양을 중심으로 공전하고, 큰 질량과 중력으로 구의 형태를 유지하며, 태양계가 처음 만들어졌을 때 주변의 먼지와 가스를 다 흡수해버리며 자신의 공전 궤도에서 지배적인 태양계의 주인공들, 메이저 플래닛Major Planet이라고 불리는 행성들을 밤하늘에서 한번 찾아보겠습니다.

밤하늘에서 가장 빛나는 천체는 뭘까요? 달을 제외한다면 가장 빛나는 천체는 바로 금성입니다. 찾기도 쉽지만 아주 밝게 빛나고 있어 때로는 인공위성이나 UFO로 오해받곤 하는 금성은 가장 밝은 별인 시리우스Sirius보다 20배나 밝습니다. 주변에 인공 불빛이 전혀 없는 깜깜한 사막에서 본 금성은 그 밝기로 그림자를 만들 정도였지요.

태양계의 행성들(왼쪽부터 수성, 금성, 화성, 목성, 토성, 천왕성, 해왕성). ⓒ 염범석

금성보다 태양과 더 가까이 있는 수성도 꽤 밝은 편이지만 관측하기는 쉽지 않습니다. 해가 진 후 서쪽 하늘 혹은 해뜨기 전 동쪽 하늘에서 아주 잠시 찾아볼 수 있습니다.

이 두 행성은 지구와 태양 사이에 있어 '내행성'이라고 불립니다. 반면 화성, 목성, 토성, 천왕성, 해왕성은 '외행성'이라고 불리지요.

화성火星은 그 이름에 걸맞게 붉은색으로 보입니다. 특히 전갈

자리 심장이라고 불리는 붉은 별 안타레스Antares 근처에 위치할 때는 누구나 두 천체의 붉은색에 매료될 만한 장관을 연출하기도 합니다.

목성은 태양계에서 가장 무거운 행성으로, 목성을 제외한 나머지 7개 행성의 질량을 모두 합쳐도 목성의 절반도 되지 않을 정도입니다. 명왕성과 그 위성인 카론을 데려와 힘을 합쳐도 마찬가지입니다. 이처럼 목성은 크기가 크기 때문에 화성보다 태양으로부터 서너 배 멀리 떨어져 있어도 밤하늘에서 밝게 빛나고 있습니다. 태양이 다니는 길인 황도 주변을 벗어나지 않으면서 한밤중에 유달리 밝지만 붉은색이 아니라면 십중팔구 목성이라고 보면 됩니다.

토성은 다른 행성들에 비해 어둡지만 맑은 날에는 맨눈으로도 볼 수 있으며, 쌍안경이나 작은 망원경을 사용하면 작고 귀여운 고리까지 감상할 수 있습니다. 토성의 고리는 최근 탐사선의 관측 결과 다양한 크기의 얼음과 바위 조각으로 구성되어 있다는 사실이 밝혀졌지요.

망원경을 이용한 천체 관측이 본격화된 1781년과 1846년에 발견된 천왕성과 해왕성은 맨눈으로는 관측이 쉽지 않으니 참고하세요.

오늘 밤 날씨만 좋다면 도심에서도 잘 보이는 행성들을 찾아 잠시 밤하늘을 올려다보는 것은 어떨까요?. _M

혹시 밤하늘에 익숙지 않아 행성 찾기가 어렵다면, 최근
에는 실시간으로 행성의 위치와 별자리를 확인할 수 있
는 애플리케이션도 많으니 이용해보는 것도 추천합니다.
별지도Sky Map라는 스마트폰 애플리케이션을 실행하면
현재 위치에서 보이는 밤하늘의 모습을 쉽게 알 수 있습
니다. 행성들의 위치와 이름도 확인할 수 있는 것은 보너
스와 같은 일이랍니다.

# 꼬리가 있는 별이
# 나타난다면

#혜성
#Comet
#니오와이즈

살면서 헛것을 본 적이 있나요? 저는 한 번도 없습니다. 하지만 헛것을 본 것처럼 신비한 무언가와 마주친 적이 있습니다. 제 눈앞에 강렬하게 나타났던 그 존재는 바로 혜성입니다.

어느 여름밤 경북 봉화의 장군봉에 오를 때였습니다. 예정보다 늦어져 밤 9시가 되도록 도착하지 못했지요. 비포장도로를 오르다 보니 울퉁불퉁 튀는 돌에 차가 상할까 염려되었습니다. 차에서 내려 차 상태를 살펴봤는데, 다른 이상은 없었습니다. 그래서 다시 차에 타려는 찰나 하늘에서 스치듯 무언가를 봤습니다.

"어! 혜성! 니오와이즈NEOWISE 혜성!"

저는 순간 귀신을 본 듯 놀라 소리를 질렀습니다. 꿈결인 듯 눈을 비비고 다시 보니 혜성의 꼬리가 마치 긴 면사포 같았습니다. 빛에 둘러싸여 은은한 장식이 있는 레이스 한 장이 밤하늘을 날고 있었습니다. 요란스럽게 움직이는 게 아니라 가만히 떠 있어서 하늘을 떠다니는 생물처럼 느껴졌습니다. 혜성을 "머나먼 곳에서 찾아온 손님"이라고 하는데, 이때 이 표현이 확 와 닿았지요. 이날 본 혜성은 이 세상에 존재하는 것이 아닌 것처럼 느껴졌습니다.

타원이나 포물선 궤도로 태양 주위를 도는 작은 천체를 혜성이라고 합니다. 소행성이 주로 돌로 이뤄진 것과는 달리 혜성은 먼지와 얼음, 암석, 얼어붙은 가스로 이루어져 있어 태양에 가까워질수록 내부 성분이 녹으면서 태양 반대쪽으로 꼬리 모양이 생깁니다. 그래서 혜성은 우리말로는 꼬리별, 중국에서는 빗자루별, 서양에서는 털 달린 별, 긴 깃털을 가진 별, 연기가 피어오르는 별, 먼지로 만들어진 별 등으로 불렸습니다.

제가 니오와이즈 혜성(공식 명칭 C/2020 F3)을 만난 2020년 7월은 코로나19 말고는 뉴스거리가 없는 지루한 여름이었습니다. 그해 봄 갑자기 나타난 아틀라스ATLAS 혜성(공식 명칭 C/2019 Y4)이 초승달에 버금가는 밝기로 빛날 대혜성이 될 것이라는 예측이 있어 천문학자들의 기대가 높아졌으나, 태양에 가까워지면서 혜성이 4월에 산산이 조각나 볼 수 없게 됐습니다. 그러나 곧 니오와이즈 혜성의 출현이라는 반가운 소식이 들려왔지요.

니오와이즈 혜성은 그해 3월 27일 미국항공우주국National Aeronautics and Space Administration; NASA(이하 NASA)의 '니오와이즈NEOWISE' 탐사 위성이 발견한 서른세 번째 혜성입니다. 이 혜성은 태양계 외곽에서 왔으며 공전 주기는 약 4500~6800년으로 알려졌습니다. 수천 년을 달려온 혜성을 내 눈으로, 우리나라에서 직접 볼 수 있다니! 우리나라에서 맨눈으로 관측 가능한 혜성은 1997년 헤일–

이날 함께 현장에 있었던 천체사진가가 촬영한 니오와이즈 혜성. ⓒ 공양식

밥Hale-Bopp 혜성(공식 명칭 C/1995 O1) 이후 무려 23년 만이었습니다. 이 반가운 손님은 우리나라에서 7월 초부터 중순까지 볼 수 있었는데, 고도가 10도 안팎으로 낮아 높은 곳에 올라야만 관측할 수 있었습니다. 제가 봉화의 장군봉에 오른 이유도 이 혜성을 보기 위해서였지요.

그런데 지금은 이렇게 환영받는 혜성이 과거엔 재앙의 징조로

여겨지기도 했습니다. 천문 현상이 신이 보내는 메시지라고 여기던 시절, 갑자기 밤하늘에 나타난 낯선 존재는 공포의 대상이었을 테지요. 하지만 이제는 혜성이 여러 천체처럼 우주의 탄생과 진화를 설명해줄 살아 있는 화석이며, 어떤 꼴과 운명을 지녔는지 그 실체를 조금은 더 알게 됐습니다. 실체 없는 헛것이 아닌 당당한 태양계의 구성원이지요.

앞으로 니오와이즈 혜성처럼 어떤 혜성이 또 갑자기 지구에 찾아올지 모릅니다. 그땐 혜성이란 것이 볼 만한 것인가, 보러 갈까 말까 고민하지 말고 달려가 맞이해보세요. 관찰자로서, 그리고 다정한 지구인으로서 말입니다. _J

**우주를 더 가까이!**

한국천문연구원은 주요 천문 현상을 예보하고 있습니다. 갑자기 나타난 혜성 또는 어느 시점마다 볼 수 있는 유성우, 일식이나 월식 등의 정보는 한국천문연구원 홈페이지나 페이스북Facebook을 통해 알 수 있습니다. 특히 매일 해와 달이 언제 뜨고 지는지, 어떤 크고 작은 천문 현상이 있는지 알고 싶을 때는 한국천문연구원의 천문력을 확인하면 큰 도움이 됩니다.

Day 09

# 우주 먼지 입자들의
# 불꽃놀이

어두컴컴한 밤하늘. 눈 깜짝할 사이에 반짝 빛났다가 사라지는 별똥별. 별이 흘러간다 해서 한자어로 유성流星이라고 불리기도 하지만, 별똥별이 우리에게는 좀 더 친숙한 이름이지요.

별똥별은 혜성이나 소행성에서 떨어져 나온 먼지 입자들이 우주 공간에서 떠돌다 지구 대기권에 부딪쳐 마찰 때문에 밝게 빛나는 현상을 말합니다. 밝게 빛난다고는 하지만 우리 주변 밤하늘은 빛공해(Day 25. 참고) 때문에 어둡지 않아 실제로는 대부분 희미하게 그리고 아주 잠깐 보였다가 사라집니다. 그래서 점점 더 도심에서는 별똥별을 보기가 쉽지 않아졌습니다. 영화나 드라마 혹은 애니메이션에서, 환하게 빛나며 긴 꼬리가 밤하늘을 가로지르는 별똥별이 나오는 장면은 이제 말 그대로 '영화 속에서나 일어날 법한 일'이 되었지요. 물론 운이 매우 좋다면 아주 가끔은 밤하늘 전체를 환히 밝히는 화구Fireball(유성 중 특히 그 크기가 큰 것)를 볼 수 있을지도 모릅니다.

별똥별은 크게 '유성우'와 '산발적으로 떨어지는 것' 이렇게 두 종류로 나눌 수 있습니다. 유성우는 말 그대로 유성이 비雨처럼 떨어진다고 해서 붙인 이름인데, 혜성이나 소행성이 지나간 우주 공간을 지구가 정확히 통과하면서 나타나는 현상입니다. 이때 혜성이나 소행성의 잔해들이 지구 중력에 이끌려 대기권으로 빨려 들어와 별똥별이 마치 비가 내리듯 많이 쏟아져 내리지요. 이 역시 비가 내리듯이 주룩주룩 떨어지는 것은 아니지만, 달이 없는 맑은 날 도심을 벗어나 이상적인 깜깜한 밤하늘을 바라봤을 때 시간당 100개 이상도 볼 수 있습니다.

유성우는 페르세우스Perseus자리 유성우, 쌍둥이자리 유성우처럼 이름에 별자리가 붙어 있습니다. 이는 지상에서 유성우를 관측할 때 중앙의 한 점에서 사방으로 뿜어져 나오는 것처럼 보이는데, 이 천구상의 한 점을 일컫는 복사점이 해당 별자리에 있기 때문입니다. 그러니 유성우가 내린다는 뉴스가 있다면 유성우 이름에 붙은 별자리를 찾은 다음 그 부근을 훑어보면 좋겠죠?

그리고 33년마다 한 번씩 찾아오는 진짜 별똥비, '유성폭풍우Meteor Storm'라고 불리는 것도 있어요. 유성폭풍우는 앞서 언급한 것처럼 비유적인 표현이 아니라 말 그대로 별똥별이 비처럼 떨어집니다. 가장 유명한 것 중 하나가 바로 사자자리 유성폭풍우입니다.

1833년과 1866년, 그리고 1966년 미국에서는 1시간에 수십만 개의 유성이 떨어졌다고 합니다. 33년 주기를 갖는 템펠-터틀 Tempel-Tuttle(공식 명칭 55P) 혜성이 이 유성우를 일으킨다는 사실을 알게 된 사람들은 다음 극대기를 기다렸고, 드디어 2001년 11월 18일 밤 모두의 기대를 저버리지 않고 수많은 별똥별이 밤하늘에 멋진 불꽃놀이 축제를 열었답니다. 우리나라 전 지역에서도 시간당 3000~4000개(대략 1초에 1개)가 넘는 별똥별이 떨어졌고, 화구가 폭죽처럼 폭발해 펑펑 터지는 장관을 연출했죠. 아마 평생 볼 별똥별을 그날 다 본 것 같아요. 이제 다시 2034년이 되기만을 기다려야겠어요.

이렇게 별똥별의 기원이 되는 특정 혜성이나 소행성에 의해 생기는 유성우가 아니라, 산발적으로 떨어지는 별똥별도 있습니다. 특정 위치, 특정 시각에 집중된 것이 아니라 불규칙적으로 드문드문 떨어지지요. NASA에서는 모래 알갱이 크기의 입자들이 매일, 평균 약 100톤가량 지구에 부딪친다고 발표하기도 했습니다. 그중에서 특별히 크기가 큰 것들은 화구가 되어 매우 밝게 빛나고 폭발을 일으키기도 하며, 하늘에 그 흔적을 남기기도 하고 대기권에서 다 타버리지 않고 남아 땅에 떨어지기도 하죠. 이를 운석隕石이라고 부릅니다(Day 10. 참고).

페르세우스자리 유성우. 천체사진공모전 수상작. © 윤은준

그렇다면 별똥별을 잘 보기 위해서는 무엇을 준비하고 어디로 가는 것이 좋을까요? 앞에서 이야기한 대로 먼저 도심을 벗어나 밤하늘이 어두운 곳을 찾아가야 합니다. 달이 떠 있으면 역시 하늘이 꽤 밝기 때문에 그믐 기간을 선택하는 것이 좋겠지요. 또한 어느 쪽 하늘에서 떨어질지 모르니 사방이 탁 트인 곳이 최적의 장소입니다. 자, 이제 마지막으로 가장 중요한 준비물인 돗자리를 펴고 누워서 밤하늘을 바라보면 준비가 끝납니다. 물론 유성우 시기에 맞춰서 찾아가면 좋겠지만, 그때가 아니더라도 평균적으로 1시간에 10개 정도는 볼 수 있습니다. 망원경이나 쌍안경은 필요 없습니다. 두 눈만 있으면 돼요.

이번 주말, 날씨가 좋다면 별똥별을 보고 소원을 비는 낭만에 빠져보세요. _M

우주를
더 가까이!

별똥별을 좀 더 많이 보고 싶다면 3대 유성우를 기억하세요. 1월 4일 부근의 사분의자리, 8월 12일 페르세우스자리, 12월 14일 부근 쌍둥이자리 유성우. 이렇게 매년 세 번의 기회가 있답니다. 특히 '극대기'라고 해서 몇 시간 동안 유성을 집중적으로 많이 볼 수 있는 기회가 있습니다. 그 극대기가 우리나라 시간으로 달 없는 기간의 한밤중이라면 관측 조건이 매우 좋은 거죠. 매년 초 한국천문연구원에서 발표하는 '그해 주목할 천문 현상'에 3대 유성우가 항상 포함된다는 사실을 잊지 마세요.

# 하늘에서 떨어진
# 로또? 돌? 화석!

#운석
#진주운석
#태양계화석

몇 해 전 경상남도 진주에 운석이 떨어져 전국이 떠들썩했던 적이 있습니다. 운석이 떨어지기 하루 전날 저녁 전국 대부분 지역에서 커다란 별똥별이 목격되었는데, 바로 다음 날 아침 진주의 한 농장 비닐하우스 천장에 구멍이 나고 그 아래서 검게 그을린 돌이 발견된 것이지요.

"운석은 하늘에서 떨어진 로또"라는 소문과 그해 열린 러시아 소치 올림픽에서 운석을 넣은 금메달이 화제가 되면서 한동안 진주 지역에는 전국에서 꽤 많은 운석 사냥꾼이 모였습니다. 첫 번째 운석이 발견되고 나서 일주일 동안 3개의 운석이 더 발견되었고 그중에는 무게가 20킬로그램이 넘는 큰 것도 있었습니다.

진주에서 발견된 운석들. (위에서부터 시계 방향으로) 2014년 3월 10일 9.0kg, 2014년 3월 11일 4.1kg, 2014년 3월 17일 20.9kg, 2014년 3월 16일 420g. (출처: KIGAM)

　　운석을 찾기 위해 외국에서도 사람들이 몰리자 정부에서는 소유자들의 '운석 등록제'와 국내에서 발견된 운석의 해외 반출을 금지하는 일명 '진주운석법'을 제정하기도 했습니다.

　　운석은 지구 대기권에 진입한 자연 우주 물체, 특히 유성체라고 부르는 것이 대기권에 진입 후 다 타지 않고 남아서 땅에 떨어진 것을 말합니다. 진주에 떨어져 '진주운석'이라 불리는 이 운석이 우리나라 전역을 떠들썩하게 했던 이유는 71년 만에 찾아온, 낙하운석Falls이었기 때문입니다.

　　운석은 별똥별과 같이 낙하하는 현상이 목격된 뒤 바로 발견되는 낙하운석, 정확한 낙하 시기를 알 수 없이 남극이나 사막 등에서 수집되는 발견운석Finds으로 나눌 수 있습니다. 발견운석이 낙하운석보다 약 30배나 많지만, 낙하운석은 지구에 떨어진 지 얼마 되지 않아 비교적 덜 오염되어 가치를 더 높이 평가합니다.

진주운석은 '오디너리 콘드라이트Ordinary Chondrite'로 분류되는데, 이름에서도 알 수 있듯 보통의, 평범한 운석입니다. 지구에 떨어진 운석 중 80~90퍼센트가 여기에 해당합니다. 그만큼 희소가치가 낮아 가격도 그램당 몇 달러 수준입니다. 운석을 하늘에서 떨어진 로또라고 생각하는 사람들에게는 조금 억울한 소리겠지요.

물론 매우 비싼 운석도 꽤 있습니다. 돌과 철이 적절하게 섞인 석철질운석 같은 경우 발견되는 비율이 1퍼센트도 안 될뿐더러 철과 니켈 같은 금속 사이에 감람석과 같은 광물이 섞여 있어 독특한 빛깔을 내 실제 보석의 원석으로도 사용됩니다. 또한 달이나 화성에서 온 운석은 그 가치를 돈으로 환산할 수 없을 정도로 귀한 것들입니다.

그런데 어떻게 달이나 화성에서 떨어져 나온 돌조각이 지구까지 오게 되었을까요? 예를 들어 화성 표면에서의 중력은 지구의 약 3분의 1 정도로, 화성의 중력을 탈출하기 위해서는 초속 약 5킬로미터 정도의 속도를 내야 합니다. 상상해보세요. 화성에서 누군가가 이렇게 빠른 속도로 돌덩어리를 던질 리는 없습니다.

대표적인 석철질운석인 에스꾸엘Esquel 운석. (출처: Wikipedia)

아마도 과거 화성에 소행성이 충돌했을 때 그 충격으로 거대한 충돌구, 크레이터Crater가 생기면서 화성 표면에서 암석 파편들이 우주 공간으로 튕겨나갔을 겁니다. 그렇게 화성을 탈출한 암석들이 몇백만 년 동안 태양계를 떠돌다 지구에 도착한 것입니다.

이렇게 화성에서 온 것으로 밝혀진 운석이 200개가 넘는데, 이들이야말로 태양계 충돌 역사의 산증인이라 부를 만하지 않나요? 그래서 운석은 태양계 연구에 매우 중요한 사료로 활용됩니다.

운석에는 '태양계 화석'이라고 불리는 초기 태양계 물질 콘드
륨Chondrule도 담겨 있습니다. 이는 지구에는 없는 물질로 과학자
들은 이를 분석해 태양계가 처음 만들어졌을 당시의 환경과 조건
을 알아낼 수 있습니다. 우리가 과거의 지구에 공룡이 살았다는
사실을 공룡 화석을 통해 믿고 있듯이, 소행성과 거기서 떨어져
나와 지구에 도착한 운석을 통해 태양계가 처음 만들어졌을 때의
상태를 유추할 수 있습니다. 운석을 가히 태양계의 화석이라고 부
를 만합니다. 태양계의 탄생이 최소 45.67억 년 전이라 알고 있는
것도 가장 오래된 운석의 나이를 측정해서 알아낸 것입니다.

운석을 하늘에서 떨어진 로또로만 생각하지 말고 귀중한 연구
대상으로 바라봐 주세요. 태양계의 유구한 역사의 비밀을 우리에
게 전해주기 위해 지구에 안착한 보물이랍니다._M

우주를
더 가까이!

진주운석이 한창 화제가 되던 시기에 진주의 한식 식당에 가면 운석국수, 운석
비빔밥이라는 메뉴가 있었습니다. 평소에 팔던 국수와 비빔밥에 메추리알장조
림을 운석처럼 얹어준 거죠. 최근에 진주운석이 떨어졌던 네 곳에 다시 방문해
보니 운석 발견 장소라는 조그만 표지판이 세워져 있었습니다. 그리고 진주성
앞에서는 '운석빵'이라는 것을 팔고 있었어요. 이건 정말 운석처럼 생겼더군요.

## Day 11

# 우주를 보는
# 또 하나의 눈

#망원경
#전자기파
#제임스웹
#중력파

    많은 사람이 한 번쯤은 과학관이나 천문대에 있는 망원경으로 달의 분화구나 토성의 고리, 쌍성雙星이나 수많은 별이 모여 있는 성단星團을 본 적이 있을 것입니다. 사람들은 망원경을 통해 바라본 밤하늘의 생생한 모습에 감동하기도 하고, 한편으로는 사진이나 텔레비전에서 보았던 화려한 우주의 모습을 기대했다가 그것과는 다른 광경에 조금 실망하기도 하죠. 그러나 겨울밤 황소자리 부근의 플레이아데스 성단을 보고 실망하는 사람은 보지 못한 것 같아요. 이 성단을 보면 거인 신 아틀라스와 아내 플레이오네의 일곱 자매로 불리는 밝은 별들이 모여 있는 것을 쉽게 찾을 수 있습니다.

맨눈으로는 7개 남짓의 별만 볼 수 있지만, 망원경으로는 수십 개가 넘는 별이 은빛으로 반짝거리며 옹기종기 모여 있는 아름다운 모습이죠(47쪽 사진). 이처럼 망원경은 우리 주변에 존재하지만, 맨눈으로 보기 어려운 우주의 모습을 보다 가까이, 그리고 또렷하게 보여줍니다.

많은 사람이 갈릴레오 갈릴레이가 망원경을 최초로 발명한 것으로 알고 있습니다. 하지만 실제로는 1608년 네덜란드의 안경 제작자인 한스 리퍼세이Hans Lippershey가 출원한 특허 이전에 발명되었을 것으로 추정하고 있습니다. 갈릴레오 갈릴레이는 망원경 성능을 개선해 밤하늘을 체계적으로 관측한 최초의 천문학자로, 그가 망원경을 천체 관측에 체계적으로 이용한 이후부터 천문학은 비약적인 발전을 거듭하며 인류가 가진 우주에 대한 근원적 질문에 과학으로 답하고 있습니다.

망원경은 밤하늘의 별이나 전망대에서 바라보는 풍경처럼 멀리 떨어진 물체로부터 나오는, 혹은 반사되는 빛을 잘 볼 수 있도록 만들어주는 장치입니다. 일반적으로 망원경의 성능은 집광력集光力과 분해능分解能, 두 가지로 대표됩니다. 집광력은 말 그대로 희미한 빛을 모으는 능력이고, 분해능은 멀리 떨어진 두 물체를 서로 구별할 수 있는 능력입니다. 즉, 좋은 망원경을 이용하면 멀리 떨어진 물체로부터 오는 희미한 빛을 잘 모아(집광력), 그 물체를 뚜렷하게 구분해볼 수 있습니다(분해능). 마치 맨눈으로는 플

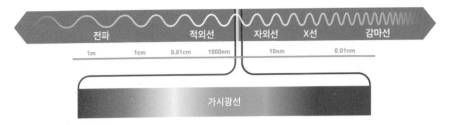

파장에 따른 전자기파의 종류.

레이아데스 성단의 예닐곱 자매 정도만 볼 수 있지만, 천문학자들이 이용하는 대형 망원경으로는 800개가 넘는 별을 구분해볼 수 있듯이 말입니다.

보통 망원경이라고 하면 대부분이 굴절 망원경이나 반사 망원경 같은 광학 망원경을 떠올리는데, 사실 우주를 관측하는 망원경의 종류는 다양합니다. 이를 알아보기 위해서 먼저 전자기파 Electromagnetic Wave에 대해 살펴보겠습니다.

전자기파는 전기장과 자기장의 세기가 주기적으로 변하면서 전파되는 파동의 하나로, 이 파장의 길이에 따라 전파, 적외선, 가시광선, 자외선, X선, 감마선 등으로 나눌 수 있습니다. 엄밀히 말하면 '빛'은 모두 전자기파인데, 흔히 우리 눈에 보이는 약 500나노미터의 파장을 갖는 가시광선을 '빛'이라 부르고 있지요.

잘 알려진 허블 우주 망원경Hubble Space Telescope; HST(이하 HST)은 주로 이 가시광선을 관측하는 광학 망원경이고, 과학관이나 천문대에서 쉽게 접할 수 있습니다. 가시광보다 수만, 수십만 배 더 짧은 파장의 감마선을 관측하기 위해 NASA가 쏘아 올린 페르미 감마선 우주 망원경Fermi Gamma-ray Space Telescope; FGST, 2021년 말 우주로 발사되어 적외선 파장의 빛을 관측하는 제임스 웹 우주 망원경James Webb Space Telescope; JWST(이하 JWST), 그리고 수미터에 이르는 긴 파장을 관측하기 위해 구경이 500미터나 되는 톈옌天眼 전파 망원경(구경 500미터 전파 망원경Five hundred meter Aperture Spherical Telescope; FAST)도 있습니다.

일반적으로 전파 망원경이 다른 파장의 망원경들보다 구경이 훨씬 큰데, 전파는 파장이 상대적으로 길기 때문에 관측 분해능을 높이기 위해서는 큰 망원경이 필요합니다. 망원경의 분해능은 관측하는 빛의 파장을 망원경 구경으로 나눈 값으로, 값이 작을수록 분해능이 좋습니다. 예를 들면 구경 10센티미터인 광학 망원경이 천문연구원에서 운영하는 한국우주전파관측망Korean VLBI Network; KVN 21미터 전파 망원경의 분해능보다 100배 이상 좋습니다. 이처럼 망원경의 분해능은 관측하는 파장과 구경의 함수 관계라고 할 수 있습니다.

마지막으로, 지금까지 언급한 '빛을 검출하는 망원경'과는 달리 중력파를 검출하는 '중력파 망원경'도 있습니다. 2017년 중력파 발견에 성공한 공로로 3명의 과학자(라이너 바이스Rainer Weiss, 배리 배리시Barry C. Barish, 킵 손Kip S. Thorne)가 노벨물리학상을 받았죠.

 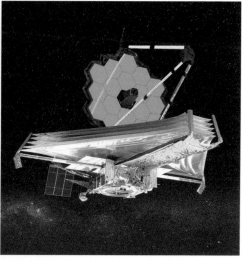

페르미 감마선 우주 망원경
(출처: NASA)

JWST
(출처: NASA GSFC/CIL/Adriana Manrique Gutierrez)

텐옌 전파 망원경(구경 500m)
(출처: NAOC)

라이고 중력파 망원경
(출처: The Virgo Collaboration/CCO 1.0)

이들은 40년간 초신성 폭발이나 블랙홀 충돌 같은 현상에서 나오는 거대한 중력의 파동을 검출하기 위해 빛(전자기파)이 아닌 중력파를 관측할 수 있는 새로운 형태의 망원경을 만들었습니다. 그리고 2015년 9월, 미국에 있는 라이고LIGO(레이저 간섭계 중력파 천문대Laser Interferometer Gravitational-Wave Observatory)에서 13억 광년 떨어진 두 블랙홀이 하나로 병합되는 과정에서 발생한 중력파를 검출하는 데 성공했죠. 이로써 인류는 천체로부터 나오는 빛(전자기파)뿐만 아니라 중력파 망원경을 이용해 새로운 우주의 모습을 볼 수 있게 되었습니다. _T

우주를
더 가까이!

국립과천과학관에는 1미터 구경의 광학 망원경과 7.2미터 구경의 전파 망원경이 함께 설치되어 있습니다. 과천과학관 천문대에 방문해 실제 우주의 모습을 생생하게 만나보세요(월요일 휴무).

# 전파의 눈으로
# 밤하늘을 본다면?

#전파
#보데은하그룹

말 그대로 별들이 총총히 빛나는 밤하늘과 은빛 가루를 뿌려 놓은 은하수를 본 적이 있나요? 무심코 올려다본 밤하늘 별들의 색깔이 서로 달라 다채롭다는 생각을 해보신 적은요? 밤하늘을 수놓은 별들의 색이 서로 다르다는 것 느껴보셨나요?

우리가 보는 밤하늘의 별들은 대부분 우리은하에 속한 낱별들로, 조금만 자세히 들여다보면 별들이 각기 다른 색깔을 띤다는 것을 알 수 있습니다. 이는 별의 표면 온도에 따라 색깔이 다르게 보이는 것으로, 표면 온도가 낮을수록 붉은색, 높을수록 푸른색을 띱니다. 오리온Orion자리에서 두 번째로 밝은 별인 리겔Rigel은 표면 온도가 1만 2000도 정도로 푸른색을 내고, 약 6000도의 표

전파(4.85기가헤르츠)로 본 밤하늘의 모습. (출처: NRAO/AUI/NSF)

면 온도를 갖는 태양은 노란색을 띠고 있습니다.

　그런데 만약 우리 눈이 가시광 영역의 빛이 아니라 라디오나 휴대폰에 사용되는 전파를 볼 수 있다면 밤하늘은 어떤 모습일까요?

　위 사진은 미국 국립 전파 천문대National Radio Astronomy Observatory; NRAO(이하 NRAO)의 직경 300피트(91미터) 전파 망원경으로 본

밤하늘의 모습입니다. 언뜻 보기에는 우리가 보는 밤하늘의 모습과 크게 다르지 않습니다. 하지만 이 사진에서 낱별처럼 보이는 점들은 하나의 별이 아니라 수십억 광년 떨어진 은하이고, 마치 은하처럼 뭉쳐 있거나 넓게 퍼져 빛나는 부분은 초신성 폭발로 인해 방출되는 물질들이 내는 빛(전파 파장의 빛)입니다. 언뜻 비슷해 보이지만, 광학 눈(가시광선)과 전파의 눈으로 본 천체의 모습은 완전히 다르다는 것을 알 수 있습니다.

다음 사진은 북두칠성을 품은 큰곰자리 머리 부근에 있는 보데Bode's은하(M81)를 각각 광학 망원경과 전파 망원경으로 관측한 영상의 한 장면입니다.

광학 망원경으로 관측한 보데은하 주변에는 두 은하 M82와 NGC 3077이 있습니다(85쪽 왼쪽 사진). 그런데 이 은하를 전파 망원경으로 관측하면 놀라운 사실이 드러납니다. 광학 망원경으로 관측한 사진에서는 3개의 은하가 독립적으로 존재하는 것처럼 보이지만, 전파 망원경으로 관측한 사진은 이 세 은하가 서로 물질들을 교환하며 상호작용을 하고 있음을 보여줍니다(85쪽 오른쪽 사진). 우주에 존재하는 가장 많은 원소인 중성 수소(하나의 양성자와 하나의 전자를 가지며 전기적으로 중성인 수소 원자)가 내는 21센티미터 파장의 전파를 통해 세 은하가 주고받는 물질(수소)들의 존재를 확인할 수 있기 때문입니다. 그래서 세 은하는 각각 독립된 것이 아닌 가족과 같은 공동체로 '보데은하(M81)

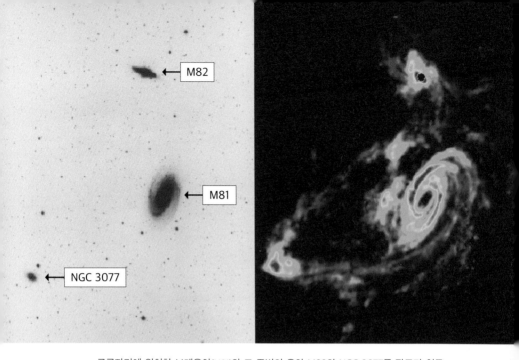

큰곰자리에 위치한 보데은하(M81)와 그 주변의 은하 M82와 NGC 3077를 팔로마 천문대에서 관측한 광학 사진(왼쪽)과, VLA 전파 망원경으로 21센티미터 중성 수소선을 관측한 전파 사진(오른쪽). (출처: NRAO/AUI/NSF)

그룹'이라고 불립니다.

또한 광학 망원경과 전파 망원경으로 관측한 두 사진을 조금 더 자세히 비교해 보면 세 은하의 모습이 다르다는 것을 확인할 수 있습니다. 광학 관측에서 잘 나타나는 은하 중심 팽대부가 전파 관측에서는 거의 보이지 않지만, 은하의 나선 팔은 전파 관측에서 더욱 밝게 빛나고 있죠. 참고로 NGC 3077은 타원 은하로 나선 은하인 M81과 불규칙 은하인 M82와 달리 중심부에서 수

1962년 미국 버지니아주 국립 전파 천문대에 건설된 300피트 전파 망원경. 당시 세계 최대 전파 망원경으로 1988년 갑작스럽게 붕괴되었다. (출처: NARO)

소가 내는 전파(빛)로 인해 밝게 보입니다.

일반적으로 광학 망원경으로 관측되는 밝은 별들은 대부분 전파 관측에서 아주 희미하거나 보이지 않고, 반대로 강한 전파를 내는 천체들은 광학 관측에서 희미하거나 잘 보이지 않습니다.

이처럼 밤하늘은 빛의 파장에 따라 다채로운 모습을 갖고 있습니다. 그래서 천문학자들은 오늘도 여러 파장을 연구하며 다양한 망원경을 이용해 우주의 신비를 탐구하고 있습니다._T

사실 전파 천문학은 천문학자가 아니라 무선 통신사의 엔지니어가 발견한 이해할 수 없는 현상에 대한 의문에서 시작되었습니다. 전파를 이용한 무선 통신이 급격하게 발전하던 1930년대 초, 미국 벨 연구소Bell Lab의 무선 엔지니어로 일하던 칼 잰스키Karl Jansky는 무선 전화 서비스를 방해(간섭)하는 전파 신호의 원인을 조사하는 임무를 맡았습니다. 이를 위해 회전목마처럼 360도 방향으로 돌려가며 전파 신호의 방향과 세기를 측정할 수 있는 안테나를 만들어 측정하던 중, 남쪽 방향에서 23시간 56분 주기로 최대 강도로 반복되는 전파 신호를 확인했습니다. 이 소리가 천둥 번개와 같이 자연으로부터 발생한 것이 아니라고 확신한 그는 전파 신호의 방향을 광학 천문 지도와 비교했고, 이것이 우리은하의 중심으로부터 발생했다는 결론을 내렸습니다. 우주에서 오는 전파의 존재를 처음으로 확인한 것이지요. 이로써 칼 잰스키는 '전파 천문학'의 아버지로 불리게 되었으며, 전파 천문학에서는 그의 이름을 따서 전파 신호의 세기를 나타내는 단위를 '잰스키(Jy)'로 사용하고 있습니다.

칼 잰스키의 안테나 모습과 이 안테나가 남쪽(우리은하 중심 방향)을 지향할 때 전파 신호의 세기가 커지는 것을 기록한 사진. (출처: NAAPO)

# 큰 것은 작은 것을
# 대신한다

#가장
#큰
#망원경

제가 대학에 다니던 20여 년 전, 2070년대 미래를 배경으로
한 〈카우보이 비밥〉이라는 일본 애니메이션을 친구들과 본 적이
있습니다. 이 만화의 여러 에피소드 중 한 동료의 과거가 담긴 동
영상에 관한 에피소드가 기억납니다. 이 동료는 20세기 말에 태
어나 오랫동안 냉동 상태에 있던 사람이라, 그의 과거가 담긴 동
영상은 카세트테이프에 들어 있었습니다. 카세트테이프라니.
2020년대인 지금도 보기 힘든 물건인데, 2070년대에 사는 주인
공 일행이 사용법을 알 리가 없죠. 우여곡절 끝에 주인공 일행은
카세트 플레이어가 여럿 있는 고물상을 찾아갑니다. 그런데 어쩌
지요. 옛날 카세트테이프는 한 종류가 아니라, 크기에 따라서 종

류가 달랐어요. 저도 이 사실을 그때 처음 알았습니다. 아무튼 어떤 플레이어를 골라야 할지 주인공이 고민하고 있을 때 일행 중 한 명인 듬직한 아저씨가 말합니다.

✦ 큰 것은 작은 것을 대신한다!

그러고는 그냥 크기가 더 큰 플레이어를 가져가지요. 결과적으로 옳은 선택이었기 때문인지 "큰 것은 작은 것을 대신한다"라는 말이 저와 친구들의 기억에 꽤 오랫동안 남아 있었습니다.

곰곰이 생각해 보니, 요즘은 작은 것이 큰 것을 대신하는 경우가 많은 시대인 것 같습니다. 컴퓨터도 처음 태어났을 때는 조그마한 창고를 가득 채울 정도의 크기였지만, 오늘날에는 한 손으로 집을 수 있는 스마트폰이 그보다 성능이 더 좋지요. 기술이 좋아질수록, 작은 것으로도 아주 많은 일을 할 수 있습니다. 하지만 세상에는 여전히 크기가 클수록 좋게 여겨지는 것도 많습니다. TV는 화면이 크면 클수록 박진감 넘쳐서 좋고, 사람에 따라 다르지만 집이나 자동차도 보통 클수록 좋다고 여기지요.

우주를 관찰하는 망원경 역시 크기가 클수록 좋게 여기는 것 중 하나입니다. 좀 더 정확히 말하자면, 하늘에서 오는 빛을 가장 먼저 받는 거울인 주경이 넓을수록 더 좋은 망원경이라고 생각합니다. 주경이 넓을수록 천체에서 오는 빛을 더 많이 받아들일 수 있습니다. 따라서 같은 시간 동안 노출할 때 주경이 넓은 망원경은 다른 망원경보다 하늘의 더 어두운 곳까지 볼 수 있게 되지요.

하늘의 더 어두운 곳을 볼 수 있는 능력은 천문학자에게 매우 중요합니다. 우리가 아직 잘 모르는 천체는 대부분 어둡기 때문입니다. 하늘에 있는 밝은 천체는 이미 많이 관측했거든요. 지금도 하늘에는 크기가 너무 작고 어두워서 한 번도 보지 못한 아기 별이 있을지 모릅니다. 또는 우리와 너무 멀리 떨어져 있어 희미하게만 보이는, 우주 탄생의 비밀을 간직한 천체가 있을지도 모르지요. 이런 천체를 발견하는 데 주경이 넓은 망원경이 매우 중요한 역할을 할 수 있습니다. 그리고 밝은 천체 역시 일반 망원경으로는 모르고 지나칠 수 있는 조그마한 부분을 주경이 넓은 망원경으로 자세히 볼 수도 있습니다.

현재 지상에 있는 광학 망원경 중 주경의 넓이가 가장 큰 망원경은 스페인 카나리아섬에 있는 그란카나리아 망원경Gran Telescopio Canarias; GTC(이하 GTC)입니다. GTC의 주경은 12개의 조각 거울로 이루어져 있는데, 다 합치면 지름이 10.4미터, 넓이는 대략 24평형 아파트와 비슷합니다.

앞으로는 어떨까요? 우리나라가 개발에 참여하는 거대 마젤란 망원경Giant Magellan Telescope; GMT(이하 GMT)이 현재 칠레의 아타카마 사막에 조성되고 있습니다. 7개의 조각 거울로 이루어진 주

현재 세계 최대의 광학 망원경인 GTC. (출처: Wikipedia)

경은 다 합치면 지름이 25.4미터나 되고, 넓이는 농구장보다 약간 작은 정도입니다. 이 GMT가 완성되면 세계에서 가장 큰 광학 망원경이 될 예정입니다.

이렇게 거대한 망원경은 분명 우주의 아주 중요한 비밀을 밝혀줄 것입니다. 하지만 이런 망원경은 그 크기만큼 운영 비용이 많이 들어갈뿐더러, 대체로 망원경의 크기가 커질수록 한 번에

세계 최대의 광학 망원경이 될 예정인 GMT 건설 장면. (출처: GMTO Corporation)

볼 수 있는 하늘의 크기도 매우 작아집니다. 그래서 천문학자들은 거대한 망원경과 크기가 작은 수많은 망원경의 힘을 합쳐 우주의 비밀을 풀어갈 것입니다. 마치 영화 〈저스티스 리그〉의 광고 문구처럼요. _H

✦ 혼자서는 세상을 구할 수 없다.

**우주를 더 가까이!**

우리나라에서 GMT와 관련해 어떤 일을 하는지 알아보고 싶다면, 한국천문연구원 대형망원경사업단 홈페이지를 둘러보세요.

# 당신 카메라 속 우주

#천체사진
#천체사진공모전

✦ 설마 토성이겠습니까?

2021년 8월 29일, KT 위즈와 삼성 라이온즈의 프로야구 경기 중계가 한창인 화면 속에 순간 밤하늘의 무언가가 조명되자, 캐스터가 갸우뚱거리며 반문했습니다.

가냘프게 흔들리는 천체, 옆으로 빼꼼히 나온 고리. 화면 속 천체는 토성이 맞았습니다. 토성은 그 고리까지는 맨눈으로 보기 힘들지만, 날씨가 좋다면 쌍안경이나 소형 망원경으로도 관측할 수 있습니다. 요즘은 스포츠 중계 카메라도 구경 20센티미터 내외의 망원경급 성능을 자랑하기에 이날 카메라 감독은 실시간으

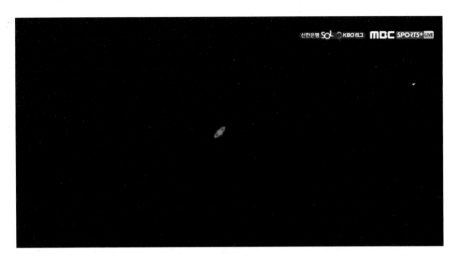

프로야구 경기 중계 카메라에 잡힌 토성. (출처: MBC sports+)

로 토성의 모습을 전해줄 수 있었던 것입니다. 이날 MBC 스포츠
플러스 채널의 애드리브 토성 중계가 야구팬들에게 재미있는 이
벤트가 됐지요.

'천체사진' 하면 떠오르는 아름다운 사진들은 HST처럼 우주
에 떠다니는 망원경으로 촬영한 것이 많습니다. 우주에는 대기가
없어 선명한 사진을 얻을 수 있거든요. 대기는 지구의 중력에 의
해 지구 주위를 둘러싸고 있는 기체층을 말하는데, 구름, 안개 등
도 여기에 속합니다. 대기는 다양한 파장의 빛을 차단하고 굴절
시켜 관측을 방해합니다.

물론 대기가 있음에도 불구하고 지상에서 카메라와 렌즈, 망
원경을 연결해 촬영할 때도 많습니다. 촬영하고자 하는 대상이

워낙 멀리 있기 때문에 노출 시간을 길게 주어 빛을 증폭하는 원리로 촬영합니다. 희미한 색을 여러 번 덧칠해 진하게 만드는 것과 같습니다.

성단이나 성운, 은하와 같은 심우주 사진은 화려한 색감을 자랑합니다. 이는 단번에 촬영해 사진 한 장을 얻는 게 아니라 여러 장의 사진을 합성해서 만듭니다. 각각의 천체들은 다양한 물질로 구성되어 있고 그 물질들은 특정 파장의 빛을 내므로 해당 빛을 받아들일 수 있는 전용 필터를 활용해 촬영합니다. 이렇게 찍은 사진에 빛의 3원색인 빨강(R), 초록(G), 파란색(B)을 부여하거나, RGB 필터를 활용해 촬영한 뒤에 조합해 컬러 사진을 완성하는 것입니다.

2022년 한국천문연구원이 주최한 '천체사진공모전' 대상 수상작은 서울 도심에서 촬영한 하트 성운이었는데, 총 노출 시간이 무려 14시간 정도에 3개의 필터로 촬영한 702장의 사진을 합성한 작품이었습니다. 컴컴한 밤하늘 아래에서 수없이 찰칵이는 카메라와 함께했을 촬영자를 떠올리면 노고가 대단하다는 생각이 절로 듭니다.

"직접 가봐야 알겠지요. 그리고 기다려보는 거죠."

얼마 전 국내 천체사진가로 유명한 권오철 작가를 만났을 때, 그는 곧 볼리비아로 촬영을 떠난다고 했습니다. 볼리비아 우유니 호수에 비친 은하수를 찍기 위해서요. 인근 칠레에 갈 때마다 물

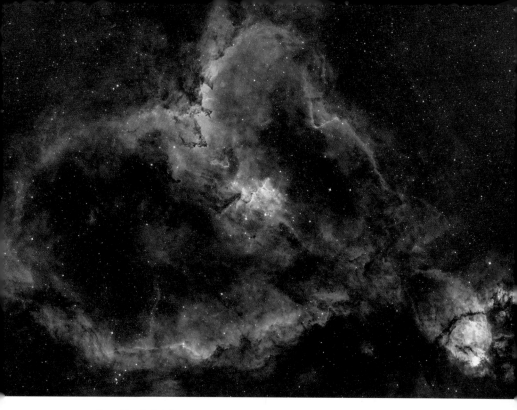

하트 성운. 천체사진공모전 수상작. ⓒ 변영준

이 말랐다 해서 포기했는데, 우유니 사막 끝에 빙하가 녹은 물이
고여 있을 수 있다는 소식을 들은 것입니다. 우유니 사막 언저리
에서 빙하가 녹은 호수 위에 뜬 은하수를 홀로 대면하고, 그를 채
집하듯 사진에 담아낼 것을 상상하니 벌써 그 사진이 기대됩니다.

지금은 휴대폰 카메라의 성능이 좋아져 막강한 장비가 아니라
도, 휴대폰과 삼각대만 있으면 달이나 별 등을 쉽게 담을 수 있습
니다. 40쪽에 실린 겨울철 밤하늘 사진도 스마트폰으로 찍은 것

이랍니다. 이 같은 추세를 반영해 국립과천과학관에서는 2020년부터 스마트폰 천체사진공모전을 개최하고 있지요.

자연 속에서 각자의 시간을 보내는 방법이 다양해진 요즘, 여행이나 캠핑을 떠나 특별한 밤하늘을 마주한다면 휴대폰이나 DSLR 등 당신의 카메라에 우주를 담아보세요. 내 손안에서 우주를 즐기는 소·확·행이 될 겁니다. _J

### 우주를 더 가까이!

천체사진을 보면 우주의 아름다움과 신비함을 느낄 수 있습니다. 곳곳에서 촬영한 멋진 천체사진을 보고 싶다면 아래 사이트를 방문해보세요.

NASA에서 운영하는 웹 사이트 '오늘의 천체사진Astronomy Picture of the Day; APOD'에서는 전 세계 곳곳에서 찍은 다양한 천체사진을 매일 감상할 수 있습니다.

국내의 경우 한국천문연구원에서 매년 천체사진공모전을 개최하며, '천문우주지식포털'과 한국천문연구원 인스타그램을 통해 수상작을 만날 수 있습니다. (인스타그램 @kasi_star)

# 자세히 보고 (얼마나 예쁜지) 숫자로 기록하다

#관측
#측성학
#측광학

요즘은 천문학이라고 하면 보통 천체물리학을 떠올리는 것 같습니다. 하지만 가장 오래된 천문학 분야는 '관측 천문학'입니다. 관측 천문학은 측성학測星學, Astrometry과 측광학測光學, Photometry으로 나뉘는데, 측성학은 천체의 위치를 정밀하게 관찰하고 측정·분석하는 것으로 '위치 천문학'이라고도 하지요. 과거 망원경과 카메라가 없던 시절에는 주로 별과 같은 천체의 위치를 측정하는 측성학을 이용했습니다.

특히 측성학은 책력(Day 18. 참고)을 만들고 시각을 측정하는 등 실용적인 필요 때문에 연구가 촉진되었습니다. 해와 달의 위치는 두 눈으로도 쉽게 측정할 수 있었고, 이는 시간을 정의하는

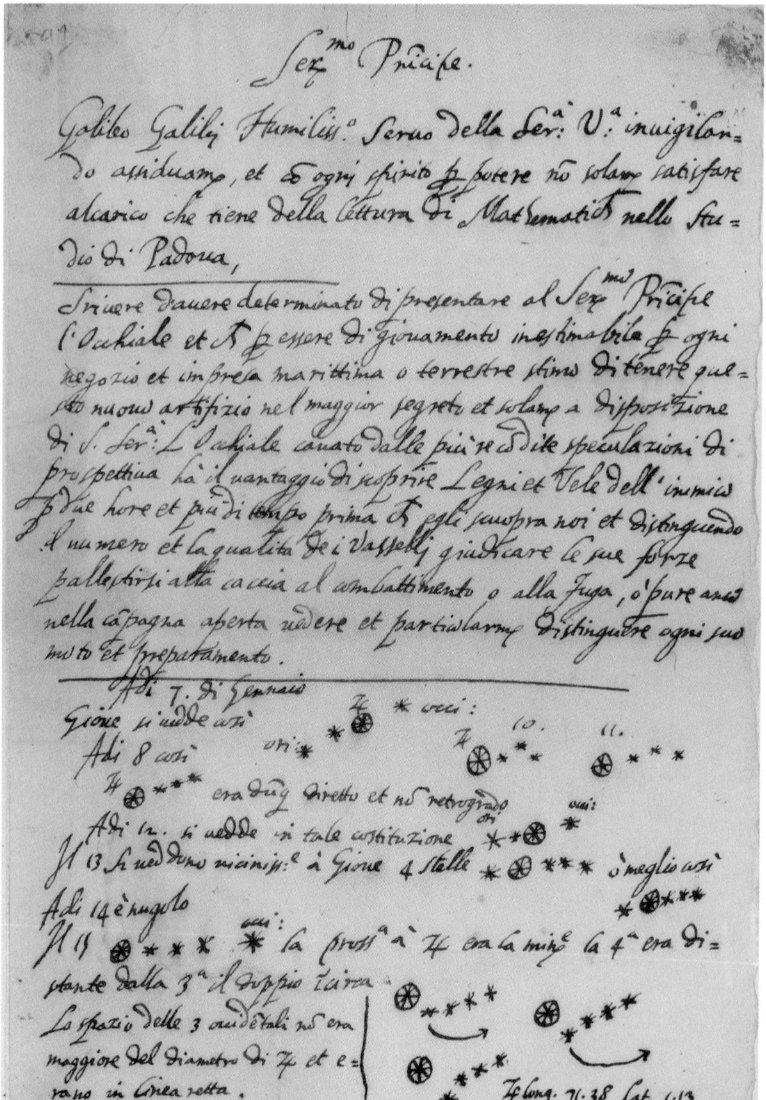

Ser.mo Principe.

Galileo Galilej Humiliss.o Servo della Ser.tà V.a invigilan=
do assiduam.te, et con ogni spirito per potere non solam.te satisfare
al carico che tiene della Lettura di Matematiche nello Stu=
dio di Padova,

Scrivere d'havere determinato di presentare al Ser.mo Principe
l'Occhiale et per essere di giovamento inestimabile per ogni
negozio et impresa marittima o terrestre stima di tenere que=
sto nuovo artifizio nel maggior segreto et solam.te a disposizione
di S. Ser.tà L'Occhiale cavato dalle più recondite speculazioni di
prospettiva ha il vantaggio di scoprire Legni et Vele dell'inimico
per due hore et più di tempo prima che egli scuopra noi et distinguendo
il numero et la qualità dei Vasselli giudicare le sue forze
allestirsi alla caccia al combattimento o alla fuga, o pure anco
nella campagna aperta vedere et particolarm.te distinguere ogni suo
moto et preparamento.

Adi 7. di Gennaio
Giove si vedde così ✱ ✱ ♃ ✱ così:
Adi 8 così ♃ ✱✱✱ era dunq diretto et non retrogrado
10. 11.
Adi 12. si vedde in tale costituzione
Il 13 si veddono vicinissime a Giove 4 stelle o meglio così
Adi 14 è nugolo
Il 15 la pross.a a ♃ era la minore la 4.a era di=
stante dalla 3.a il doppio incirca
Lo spazio delle 3 occidentali non era
maggiore del diametro di ♃ et e=
rano in linea retta.
♃ long. 71.38 lat. 1.13

갈릴레오 갈릴레이의 목성 관측 스케치. (출처: Wikipedia)

기준이 되었지요. 예를 들면 동쪽에서 떠오른 해가 다음 날 같은 위치에 오기까지를 '하루'라고 정의하고, 매일 조금씩 위치가 변하는 태양이 365일 뒤 다시 원래의 위치로 돌아오기까지 걸리는 시간을 '1년'이라고 부르게 된 것입니다.

다른 예를 들어볼까요? 밤하늘에 있는 모든 별은 태양처럼 동쪽에서 떠서 서쪽으로 집니다. 사실 이들은 하늘에 고정되어 움직이지 않지만, 지구의 자전 때문에 모두 같은 속도와 같은 방향으로 움직이는 것처럼 보입니다. 그런데 밤하늘을 유심히 지켜본 사람들은 별들의 움직임과는 달리 때로는 빠르게, 때로는 느리게, 심지어는 별들과 반대 방향으로 움직이는 천체를 찾게 되었고, 이들을 행성이라고 불렀던 거죠. 또한 400여 년 전 망원경으로 목성을 관측한 갈릴레오는 목성 주변의 별(목성의 위성)들이 지구가 아닌 목성 주위를 돌고 있다는 사실을 발견하고 지구가 우주의 중심이라는 천동설에 반대하기도 했습니다. 이 모든 것이 천체의 위치를 측정하는 측성학의 결과입니다.

망원경과 카메라, 각종 천문 관측 장비를 사용할 수 있는 현대의 천문학자들은 하늘에 있는 모든 별의 위치를 정밀하게 측정해 '카탈로그Catalogue'라고 부르는 기준 좌표, 즉 위치를 정해두었습니다.

그런데 어느 날 기준 좌표의 별들도 조금씩 움직인다는 것을 발견했습니다. 카탈로그를 만들기 위한 관측 망원경이 설치된 지구는 태양으로부터 1억 5000만 킬로미터나 떨어져 있습니다. 이처럼 멀리 떨어진 채 계속 공전하고 있어 태양에 가까운 별은 멀리 떨어진 별에 대해 6개월마다 그 위치가 조금씩 변하기 때문입니다. 우리는 이것을 '연주시차'라고 부릅니다. 따라서 기준이 되는 다른 천체가 필요해졌고, 수십억 광년 떨어진 곳에 있는 퀘이사Quasar와 같은 천체를 기준으로 사용하게 되었습니다. 우리는 별들의 위치를 측정함으로써 천체 카탈로그에 존재하지 않는 새로운 별이나 소행성을 찾기도 하고, 시간에 따라 위치가 변하는 것을 계산해 궤도 운동 법칙을 알아내기도 했습니다.

천체의 밝기를 측정하는 측광학 역시 그 역사가 오래되었습니다. 기원전 2세기 고대 그리스의 히파르코스Hipparchos는 눈으로 봤을 때 가장 밝은 별을 1등급, 희미하게 겨우 볼 수 있는 별을 6등급으로 정했습니다. 이후 19세기 영국의 천문학자 포그슨Norman Robert Pogson은 2000년 넘게 이어오던 이 등급 체계를 숫자로 표현했습니다. 1등급에서 6등급의 차이를 밝기 100배 차이로 정의하고 별의 밝기를 정량적으로 표현할 수 있는 방정식을 만들어낸 거죠. 이후 CCD 카메라와 같은 보다 정밀한 관측기기가 생겨났지만, 포그슨 방정식은 여전히 사용되고 있습니다. 현재는 우리가 직녀성이라고 알고 있는 베가Vega라는 별을 기준으로 잡고(0.0등급) 베가보다 밝은 천체는 마이너스 등급으로 표현하고 있습니다. 예를 들면 밤하늘에서 가장 밝은 별인 시리우스의 겉보기 등급은 -1.5등급, 보름달은 약 -12.7등급, 태양은 -26.7등급 정도입니다.

그런데 여기에서 한 가지 의문이 생깁니다. 만약 태양이 별처럼 멀리 떨어져 있으면 밤하늘에서 얼마나 어둡게 보일까요. 또 아무리 어두운 별이라고 해도 지구 근처에 있으면 얼마나 밝게 보일까요. 그런 이유로 나온 것이 '절대 등급'이라는 개념입니다. 별의 밝기를 지구에서 바라보는 겉보기 등급으로 표현하는 것이 아니라, 모든 별을 같은 위치(10파섹, 빛의 속도로 32.6년 가야 하는 거리)에 두고 천체의 절대적인 밝기를 측정하는 것입니다.

눈부시게 빛나는 태양, 너무 밝게 빛나서 자신이 떠 있는 동안 단 하나의 별빛도 용납하지 않는 태양을 10파섹 거리에 두면 약 4.8등급이 됩니다. 아마도 그렇게 된다면 도심의 밤하늘에서는 맨눈으로 태양을 찾기가 쉽지 않겠네요. _M

### 우주를 더 가까이!

관측과 관찰은 다릅니다. 관찰은 자세히 살펴보는 것으로 끝나지만 관측은 거기에 측정을 더합니다. 즉 관측은 관찰하고 측정하는 것입니다. 측정은 도구나 장치를 이용해야 하고 정량적으로 기록해야 완성됩니다. 그리고 제대로 측정하려면 기준을 잡아야 합니다. 예를 들면 백두산의 높이는 해발 기준 2744미터고, 롯데타워의 높이는 지상 기준 555미터라는 식으로요.

# 한낮의 다이아몬드 반지

#일식
#SolarEclipse
#개기일식

"태양이 달에 완전히 가려지는 개기일식의 순간, 21세기 아이유가 고려 시대 소녀로 빙의된다면?"

몇 해 전 방영된 판타지 사극 〈달의 연인〉 속 설정입니다. 사극에선 종종 일식이라는 천문 현상이 강렬하게 등장하곤 합니다. 〈선덕여왕〉에서는 일식이 두 주인공의 정치적 대결에 이용되고, 〈장영실〉에서는 장영실이 죽는 순간에 일식이 일어나는 것으로 그려집니다. 태양이 왕을 상징하던 과거에 일식은 국가적으로도 중대한 사건이며, 이를 예측하는 행위는 특별한 능력이었습니다. 현대에는 소프트웨어로 계산해 일식을 어렵지 않게 예측할 수 있지만요.

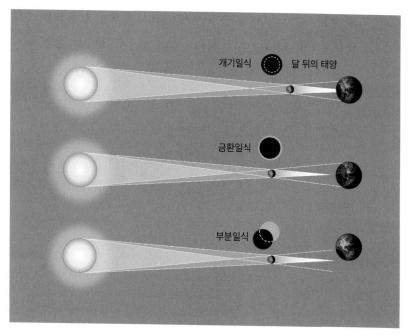

일식의 종류와 원리. (출처: KASI)

일식은 달이 지구와 태양 사이를 지나면서 태양-달-지구가 일직선으로 놓일 때, 달이 태양을 가리는 현상을 말합니다. 지구가 태양을 공전하고, 달이 지구를 공전하기 때문에 나타납니다. 달이 태양을 완전히 가리면 개기일식, 태양의 일부분만 가리면 부분일식, 달이 태양의 가장자리만 남겨둔 채 가리면 금환일식이라고 합니다. 이때 태양의 지름이 달의 지름보다 약 400배 큰데도 개기일식이 나타날 수 있는 것은, 태양이 달보다 약 400배 멀리 떨어져 있어 지구에서 본 달과 태양의 겉보기 지름, 즉 시직경 視直徑이 비슷하게 보이기 때문입니다. 더 자세히 설명하자면, 달이 지구 주위를 타원 궤도로 돌고 있어, 지구와 달 사이의 거리가 가까우면 달이 커 보이고 멀면 작게 보이므로, 달의 시직경이 태양의 시직경보다 크거나 비슷하면 개기일식, 달의 시직경이 태양의 시직경보다 작으면 금환일식이 일어납니다.

매달 일식이나 월식이 일어나지 않는 이유는, 태양을 공전하는 지구의 공전 궤도면과 지구를 공전하는 달의 공전 궤도면이 약 5도 기울어 있어 이들이 공간적으로 일직선에 놓이기가 쉽지 않기 때문입니다.

달이 반시계 방향으로 지구를 공전하므로 일식은 태양의 오른쪽부터 시작됩니다.

일식에 대한 정보를 상세히 아는 현대에도 이는 신비롭고, 보고 싶은 광경으로 꼽힙니다. 한국에서 비교적 최근에 볼 수 있었던 일식은 부분일식으로 2020년 6월 21일 한낮에 진행됐습니다. 저는 그날 지열로 달궈진 한국천문연구원 옥상에서 망원경과 스마트폰, 노트북을 연결해놓고 부분일식 SNS 라이브 방송을 했습니다. 태양의 절반 가까이가 가려지는 최대식 순간! 화면에는 환호의 댓글과 하트가 쏟아졌습니다. 이런 식의 방송은 처음이었기 때문에 정작 저는 모니터만 들여다보느라 일식을 제대로 보지 못했지만, 참여한 이들의 쏟아지는 감동 댓글들을 통해 일식 이

개기일식 다이아몬드 반지의 순간. ⓒ 전영범

벤트를 만끽할 수 있었습니다.

　이렇듯 국내에서도 종종 볼 수 있는 부분일식과 달리 개기일식은 2년에 한 번 정도 좁은 지역대에서만 관측할 수 있습니다. 그래서 전 세계의 많은 사람이 그곳으로 원정 관측을 떠납니다. 개기일식의 광경은 그만큼 특별합니다. 약 2시간에 걸쳐, 태양이 달에 천천히 가려지는 부분일식이 진행되다가 태양이 달에 완전히 가려지는 개기일식의 순간이 찾아옵니다. 이 순간에는 온 세상이 어두컴컴해지며 태양의 둥근 테두리를 따라 '코로나Corona'라 불리는 가느다란 빛만 남게 됩니다(Day 53. 참고). 그리고 이내 빠져나온 태양 빛이 번쩍, 주변을 휘감습니다. 이렇게 태양 빛이 완전히 가려지기 직전이나 달이 태양에서 벗어나기 시작하는 순간의 모습이 마치 다이아몬드 반지 같다고 해서 '다이아몬드 링Diamond Ring'이라고도 부릅니다. 개기일식의 암흑과 섬광은 순식간에 지나갑니다. 햇살은 다시 눈부시게 제 빛을 찾죠.

저와 친한 태양 연구자가 개기일식을 처음 보고 온 뒤 의기양양하게 소감을 전했습니다.

"인간은 개기일식을 본 자와 보지 못한 자로 나뉜다."

천문 현상 관측 중 최고라는 원정 관측자들의 경험담을 듣고 저도 인생에 한 번쯤은 꼭 개기일식을 보러 가기로 마음먹었습니다.

한반도에서 볼 수 있는 개기일식은 2035년 9월 2일 아침 9시 40분경 평양 지역에서 펼쳐질 예정입니다. 저는 손가락에 끼는 다이아몬드 반지보다, 평양에서 아침을 맞으며 해와 달이 만들어낸 다이아몬드 반지(코로나)를 볼 기회를 더 가지고 싶습니다. _J

우주를
**더 가까이!**

동영상으로 개기일식의 순간을 체험해보세요!

한국천문연구원에서 운영 중인 웹 사이트 '천문우주지식포털'에
서 세계 곳곳에서 펼쳐지는 일식 일정을 확인해보세요!

# 갸우뚱함이 만들어내는
# 지구의 리듬

#계절
#자전
#공전

    지구와 태양이 만들어내는 계절의 변화는 낮과 밤 다음으로 가장 영향력 있는 천문 현상이 아닐까 싶습니다. 우리가 입는 옷, 먹거리, 행동 양식은 물론 생각이나 감정에까지 영향을 끼치니까요. 1년을 주기로 변화하는 지구상의 거의 모든 것은 계절의 변화에서 유래했다고 봐도 무방합니다.

    지구는 남극과 북극을 잇는 선을 축으로 반시계 방향으로 회전하는 '자전'을 하며 낮과 밤으로 이루어진 하루를 만듭니다. 동시에 태양을 중심으로 반시계 방향으로 도는 '공전'을 하며, 하루가 365회 반복되는 동안 태양을 한 바퀴 돌아 출발점으로 되돌아옵니다. 이로써 1년이 완성되고, 새로운 1년을 다시 시작합니다.

　이러한 시간의 변화에 '계절'이라는 색채를 입으려면 한 가지 조건이 더 필요합니다. 바로 지구의 삐딱한 자세이지요. 지구의 자전축과 공전축은 23.5도 기울어 있습니다. 이런 삐딱한 자세는 지표면에서 하루 동안 받는 태양 빛 에너지의 양, 즉 일사량이 1년

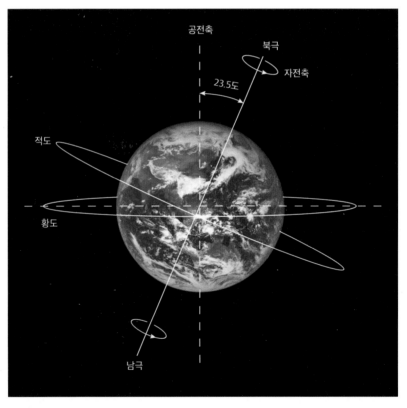

지구의 자전축이 공전축으로부터 23.5도 기운 모습. (출처: NASA/Goddard Space Flight Center)

을 주기로 변하는 데 결정적 역할을 합니다. 그 덕분에 우리는 한 지역에서 살더라도, 위도가 23.5도 더 높거나 더 낮은 지역에서 느낄 수 있는 일사량의 차이를 모두 경험하게 됩니다. 1년을 주기로 하는 일사량의 변화는 기온의 변화를, 기온의 변화는 다시 계절의 변화를 만들어내며 신비로운 색채를 얹어주지요.

만약 지구의 자전축이 기울지 않았다면 일사량의 변화도, 계절도 없었을 것입니다. 위도가 더 높거나 더 낮은 지역으로 직접 이동하지 않는 한, 1년 내내 같은 풍경을 보며 살았겠지요. 그뿐인가요. 일사량이 부족하거나 과도한 극지방과 적도지방 일대는 생명체가 살기엔 혹독한 곳이 되었을 것입니다. 당연히 생명체가 살기에 적합한 지역은 지금보다 훨씬 좁았을 테고, 개체 간 지나친 경쟁으로 인해 인류 문명이 지금처럼 발달하지 못했겠지요.

이러한 지구 자전축의 절묘한 기울어짐은 지구와 소행성 간의 충돌 덕분에 만들어진 위대한 결과입니다. 태양계가 형성될 무렵, 덩치가 제법 큰 소행성이 원시 지구에 충돌해 자전축을 기울여놓은 것이지요. 그런데 이때 지구 자전축이 23.5도보다 덜 기울었다면 어땠을까요? 극지방의 추위와 적도지방의 더위는 지금보다 극심해지고 계절의 변화는 줄어들었을 것입니다. 반대로 지금보다 더 기울었다면 극지방과 적도지방 사이의 온도 차이는 줄어들고 대신 계절 간 변화가 극심해졌을 겁니다. 왜 '절묘하다'

고 표현하는지 아시겠지요.

태양계의 8개 행성은 자전축의 기울기가 모두 제각각입니다. 그중 화성의 자전축은 지구와 매우 비슷한 정도(25도)로 기울어 있습니다. 그렇다면 화성은 지구와 비슷한 계절의 변화를 겪을까요? 화성은 자신보다 덩치가 큰 행성(목성과 지구)의 중력적 섭동을 받는 까닭에 자전축의 기울기가 11~49도 사이로 크게 흔들리고 있습니다. 태양으로부터 받는 일사량 역시 크게 요동치기 때문에 안정된 기후 환경이 조성될 수 없지요.

다행히 지구 자전축의 흔들림은 거의 무시할 수 있을 정도로 미미합니다. 지구가 자전축의 기울기를 안정되게 유지할 수 있는 이유는 지구를 맴돌고 있는 달이 중력으로 자전축을 꽉 붙잡아주고 있기 때문입니다. 우리가 안정된 기후 환경 속에서 살아갈 수 있게 된 것도 모두 달 덕분이라고 할 수 있습니다.

낮보다 밤이 길어지는 추분秋分쯤이면 나무들도 잎을 떨어뜨릴 준비를 합니다. 낮이 밤보다 길어지는 춘분春分쯤이면 생명이 소생하기 시작하지요. 계절의 변화에 따른 생명의 순환과 리듬은 태양의 에너지, 지구의 자전과 공전, 자전축의 절묘한 기울기, 달의 중력이 만들어낸 합작품입니다.

인류는 지금 고도의 과학 기술로 달과 화성에 탐사선을 보내며 외연을 넓혀나가고 있지만, 우리는 여전히 계절의 변화가 만들어낸 리듬 속에서 적응하며 살아가는 작은 생명임을 잊지 말

아야겠습니다. 오늘도, 내일도, 매일 경험하는 지구의 낮과 밤, 계

절을 통해서요. _S

**우주를
더 가까이!**

계절마다 느끼는 특별한 감정들이 있습니다. 계절과 함께 되살아나는 추억도

있지요. 만약 계절의 변화가 없었다면, 우리가 느끼는 감정과 추억도 무척 단조

롭지 않았을까요? 한 해의 변화를 온몸으로 경험할 수 없을 테니까요. 한 해 동

안 자연으로부터 느낄 수 있는 변화는 밤하늘의 별자리가 유일했겠지요.

# 천체의 주기적 현상을 기준으로
# 만든 시간의 기록

#역서
#양력

1582년 10월 4일 목요일의 다음 날은 10월 15일 금요일입니다. '잘못 읽었나?', '오타인가?' 싶으시겠지만, 아닙니다. 그렇다면 5일부터 14일까지, 열흘이 역사에서 사라진 것일까요? 아닙니다. 이는 유럽의 역(曆, 책력 력), 즉 '역법'에 의해 삭제된 것입니다.

역법은 천체의 주기적 현상을 기준으로 새해, 한 해의 절기나 달, 계절 등을 정하는 방법으로, 우리가 흔히 달력이라 생각하는 영어 단어 '캘린더Calendar'가 역 또는 역법을 의미합니다. 유럽에서는 오래전부터 율리우스력Julian calendar을 사용해왔습니다. 이 역법의 춘분에 해당하는 날의 오차가 점점 커지자(천문학적으로는 계절을 춘분, 하지, 추분, 동지로 나누며 기준일이 되므로 매우 중요함) 당시 교황 그레고리 13세Gregory XIII는 1582년 10월에 당시 사용하던 율리우스력을 개정한 새로운 달력을 제안합니다. 그의 이름을 따서 이를 그레고리력Gregorian calendar이라 불렀고, 이 역법이 현재 대부분의 국가에서 사용하고 있는 양력입니다. 우리나라에서도 1896년부터 이 역법을 받아들여 사용하고 있지요.

이 사건이 중요한 이유는 전통 사회에서 국가 운영을 위한 기본이 역서曆書 편찬이었기 때문입니다. 역사를 기술하기 위해 반드시 날짜가 필요했고, 이를 통해 국가는 물론 개인들의 중요한 행사일을 기록할 수 있었습니다. 역에는 매일 한 장씩 뗄 수 있는 일력, 한 달 치를 한 장에 적어놓은 월력, 1년 치를 책 한 권에 적어놓은 책력, 수백 년 치를 적어놓은 만세력 등이 있는데, 보통 역서는 책력을 말합니다.

우리나라 역서의 역사를 보면, 조선 초기《칠정산》이 편찬되면서 그동안 중국의 것을 차용해서 계산하던 방식에서 벗어나 서울에서 직접 관측한 값을 역서에 반영했습니다.

한편 조선 시대 국가의 천문·기상·역법과 시각 관리 등의 업무를 보던 관청이 관상감입니다. 고려 시대인 1308년(충렬왕 34)에 설립되어 처음에는 서운관으로 불리다가 1466년(세조 12) 관상감으로 이름을 바꾸었지요. 관상감의 중요한 업무는 단연 천문 관측이었습니다. 관상감에서는 매일 하늘을 관측해 기록으로 남

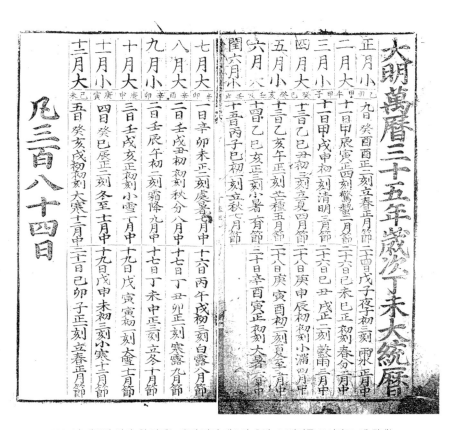

1607년 대통력 역서. 첫 장에는 음력 달의 대소와 윤달, 24절기를 표시하고, 맨 뒤에는 간행에 참여한 관리들의 이름을 적었다. (출처: KASI)

겼는데,《조선왕조실록》에는 2만여 건의 천문 관측 기록이 있습니다. 대표적으로 일식, 월식, 행성의 위치, 유성, 혜성, 태양의 흑점, 신성과 초신성에 대한 것입니다. 그중 혜성이 출현하면 국가의 위기 상황으로 인식해 특별 관측 팀을 만들어 임금에게 보고하게 했습니다.

1818년 성주덕이 편찬한 《서운관지》 서문에 "개국 이후 400여 년이 지난 지금 그 일을 더욱 조심스럽게 수행하고 있으니, 앞으로 천년만년 후에도 그 일이 계속될 것임을 알 수 있다"라는 기록이 있습니다. 관상감에서 천문과 시간을 담당하는 업무가 얼마나 중요한지를 밝힌 것이지요. 하지만 1894년 관상감 기구가 대폭 축소되면서 관상국으로, 다음 해에는 관상소로 이름이 바뀌었고, 일제 강점기에는 조선총독부 관측소(1910년)로 불렸습니다. 그러다 1945년 광복을 맞이해 국립중앙관상대를 설립하면서 관상감의 전통을 다시 이을 수 있었고, 국립천문대(1974년)를 거쳐 오늘날 한국천문연구원에서 역서를 편찬하기에 이르렀습니다.

현재 한국천문연구원에서 매년 편찬하고 있는 역서에는 음력, 절기, 명절, 일식과 월식 등 천문 현상 같은 일력 자료는 물론 각 지방의 태양과 달이 뜨고 지는 시각, 태양과 달, 행성, 주기혜성, 항성, 천문상수, 역 관련 자료 등이 포함되어 있어 연구자뿐만 아니라 천문학에 관심을 가진 많은 사람이 역서의 발간을 애타게 고대하고 있습니다.

"우리 기관은 700여 년의 역사를 가진 유서 깊은 기관입니다."

제가 근무하는 한국천문연구원을 찾아오시는 분들께 이렇게 말씀드리면, 대부분 깜짝 놀라며 못 믿겠다는 표정을 짓습니다. 제가 "네, 실은 우리 기관이 고려 시대 서운관 설립 때부터 진행했던 역서 편찬 업무를 현재도 계속하고 있거든요"라고 말씀드리면, 우리 기관의 역사와 위상을 존경하는 마음으로 다시 생각해 주시는 것 같습니다. 현재까지 서운관의 역서 편찬 업무는 한국천문연구원에서 꾸준히 진행하고 있으니 이 책을 읽는 독자들께서도 관심을 갖고 지켜봐 주시기 바랍니다. _K

우주를
더 가까이!

우리나라 최초의 이학 박사를 아시나요. 천문학 분야의 이원철 박사입니다. 일제 강점기에 미국의 미시간 대학University of Michigan에서 박사 학위를 받았습니다. 그는 고향으로 돌아온 뒤 천문학 교육에 힘썼는데, 우리나라 천문학 역사에도 많은 관심을 가졌습니다. 그는 광복 이후 국립중앙관상대 초대 대장을 역임합니다. 관상대 업무를 기상, 역서, 행정 사무로 세분화하고 지방 측후소(14개소)와 출장소(2개소)를 세워 체계적인 기상 행정 조직을 구축했습니다. 이원철 박사는 대한민국의 천문기상학 발전에 지대한 공헌을 해 2017년 대한민국의 과학기술유공자로 선정되었습니다.

Day 19

# 아름다운 오로라가
# GPS를 방해한다고?

#오로라
#우주날씨
#GPS

여러분의 버킷리스트 1위는 무엇인가요? 최근 들어 많은 사람의 버킷리스트 상위권을 장식하는 건 바로 오로라Aurora를 직접 보는 것이랍니다. "거대한 빛의 커튼"이라는 수식어가 따라붙는 오로라를 보기 위해 겨울이 되면 세계 각지에서 온 사람들이 캐나다 옐로나이프에 모입니다. 캘거리나 밴쿠버에서 비행기로만 2시간 이상이 걸리는 먼 거리를 날아왔지만, 밤하늘을 가로질러 너울거리는 빛의 향연을 단박에 보기란 쉽지 않습니다. 운이 좋으면 도착한 첫날에도 볼 수 있지만, 며칠을 기다리기도 합니다. 도대체 이 오로라의 정체는 뭐길래 이렇게 종잡을 수 없는 걸까요?

남극 장보고과학기지 위에 펼쳐진 오로라와 은하수. ⓒ 이창섭

오로라는 로마 신화에 나오는 새벽의 여신, 아우로라에서 따온 이름입니다. 디즈니 애니메이션 〈잠자는 숲속의 공주〉 속 주인공 이름이기도 하죠. 이처럼 뭔가 아름다운 이미지를 가진 오로라의 정체는 한마디로 '지구 대기가 내뿜는 빛'입니다.

하지만 저절로 내뿜는 게 아니라 지구 바깥에서 들어오는 강력한 에너지 입자에 의해 생깁니다. 이 에너지 입자는 지구 대기와 부딪치며 자신이 가진 에너지를 전달합니다. 이때 지구 대기는 에너지를 받은 만큼 뱉어내야 하는데, 이 과정에서 빛 에너지를 방출하는 것이죠.

오로라는 초록색 외에도 붉은색, 보라색 등 다양한 색을 보여줍니다. 이는 지구 대기를 구성하는 성분 때문입니다. 오로라가 발생하는 수백 킬로미터 상공의 대기는 주로 산소 원자와 질소 분자로 이루어져 있습니다. 여러분이 흔히 보는 초록색과 붉은색 오로라는 이 중에 산소 원자가 내뿜는 빛입니다. 둘 다 산소 원자에서 나오지만, 공기가 희박해 다른 입자와의 충돌 확률이 적은 고도 200킬로미터 이상에서는 붉은색을, 그 아래에서는 초록색을 보여줍니다. 가끔 오로라 끝단에서 볼 수 있는 보라색은 질소 분자가 내뿜는 빛입니다. 평소보다 강한 에너지를 가진 입자가 질소 분자가 있는 90킬로미터 상공까지 뚫고 내려오는 것이죠. 이 입자는 위로부터 차례로 붉은색, 초록색, 그리고 마지막으로 보라색 오로라를 만들어내며 가지고 있던 에너지를 모두 소모합니다.

이렇게 형형색색의 화려함을 뽐내는 오로라지만 우리 일상을 방해하기도 합니다. 오로라가 갑자기 밝아지며 빠르게 움직인다면 사실 조심해야 해요. 태양 폭발(Day 52. 참고)로 오는 강력한 에너지 입자들이 지구로 쏟아져 들어온다는 신호거든요. 게다가 GPS와 같은 항법 시스템에 문제를 일으킬 수도 있습니다.

지구 대기에는 전리권Ionosphere이라고 하는 영역이 있습니다. 중간권에서 열권에 걸친 매우 넓은 영역인 이곳은 지구 대기가

태양 복사선에 의해 이온화되어 있어 전파를 사용한 통신이나
GPS에 영향을 끼칩니다. 오로라를 일으키는 에너지 입자들이 이
전리권을 교란한다면 통신을 방해하거나 GPS 성능을 떨어뜨려
내비게이션이 엉뚱한 곳을 가리킬 수 있지요.

　이런 두 얼굴을 가진 오로라는 어디에서 나타날까요? 결론부

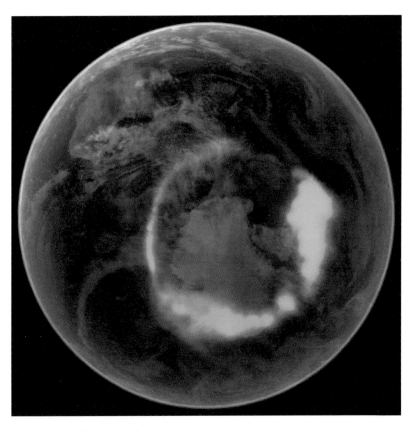

IMAGE 위성에서 촬영한 오로라. (출처: NASA)

터 말하자면 캐나다에서만 볼 수 있는 건 아닙니다. 우주에서 보면 오로라는 남극과 북극을 중심으로 커다란 고리 모양을 그리며 일어나기 때문에 극지방에 가면 볼 수 있습니다. 여기서 말하는 남북극은 지도상의 위치가 아니라 지구를 하나의 거대한 자석이라 가정할 때 생기는 '지자기 남북극', 즉 나침반이 가리키는 남극과 북극입니다.

오로라 타원체Aurora oval라고 부르는 이 고리는 태양 활동이 활발할수록 반경이 넓어져 평소에는 오로라를 볼 수 없는 남쪽인 캘리포니아에서 보이기도 합니다. 하지만 캘리포니아와 비슷한 위도에 있는 우리나라에서는 거의 볼 수가 없어요. 지자기 북극이 캐나다 북쪽에 있어 지리적으로 캘리포니아보다 훨씬 멀기 때문이죠. 재미있는 사실은 1000년 전 우리 선조는 오로라를 직접 볼 기회가 꽤 많았을지도 모른다는 것입니다.

✦ 불같은 이상한 붉은 기운赤氣이 남쪽에 나타났다.(고려 현종 3년, 1012년 6월 12일.)

《삼국사기》,《고려사》 등에서 심심치 않게 오로라를 표현한 기록을 발견할 수 있는데, 이는 어찌 된 일일까요?(출처: 안영숙 외,《고려 시대 천문 현상 기록집》, 한국학술정보, 2020.) 태양 활동이 지금보다 활발했을 가능성도 있지만, 끊임없이 움직이는 지자기 북극과 남극의 위치 변화가 더 큰 이유인 듯합니다. 현재 캐나다 북쪽에 있는 지자기 북극이 삼국 시대와 고려 시대에 시베리아 쪽에 있었다면, 지리적으로 가까운 우리나라에서도 오로라를 자주 볼 수 있었을 것입니다. 지자기 북극은 여전히 이동 중이니 언젠가는 우리나라에서 오로라를 자주 볼 수 있을 때가 다시 오지 않을까요?_W

### 우주를 더 가까이!

오로라 여행을 준비한다면 여기를 들러보세요. 미국 국립 해양대기국National Oceanic and Atmospheric Administration; NOAA에서는 앞으로 30분에서 1시간 후 오로라가 나타날 곳과 확률을 지도에 표시해줍니다. 물론 실제가 아닌 모델로 계산한 결과지만 시시각각 변하는 오로라 타원체의 모습을 보다 보면 언제 어디로 가야 할지 대충 감이 오지 않을까요?

# 지구를 둘러싼 푸른빛

#대기광
#Airglow
#전리권

    유튜브 검색창에 '국제 우주 정거장'과 '오로라'를 함께 입력해 봅시다. 검색 결과로 나오는 섬네일(견본 이미지)을 보면 우주를 배경으로 푸른색과 붉은색의 오로라가 펼쳐져 있을 겁니다. 그중 가장 마음에 드는 동영상을 클릭해봅시다. 영상이 재생되는 순간 지구 주위를 도는 국제 우주 정거장에 탑승해 400킬로미터 상공에서 지구를 내려다보고 있다고 상상해보세요. 지금 보이는 초록색, 그리고 가끔 보이는 붉은색과 보라색으로 너울거리는 빛은 바로 오로라입니다. 땅 위에서 보면 커튼처럼 펼쳐지는데, 우주에서 보면 마치 푸른 늪에서 용이 꿈틀거리는 것처럼 보입니다.

    그런데 동영상을 보다 보니 정체 모를 모습이 나타납니다. 오로라가 나타나는 극지방을 벗어나면 그것이 더 뚜렷하게 보입니다. 마치 거대한 지구가 푸른색 또는 주황색 막으로 둘러싸여 있는 것 같습니다. 이 막의 정체는 바로 지구 대기광Airglow입니다. 대기광은 글자 그대로 대기Air가 빛을 내는Glow 현상입니다. 지구 대기는 높이와 온도 변화에 따라 크게 네 군데로 나뉩니다. 우리에게 가장 가까운 곳에 있는 대류권은 구름이 생기고 비가 오는 등의 날씨 현상이 일어나고, 성층권은 태양으로부터 오는 강력한 자외선을 막아주는 '오존층'으로 알려졌습니다.

이에 비해 우리에게 덜 익숙한 중간권과 열권이 있습니다. 이곳은 지구와 우주를 연결하는 통로로 중요하지만 알려진 사실이 많지 않습니다. 지상에서 가장 멀리 떨어진 열권은 지구 대기권 중 가장 넓은 영역, 대략 90킬로미터 상공에서 최대 1000킬로미터까지 차지하고 있으며 우주의 시작이라고 하는 '카르만 라인Karman Line'이 이곳에 있습니다. 인공위성이 다니는 곳이지요. 앞서 소개한 오로라, 그리고 지금 소개하는 대기광은 이 영역에서 발생합니다.

지구 대기 중 가장 높은 곳인 열권은 태양으로부터 오는 자외선이 지상에 도달하기 전 가장 먼저 거치는 곳입니다. 자외선 중에서도 파장이 짧아 에너지가 큰 극자외선은 열권의 주요 성분인 산소와 질소를 들뜨게 하거나, 해리 또는 이온화시킵니다. 이렇게 만들어진 원자와 이온들은 주변 다른 입자들과 부딪쳐 이

완되거나 화학반응을 일으키는데, 바로 이때 나오는 빛이 대기광입니다.

앞서 설명한 오로라가 지구 바깥에서 들어오는 고에너지 입자와 충돌해 생기는 현상이라면, 대기광은 태양 빛에 의해 생기는 현상으로 원인이 다릅니다. 그래서 오로라는 고에너지 입자가 지구로 들어오는 통로인 극지방을 중심으로 일어나지만, 대기광은 지구 어디서나 항상 일어납니다. 다만 낮에는 햇빛이 밝아서 보이지 않을 뿐입니다. 하지만 밤에도 역시 빛의 세기가 약해 지상

국제 우주 정거장에서 촬영한 지구 대기광과 우리나라 야경. (출처: NASA)

에서는 맨눈으로 그 존재를 알아차리기가 쉽지 않습니다. 그저 밤하늘이 완전히 까맣지 않다고만 생각할 뿐이죠. 그러나 칠흑 같은 우주를 배경으로 한 유튜브 영상에서는 그 존재를 뚜렷하게 확인할 수 있습니다.

과학자들은 이 대기광으로부터 대기 상태에 관한 정보를 얻습니다. 특히 산소에서 나오는 대기광은 전리권과 열권에서 생기는 다양한 형태의 교란에 대한 정보를 주기 때문에 자주 관측하는 대상입니다. 맨눈으로 잘 보이지 않는 빛을 관측해야 하므로 보통 지상에서는 카메라에 필터를 달아 수십 초 노출을 주고 영상을 얻습니다. 이렇게 얻은 영상을 보면 눈에 보이진 않지만, 지구 대기가 얼마나 다양한 변화를 겪고 있는지 확인할 수 있습니다. 만약 여러분이 적도 근처 밤하늘을 배경으로 대기광을 찍는다면 마치 선인장처럼 생긴 모습을 확인할 수도 있을 텐데, 이 이야기는 다음 기회에 풀어보도록 할게요.

이 대기광은 지구에서만 일어나는 현상은 아닙니다. 학자들은 오랫동안 대기를 가진 다른 행성에서도 대기광을 관측할 수 있을 것으로 예측했습니다. 그러다 2007년 금성 탐사선 '비너스 익스프레스Venus Express'가 대기광의 모습을 포착했고, 2020년에 화성에 간 '엑소마스ExoMars'도 화성에 푸른빛의 대기광이 존재함을 확인했습니다. 둘 다 지구 대기광처럼 영롱한 모습은 아니었습니다만, 각 행성의 대기 구성 성분에 관한 정보를 알려주었습니다.

문득 궁금해집니다. 만약 화성에 간다면 화성의 메마른 사막에 서서 보는 깜깜한 밤하늘 속 대기광의 모습은 어떨지. _W

우주를
더 가까이!

한국천문연구원은 경북 영천에 있는 보현산 천문대와 남극 장보고과학기지에 대기광을 관측하는 전천 카메라All Sky Camera를 운영 중입니다. 이뿐만 아니라, 곧 누리호로 올라갈 위성에 오로라와 대기광을 관측하는 카메라, 로키츠 Republic Of Korea Imaging Test System; ROKITS를 실어 보낼 예정이랍니다.

# 밤하늘의 재미있는
# 볼거리

#별자리
#나만의별자리

밤하늘에는 오로라뿐만 아니라 재미있는 볼거리가 가득합니다. "우와! 별이 이렇게나 많다니!" 이런 감탄은 기본이고, 주변에 불빛이 없는 어두운 곳이라면 별들이 촘촘히 박힌 뿌연 은하수를 볼 수 있을지도 모릅니다. 우리가 밤하늘을 올려다보지 않았을 뿐, 별은 언제나 그 자리에 있답니다. 운이 좋은 사람은 10분 정도 바라보다 보면 별똥별을 볼 수도 있을 거예요. 그리고 같은 자리에서 가만히 한두 시간을 보내면 새로운 별이 뜨는 모습도 볼 수 있습니다.

사실 별자리는 그 자리에 그대로 있지만, 지구가 자전하며 그 모습이 바뀌는 것처럼 느껴집니다. 가만히 누워 지구의 자전을 몸소 체험할 수 있지요. 정말 지루할 틈이 없습니다.

그렇게 한참 별을 바라보면 특정 패턴이 눈에 보이기 시작합니다. 이 별과 저 별을 이렇게 이으면 삼각형이 되고, 저렇게 연결하면 오각형을 만들 수 있고, 자음과 모음, 알파벳을 만들어보기도 합니다. 상상을 좀 더 동원한다면 사람이나 동물의 형태를 그려볼 수도 있고, 이야기를 만들어 붙여볼 수도 있겠지요.

기원전 3000년경 메소포타미아 지역의 양치기 목동들도 그렇게 밤하늘을 올려다보며 각자 자신만의 별자리를 만들기 시작한 것 같습니다. 하긴 그 시절에는 별이 얼마나 많이 보였을까요. 달 없는 밤에는 정말 '칠흑 같은 어두움'이라는 표현이 딱 맞았을 것 같습니다. 아마도 일과를 마치고 삼삼오오 모여 밤하늘을 바라보며 서로의 별자리를 공유하지 않았을까요? 이것이 그리스에 전해져 신화 속 영웅과 동물들의 이름을 붙인 것이 오늘날 우리가 알고 있는 대부분의 별자리 이름입니다.

한편 우리나라를 비롯한 동양에서는 1년 동안 항상 볼 수 있는 북극성 근방에 '하늘의 궁궐'이란 별자리 이름을 부여했습니다. 그뿐만 아니라 농사 및 실생활과 관련된 별자리, 심지어는 화장실 별자리도 있었습니다. 우리가 잘 알고 있는 견우와 직녀성도 서로 멀리 떨어져 있다가 음력 7월 7일에 한 번 만나는 애틋한 이야기와 걸맞게 은하수를 사이에 두고 마주하고 있지요. 인도에서는 별자리를 주로 점성술에 사용했고, 몽골 사람들은 은하수가 하늘의 신들이 다니는 길이라고 생각했습니다. 이처럼 밤하늘과 별자리에는 각국의 문화와 생활이 반영되어 있습니다.

뿐만 아니라 똑같은 별자리도 보는 사람의 문화권과 생활 양상에 따라, 시대에 따라 완전히 다른 상상을 하기도 합니다. 한 가지 예를 들면 우리가 흔히 궁수자리 혹은 사수자리라고 부르는 별자리가 있습니다. 이것은 그리스 신화에 나오는 활을 당기고 있는 반인반마 켄타우로스Centauros가 주인공인 별자리입니다. 같은 별자리지만 이를 동양에서는 남두육성南斗六星이라고 불렀는데, 궁수자리를 구성하는 별 중 6개의 별이 북두칠성과 비슷한 국자斗:두 형태로 보이기 때문입니다. 하지만 만약 지금 여러분이 궁수자리를 처음 본다면, 반인반마 켄타우로스도 아니고 남두육성도 아닌, 주전자를 가장 먼저 떠올릴 가능성이 큽니다. 1990년대에 TV에서 보던 만화 〈시간탐험대〉에 나오는 돈데크만을 말이죠. 덧붙여 바로 옆의 뿌연 은하수를 주전자 꼭지에서 뿜어져 나오는 하얀 연기로 상상할 수 있다면 당신은 이미 별지기 중급자!

이 책을 읽는 분 중 별지기 활동을 열심히 해서 우리나라 밤하늘에 어느 정도 익숙해진 분이 있다면, 반드시 남반구인 호주나 칠레에서 별 보기를 버킷리스트에 추가하라고 권하고 싶습니다. 내게 익숙한 별자리들이 반대로 보이고, 지금껏 한 번도 보지 못한 밤하늘을 본다는 것은 외계 행성에 와 있는 듯한 기분을 느끼게 합니다. 아마도 '나만의 별자리'를 만드는 최적의 조건이 되지 않을까요?_M

오메가 성운(Omega Nebula, M17)

M18

M23

M24(Small Sagittarius Star Cloud)

M25

쉴렬 성운(Tripid Nebula, M20)

석호 성운(Lagoon Nebula, M8)

궁수자리(Sagittarius)

M22

λ

M28

δ

σ

τ

M69

ζ

M54

M70

ε

주전자 모양을 닮은 궁수자리 일부 영역. ⓒ 염범석

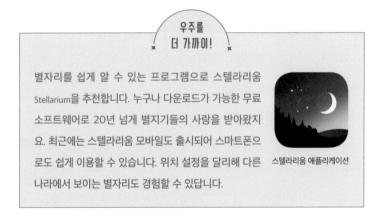

**우주를 더 가까이!**

별자리를 쉽게 알 수 있는 프로그램으로 스텔라리움 Stellarium을 추천합니다. 누구나 다운로드가 가능한 무료 소프트웨어로 20년 넘게 별지기들의 사랑을 받아왔지요. 최근에는 스텔라리움 모바일도 출시되어 스마트폰으로도 쉽게 이용할 수 있습니다. 위치 설정을 달리해 다른 나라에서 보이는 별자리도 경험할 수 있답니다.

스텔라리움 애플리케이션

# 우리 하늘을 담은 별자리

#KoreaConstellation
#노인성

 

지난밤에 이어 별자리 이야기를 조금 더 해볼까 합니다. 특히 우리 별자리에 대해서요.

겨울철 자정 무렵 우리나라 남쪽 하늘에서 가장 잘 보이는 별자리, 오리온. 우리 별자리 명칭으로는 삼성參星입니다. 별과 별을 연결하는 선이 옛날이나 지금이나 같아서 삼성이 오리온자리라는 것은 쉽게 눈치챌 수 있습니다. 마치 옛날 사람들이 보기에도 "그 별자리는 그렇게 그려야 해"라고 했던 것 같습니다. 이렇게 동서양이 같은 모양으로 별을 이은 별자리가 하나 더 있습니다. 북두칠성입니다. 서양에서는 큰 국자라는 뜻의 'Big Dipper'로 불리지요. 과거부터 지금까지 현재 위치에서 북쪽 방향을 알려주는 별로 사랑받는 별자리입니다.

하지만 이렇게 우리에게 익숙한 대부분의 서양식 별자리는 우리가 사용해온 전통 별자리와 모습이 다릅니다. 별자리는 별의 위치를 정하기 위해 밝은 별을 중심으로 동물이나 물건, 신화에 나오는 인물의 이름을 붙였습니다. 그래서 해당 문화와 시대마다 모양이 달랐고, 다른 이름으로 불렸습니다. 현재는 1930년 IAU에서 하늘 전체를 포함하도록 정한 88개의 별자리가 공식적으로 인정받고 있습니다. 이 가운데 우리나라에서 볼 수 있는 별자리는 50개 남짓입니다.

이렇게 최근 몇십 년간 공식적인 별자리가 전 세계적으로 자리 잡는 동안 안타깝게도 수천 년간 불러왔던 우리의 전통적인 별과 별자리 이름은 거의 잊혔습니다. 견우, 직녀, 개양, 노인, 묘성, 삼성, 북두칠성 등 지금은 몇 개의 별 또는 별자리만 남게 되었지요. 이 또한 전통적인 우리의 별자리이므로 현재 통용되는 서양의 공식 별자리와는 다릅니다.

전통적으로 동아시아에서는 별과 별자리를 표현하는 문화를 서로 공유해왔습니다. 예를 들어 중국의 천문도와 한국의 천문도를 비교해 보면 별자리 모습이 거의 유사합니다. 별과 별을 연결해 별자리로 구성할 때 일부 차이를 나타내기도 하지만, 이런 차이에도 불구하고 별자리 전체 영역을 표현하는 방식은 잘 지켜졌습니다.

밤하늘의 북쪽을 자미원, 태미원, 천시원으로 구분해 3원으로 부르고, 그 외 지역은 적도와 황도 부근을 28개 영역인 28수로 구분했습니다. 천상열차분야지도(Day 23. 참고)에 보이는 3원 28수는 우리나라에서 볼 수 있는 1467개의 별을 290개의 별자

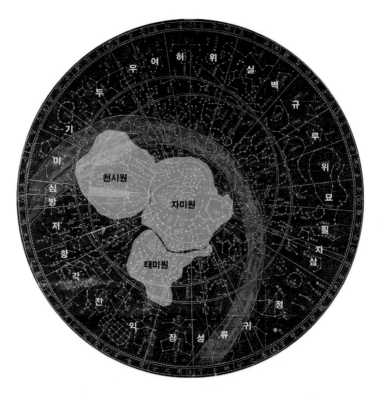

3원과 28수 영역. 천상열차분야지도에 3원과 28수 영역을 표시한 것. 28수는 그 영역을 7개씩 묶어 각각 동방 청룡(각, 항, 저, 방, 심, 미, 기), 북방 현무(두, 우, 여, 허, 위, 실, 벽), 서방 백호(규, 루, 위, 묘, 필, 자, 삼), 남방 주작(정, 귀, 류, 성, 장, 익, 진)으로 표현하기도 한다. (출처: 안영숙 외, 《고려 시대 천문 현상 기록집》, 한국학술정보, 2020.)

리로 표현한 것입니다. 다만 전통 사회에서는 별과 별자리를 모두 '○○성星'으로 불렀기 때문에 잘 구분해야 합니다.

3원을 먼저 살펴보면, 북극 주변을 자미원이라는 영역으로 표시했는데, 여기에 속한 별들은 임금이 있는 공간으로 궁궐과 관련된 별자리들입니다. 바람과 비, 홍수와 가뭄, 병란과 혁명, 기근과 질병을 주관하는 태일 별자리, 후궁 및 궁궐의 일을 나타내는 구진 별자리 등이 있습니다. 태미원은 신하들이 일하는 관청과 관련된 별들이 모여 있습니다. 왕의 호위 및 문서를 출납하는 낭위 별자리, 천문기상 등을 관찰하고 재앙 등의 천재지변을 살피는 영대 별자리가 있습니다. 천시원은 하늘의 시장과 관련된 별자리들이 모여 있습니다. 시장을 여닫고 도량형 등을 헤아리는 시루 별자리, 곡식의 양을 공평하게 하는 곡 별자리 등이 있습니다.

28수 영역에는 재미난 별자리가 많습니다. '삼'수에 속한 천측은 뒷간을 의미합니다. 천하의 질병을 주관하니, 별이 누런색이 되면 길하고 풍년이 든다고 알려져 있습니다. '벽'수에 속한 운우는 비와 이슬을 관장하며 만물을 완성하게 합니다. '묘'수에 속한 묘성은 오늘날의 플레이아데스 성단입니다. 이 별자리는 프랑스 라스코Lascaux 동굴 벽화와 고구려 고분 벽화에 등장하고 있어 오래전부터 주목받았던 별자리임을 알 수 있습니다. '정'수에 속한 노인성은 백성의 운을 주관합니다. 일명 남극노인성으로, 별이 밝고 크면 임금이 오래 살고 나라가 평안하다고 합니다. 18세기

이긍익이 저술한 《연려실기술》에 따르면, 세종은 노인성 관측을 위해 특별 관측 팀을 만들었습니다. 그리고 관측자들을 한라산, 백두산 등으로 보냈습니다. 결국 제주도 한라산으로 향한 조선의 천문학자 윤사웅이 노인성 관측에 성공했고, 그 덕에 임금이 내린 술과 상을 받았습니다. 실제로 노인성은 오늘날의 카노푸스Canopus로, 우리나라의 경우 높은 산이나 제주도처럼 위도가 낮은 지역에서 볼 수 있는 특별한 별입니다.

별자리뿐만 아니라 행성과 혜성도 조금 다르게 불렀습니다. 태양계 행성 중 금성을 부를 때, 서쪽 하늘에서 반짝일 때는 개밥바라기라고 합니다. 일명 개 밥그릇이란 뜻인데, 초저녁 개가 배가 고파서 저녁밥을 바랄 때쯤 서쪽 하늘에 보인다고 해서 지은 이름입니다. 또한 금성이 동쪽 하늘에 보일 때는 샛별 또는 계명성이라고 했는데, 새벽에 동쪽 하늘에서 가장 밝게 빛난다고 지은 별명입니다. 《조선왕조실록》에는 태백성으로 불렸다는 기록도 남아 있습니다.

수성은 진성辰星, 화성은 형혹성熒惑星, 목성은 세성歲星, 토성은 전성塡星으로 기록했습니다. 혜성은 여러 이름으로 불렸지만, 손님처럼 왔다가 돌아가는 별이라고 하여 대체로 객성客星으로 부릅니다. 이후 혜성의 모습이 명확해지면 패성(빛이 사방으로 보이는 혜성)과 치우기(꼬리가 구부러져 깃발 모양의 혜성) 등으로 구분해 불렀어요.

오늘 밤, 하늘에 카노푸스, 오리온자리, 플레이아데스 성단 등이 보인다면 노인성, 삼성, 묘성 등 우리 별자리 이름으로 불러주는 것은 어떨까요?_K

우리나라 최초의 객성 기록은 신라 파사 이사금 6년(85)과 백제 기루왕 9년(85)에 나옵니다. 기록에는 "여름 4월에 객성이 자미紫微로 들었다"라고 했는데, 이 내용은 《증보문헌비고》에 동일하게 기록되어 있습니다. 고구려에서는 이보다 후대인 차대왕 8년(153)에 "겨울 12월 그믐에 객성이 달을 범하였다"라고 기록하고 있습니다. 삼국 시대의 객성 기록은 총 9건이 나오는데, 동일한 관측과 객성으로 표현한 노인성의 기록을 제외하면, 실제 객성이 일곱 번 출현했습니다. 고려 시대 및 조선 시대의 객성 관측 기록은 각각 20건과 29건인데, 실제로 혜성을 객성으로 기록한 때도 있고 노인성을 포함하는 때도 있습니다.

# 세계적인 유산,
# 천상열차분야지도

#천문도
#3원28수

서울 출장길에 일을 서둘러 마치고 경복궁으로 향했습니다. 얼마 전 방송에 소개된 조선 시대의 천문도, '천상열차분야지도' 를 직접 보고 싶었기 때문입니다.

지하철 경복궁역에서 내리면 천문도가 있는 국립고궁박물관 까지 바로 연결되어 쉽게 찾아갈 수 있습니다. 박물관의 과학전 시실에 들어서자마자 당당하게 서 있는 '천상열차분야지도'와 마 주하게 됩니다.

《한국과학사》에 따르면 고려 말, 조선 초의 학자였던 권근의 저서인 《양촌집》에는 '천상열차분야지도'의 제작과 관련된 글이 적혀 있습니다.

✦ 천문도 석각본이 전란에 의해 대동강 물에 빠져버렸다는 말이
전해지고 있었다. 그런데 고구려 천문도 석각본의 인본이 남아
있었다. (…) 조선 왕조를 세운 태조는 즉위하자마자 새로운 천
문도를 갖기 염원했었다. (…) 서운관에서는 그 연대가 오래되어
성도에 오차가 생겼으므로 새로운 관측에 따라 오차를 교정하여
새 천문도를 작성하기로 했다.(전상운, 《한국과학사》, 사이언스북스,
2000.)

옛 천문도를 모본으로 삼아 새롭게 측정한 별자리로 조선의
하늘을 그리기로 한 것입니다.

조선 건국 후인 태조 4년(1395) 12월, 국가 권위의 표상으로
'천상열차분야지도'가 완성되었습니다. 하늘의 뜻에 따라 나라가
세워지고, 하늘의 모습을 형상화하기 위해 별자리를 돌에 새겨
넣은 것이죠. 이처럼 역대 왕조들은 국가의 안위와 운명을 예측
하기 위해 천체의 움직임과 하늘의 변화를 주의 깊게 살폈습니
다. 이는 하늘에서 일어나는 현상이 왕조를 비롯한 지배 세력들
의 운명과 직결되어 있다는 사상과 연결되어 있기 때문입니다.

'천상열차분야지도'는 점판암 재질의 직육면체 돌에 별자리를
새겼습니다. 돌의 크기는 가로 122.8센티미터, 세로 200.9센티미
터, 두께 11.8센티미터, 별자리가 그려진 천문도 원은 지름이 76
센티미터입니다. 천문도에는 1467개의 별이 점과 선으로 연결되

천상열차분야지도. (출처: 국립고궁박물관)

어 있으며, 별자리 이름을 새겼습니다. 북극을 둘러싼 작은 원이 있고, 28개의 영역으로 구분한 선이 그려져 있습니다. 적도와 황도, 은하수 등도 빠짐없이 그려져 있는데, 서울의 위도에서 관측할 수 있는 밤하늘의 별자리가 모두 표시되어 있습니다. 별의 크기도 밝기에 따라 다르게 표시하고 있어 과학적인 천문도로 평가받고 있습니다.

당시 천문도에 나오는 별자리 명칭과 연결선은 우리가 알고 있는 서양식 별자리 체계와 다른 방식입니다. 북극 주변을 3개의 영역(3원)으로, 하늘의 적도면을 28개의 구역(28수)으로 구분해 별자리를 배치했습니다. 3원 28수는 한·중·일이 함께 사용한 별자리 표현법이라고 할 수 있습니다(Day 22. 참고).

'천상열차분야지도'에는 제작에 참여한 사람들도 빠짐없이 기록해두었습니다. 천문도 제작의 책임을 맡은 권근은 별자리 계산을 담당한 류방택, 천문도 글씨를 담당한 설경수, 서운관 관원 권중화 등을 포함해 모두 11명의 이름을 남겼습니다. 이뿐만 아니라 천문도의 제작 경위, 당시 성행한 다양한 우주론 등도 기록으로 남아 있습니다.

한편 조선 왕조가 망하면서 석각 천문도를 보관하던 흠경각도 헐리고 맙니다. 그 탓에 천문도는 일제 강점기에 이리저리로 옮겨 다니다가 창경궁의 명정전 뒤 추녀 밑 바닥에 다른 유물들과 함께 놓이게 되었습니다. 1970년대에는 '천상열차분야지도'의 뒷면을 살펴볼 수 없었던 상황이라서 한쪽 면에만 천문도가 새겨져 있는 것으로 알고 있었다고 합니다. 이후 돌을 세우는 과정에서 반대편에도 천문도가 새겨진 것을 알게 되어 모두가 당황했다는 일화가 전해지고 있습니다.

1395년에 만들어진 '천상열차분야지도' 석각본을 토대로 그 후 인쇄본과 필사본들이 여러 차례 만들어져 천문학 교육용으로 사용되었습니다. 숙종 때인 1687년에 다시 '천상열차분야지도'

를 석각해 복각했는데, 이 천문도에는 회백색 백운암 재질의 돌이 사용되었으며, 크기는 가로 109센티미터, 세로 208센티미터, 두께 30센티미터입니다. 태조 때 제작한 '천상열차분야지도'는 숙종본 석각 천문도와 함께 현재 국립고궁박물관에 전시되고 있습니다.

'천상열차분야지도'는 조선의 하늘을 담은 채 600년 이상을 견디어 온 소중한 과학 유산이며, 우리가 간직해야 할 세계적인 보물입니다. _K

우주를
더 가까이!

태양이 지나는 황도를 따라가다 보면 12개의 생일별을 만날 수 있습니다. '황도 12궁'이라고 부르는데요, 양, 황소, 쌍둥이, 게, 사자, 처녀, 천칭, 전갈, 궁수, 염소, 물병, 물고기 별자리에 해당합니다. 만약 생일이 6월 중순이라면 쌍둥이 별자리예요. 그런데 생일별은 생일날 볼 수 없다는 걸 아시나요? 태양이 그 별자리에 머물기 때문에 생일별을 볼 수가 없어요. 태양이 황도를 따라 180도(6개월) 이동하는 12월이 되어야 쌍둥이 별자리를 잘 볼 수 있답니다.

# 별, 너의 이름은?

#명명법
#외계행성이름짓기
#소행성이름짓기

✦ 어머님, 나는 별 하나에 아름다운 말 한마디씩 불러봅니다. 소학교 때 책상을 같이 했던 아이들의 이름과, 패, 경, 옥, 이런 이국 소녀들의 이름과, 벌써 아기 어머니 된 계집애들의 이름과, 가난한 이웃 사람들의 이름과, 비둘기, 강아지, 토끼, 노새, 노루, 프랑시스 잠, 라이너 마리아 릴케, 이런 시인의 이름을 불러봅니다.

윤동주 시인은 〈별 헤는 밤〉이란 시에서 별을 보며 다른 존재를 호명합니다. 알타이르Altair, 베가, 데네브Deneb 등등…, 현시대 별의 공식 이름보다 시적으로 느껴지죠. 사실 별 이름의 유래를 거슬러 올라가 보면 처음 이 별에 이름을 지어준 사람들도 윤동주 시인과 같은 마음으로 어떤 이름을 부르다가 붙이지 않았을까요.

천문학자들이 추정하는 실제 별의 개수는 7조 곱하기 100억 개 정도로, 이는 지구 해변에 있는 모래 알갱이 수보다 많은 숫자입니다. 이 중 고유 명사로서 이름다운 이름을 가진 별은 450여 개뿐입니다. 나머지 이름 있는 별은 대부분 그리스어의 알파벳을 사용해 무슨 자리의 알파(α) 별, 베타(β) 별, 감마(γ) 별이라고 부르거나 무슨 자리의 1번, 2번, 3번이라고 부르죠. 헨리 드레이퍼 목록Henry Draper Catalogue처럼 목록 이름을 앞에 쓰고 색인 번호로 표시하는 경우도 있고, 관측 프로젝트의 이름을 딴 별들도 있습니다.

별을 돌고 있는 행성의 이름들은 어떨까요. 태양계 행성인 수성, 금성, 지구, 화성, 목성, 토성, 천왕성, 해왕성의 영어 이름은 대부분 로마 신화에서 따왔습니다. 수성은 태양에서 가까워 공전 속도가 가장 빠르기 때문에 날개 달린 빠른 신 머큐리Mercury, 금성은 밝고 아름답게 빛나 미의 여신인 비너스Venus, 유난히도 붉게 보이는 화성은 전쟁의 신 마르스Mars, 목성은 크기 자체가 커 신들의 왕인 주피터Jupiter, 목성 바깥에서 천천히 도는 토성은 주피터에게 신의 자리를 빼앗긴 농업의 신 새턴Saturn에서 비롯됐다는 설이 있습니다. 맨눈으로 보기엔 어두워서 비교적 나중에야 그 존재를 확실히 한 천왕성과 해왕성에도 그리스 신 우라노스Uranus와 로마 신 넵튠Neptune의 이름이 붙었습니다.

태양계 바깥의 외계 행성이 발견될 경우 그 행성의 어머니인 별(항성) 이름 바로 뒤에 소문자 'b'를 붙입니다. 예를 들면 태양계에서 가장 가까운 별인 '센타우루스자리 프록시마Proxima Centauri', 주위를 도는 행성을 '프록시마 b'라고 하는 것이죠. 같은 행성계 내에서 첫 번째 행성이 발견된 뒤 추가로 형제 행성들이 발견될 경우 b 다음의 c, d, e… 순서로 이름을 붙입니다.

소행성의 경우 처음엔 발견 시점을 분류한 알파벳을 조합해 임시 번호로 표기하지만, 이후 오랜 관측을 통해 궤도가 정해지면 고유 번호를 부여합니다. 정식 고유 번호를 부여받을 때 이 소행성의 발견자는 고유 명사 이름을 지을 수 있는 권한을 가집니다. 이때도 가능하면 1개의 단어를 선호하며, 발음이 쉽고 불쾌하지 않은 의미의 단어일 것, 기존에 존재하는 소행성 및 행성의 이름과 유사하지 않을 것, 동물의 이름이나 상업적인 광고 이름이 아닐 것, 정치인과 군인, 그리고 관련 사건의 이름은 인물 사후여야 하며, 해당 사건 100년 이후에 명명 가능하다는 등의 규칙이 있습니다. 예를 들어 우리나라 천문학자가 발견해 장영실, 허준 등의 이름을 가진 소행성도 있습니다.

이름을 짓는다는 것은 그 세계를 이해하고 구성해가는 행위라고 할 수 있습니다. 인류는 계속해서 새로운 별과 외계 행성들을 발견하고 있기에, 앞으로 더 많은 별의 이름을 짓게 될 것입니다.

과학적 이름을 아는 것도 필요하지만, 가끔은 나만의 별 이름

을 짓는 것은 어떨까 싶습니다. 별에 이름을 지어 선물해주는 상
업 사이트도 있더라고요. 해당 사이트에는 아래와 같은 카피가
있었습니다.

✦ 독창적인 선물이 필요하세요? 별에 이름을 지어주세요!
　우주 제일의 선물입니다.

비공식 인증서까지 주는 상업 서비스가 아니더라도, 마음속에
나만의 별 하나 정도 정하고 그 별칭을 지어보는 것도 재미있을
것 같습니다. '반려' 별처럼요. _J

우주를
더 가까이!

IAU는 천체의 이름을 지정할 수 있는 공식 권한을 지닌 국제기
구로, 비정기적으로 외계 행성 이름 짓기 공모전NameExoWorlds
을 개최합니다. 지난 2019년 공모전에서는 한국인 천문학자가
발견한 외계 행성계 이름으로 백두Baekdu와 한라Halla가 선정됐
습니다. 2022년에는 JWST가 관측할 20개의 외계 행성 이름을
공모했으며, 항성 WD 0806-661과 외계 행성 WD 0806-661
b의 이름에 마루Maru와 아라Ahra라는 한국어 이름이 붙었습니다.

# 불을 끄고 별을 켜자

#빛
#빛공해
#광해

밤하늘에서 별이 사라진다면 어떨까요? 슬프게도 정말로 우리 밤하늘에서 별이 사라지고 있습니다. 바로 빛공해Light Pollution 때문인데요. 빛공해란 인공조명이 너무 밝아 피해를 주는 상태를 말합니다. 빛공해는 우리가 별을 볼 수 없게 할 뿐만 아니라 식물과 동물들이 낮과 밤을 구분할 수 없게 해 정상적인 성장과 활동을 방해합니다. 이로 인해 생태계 교란이 야기되기도 하죠. 와 닿지 않는다면 여름밤 내내 악을 쓰듯 울어대는 매미 소리를 떠올려보세요. 매미는 원래 짝짓기를 위해 낮에 우는 곤충인데 도시의 밝은 불빛 탓에 밤에도 울음을 그치지 않아 소음 공해로까지 이어지고 있습니다.

이뿐만 아니라, 인간이 생활하기 위해 만든 인공 빛이 우주로부터 전해오는 다양한 종류의 빛을 연구하는 천문학자의 역할을 방해하는 원인이 되고 있습니다. 전 세계의 빛공해를 실시간으로 보여주는 지도를 보면, 지구 대륙의 절반이 넘는 면적이 빛공해로 덮인 모습을 확인할 수 있습니다. 2016년《사이언스 어드밴스 Sciences Advances》에 발표된 연구에 따르면 우리나라는 G20 국가 중 최악의 빛공해 지역입니다. 지난 10년간 지구 관측 위성이 세계 3만 곳에서 밤에 촬영한 사진을 분석한 결과, 한국은 빛공해 지역이 전체 국토의 89.4퍼센트를 차지해 이탈리아(90.4퍼센트)에 이어 2위로 나타났습니다.

도시지역의 빛이 대기 중의 수분이나 먼지 등을 통해 확산하면서 산란을 일으켜 밤하늘이 밝게 보이면 별을 볼 수가 없습니다. 우리 정부는 지난 2013년 빛공해 방지법을 만들었고, 이후 기본 방향과 실천 과제를 제안하고 지자체마다 대책을 세우며 시행하는 추세입니다. 밤하늘의 별을 지키기 위해서 옥탑 조명이나 상향 조명 등 위쪽으로 향하는 조명 기구의 사용을 줄이고, 인공 조명의 후드를 설치하거나 차광막을 설치하는 등의 방안들을 제안하고 있습니다.

빛공해 방지는 어두운 거리를 만들자는 의미가 아닙니다. 빛이 필요한 곳은 확실히 조명하고, 목적 이외에 누출되는 빛이나 필요 없는 빛을 줄이자는 뜻입니다. 사람이 많은 번화가나 주택

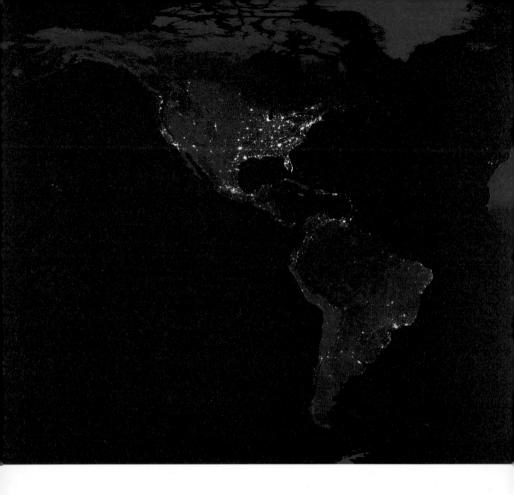

가 등에는 광고나 안전을 위한 조명이 더 필요할 테니까요. 주거지역, 상업지역, 자연환경 보호 구역, 농림지역 등 구역에 따라 기준을 달리 적용하고 관리하자는 것입니다.

매년 에너지의 날인 8월 20일에는 정부와 시민단체, SNS 곳곳에서 '불을 끄고 별을 켜자'는 캠페인이 펼쳐집니다. 빛공해와

NASA가 제공하는 지구 야경 서비스 속 세계 지도. (출처: NASA Earth Observatory images by Joshua Stevens using Suomi NPP VIIRS data from Miguel Román/NASA's Goddard Space Flight Center)

에너지 절약을 위해 밤 9시부터 5분간 불을 끄자는 캠페인입니다. 5분의 소등 시간은 의미 있는 이벤트가 될 수 있습니다. 어릴 적 정전이 되어 온 가족이 한 공간에 모여 촛불을 찾아 켜고 둘러 앉았던, 어둡지만 무섭지 않은 순간처럼요.

정호승 시인의 글 중에 이런 제목이 있습니다.

✦ 별을 보려면 어두움이 꼭 필요하다.

과학적으로나 은유적으로 멋진 문구입니다. 어두움은 무서운
것이 아니라 오히려 가장 자연스러운 상태이며 우리가 지켜가야
한다는 것, 은하수는 과학책이나 옛 동요 속에서만 나오는 것이
아니라 실재한다는 것, 늦은 밤 아이 방 창문을 열었을 때 언제든
별을 볼 수 있게 우리 세대가 잊지 않고 실천하고 돌려줘야 하는
것들에 대해 불을 끄고 잠시 생각해 봅니다. _J

이탈리아 파도바 대학University of Padua 빛공해 연구소의 피에란토니오 친차노Pierantonio Cinzano 교수가 제공하는 빛공해 사이트에서는 여러 지역의 빛공해 지도를 실시간으로 보여줍니다. 이 지도 속 한반도의 모습에서 빛공해 정도를 확인할 수 있는데, 우리나라가 북한에 비해 월등히 밝으며 특히 서울, 대구, 부산 등 대도시 지역이 밝다는 것을 그 색상을 통해 알 수 있습니다. 북한에서는 평양 지역이 두드러지며, 우리나라 아래 일본 지도 일부에서도 오사카, 나고야 등 도시지역이 유독 빛공해 정도가 심한 것을 확인할 수 있습니다.

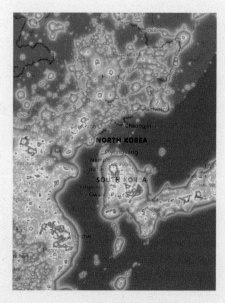

빛공해 지도 속 한국.
(출처: www.lightpollutionmap)

# 별 보러 가자

#우리나라천문대
#소백산
#보현산

천문대는 천체 관측이나 연구를 위한 시설이지만, 그 단어에는 '별밤'의 낭만이 걸려 있는 듯합니다. 천문학자가 아닌 사람과 대화하다가 천문대 이야기가 나오면 반응이 두 가지로 나뉩니다. "천문대에 꼭 가보고 싶어요.", "천문대에 가봤는데 멋졌어요."

제가 처음 가본 천문대는 소백산 고도 1394미터에 자리한 소백산 천문대입니다. 이 천문대까지 올라가는 방법은 죽령휴게소에 주차한 뒤 천문대에서 운영하는 차를 타고 가거나 직접 산행해서 가는 것 두 가지였는데, 전 호기롭게 등산을 선택했지요. 겨울 산행은 처음이라 발목까지 올라오는 등산화와 아이젠도 샀습니다. 설산을 오르는 건 다리에 모래주머니를 단 것처럼 불편했지만, 눈꽃 가득한 겨울 왕국을 거닌다는 느낌에 그다지 힘들지는 않았습니다. 이따금 불어오는 바람에 나뭇가지에 쌓여 있던 눈송이들이 확 날리면 마법의 가루가 뿌려진 것처럼 그 풍경이 또 다른 장면으로 전환돼 감탄이 터져 나왔습니다. 그렇게 무사히 천문대에 도착했고, 밤이 되어 어두움에 눈이 적응하자 눈앞에 별 무리가 펼쳐졌습니다. 졸린 눈을 비비며 별자리와 성단 등을 익혔고, 우주에 관한 이야기를 잔뜩 나누다 잠든지도 모르게 뻗었습니다. 그 후로 여러 번 천문대에서 밤을 지새웠지만 제게 천문대는 여전히 또 가고 싶은 공간입니다. 관측을 주로 하는 천문학자들에게는 또 다른 느낌이겠지만요.

천문대는 분명 별을 보기 위한 곳이지만, 사실 우리나라는 관측에 좋은 환경이 아닙니다. 우리나라에서 맑은 날이 가장 많고, 비와 눈이 적게 내리며, 산 정상부의 기류가 안정적인 조건을 따져 만든 한국천문연구원 소백산 천문대와 보현산 천문대도 1년 중 관측 가능한 일수가 평균 130~170일 정도입니다. 하와이 마우나케아산 정상이나 칠레 아타카마 지역의 평균 관측일 330일과 비교하면 현격히 낮지요. 그래서 우리나라뿐만 아니라 다른 여러 국가가 이 지점에 연구용 천문대를 짓고 운영하고 있습니다.

그래도 우리나라에서 별 보기 좋은 곳을 알려달라고 하면 저는 지역 천문대를 가장 먼저 추천합니다. 한국천문우주과학관협회 자료에 따르면, 우리나라에는 별을 볼 수 있는 시설을 갖춘 천

한국천문연구원 소백산 천문대 설경. ⓒ 성언창

문대가 전국에 70여 곳 있습니다. 우리나라 현대 천문학의 시초라 할 수 있는 소백산 천문대와 보현산 천문대처럼 연구 중심인 공간도 있지만, 일반인들이 찾아가 관측하고 해설을 들을 수 있는 천문대나 시설도 지역 곳곳에 있지요. 국공립 천문대도 있고, 개인이나 단체가 운영하는 사설 천문대도 있으며, 과학관이나 수련원에 천문 관측 시설을 갖춘 곳도 있습니다. 높은 산 위에 자리 잡아 산을 오르며 반딧불이를 만날 수 있는 천문대도 있고, 도심에 자리해 퇴근하고 찾아갈 수 있는 천문대도 있습니다.

별이 보고 싶다면, 날씨와 천문대 정보를 확인하고 겉옷을 챙겨 천문대로 향해보세요. 천문대가 낭만적으로 다가오는 이유는 아마 '별을 보기 위해 마음먹고 가는 곳'이기 때문일 것입니다. 별을 보겠다는 약간의 희망과 기대를 품고 가는 곳이기에 여정 자체가 들뜹니다. 날씨의 행운이 따라 도심에서는 보지 못한 또렷한 우주의 조각과 마주하면 감동 그 자체입니다. 물론 보지 못하는 날도 있겠지만, 그 핑계로 다음에 또 천문대를 찾으면 됩니다. 별은 당신을 기다려줄 테니까요. _J

> **우주를
> 더 가까이!**
>
> 한국천문우주과학관협회 웹 사이트에서 인근의 주요 천문대를 확인한 뒤 맑은 날 직접 방문해보시기를 추천합니다.
>
>

Day 27

# 현존하는
# 가장 오래된 천문대

#경주첨성대
#왕실천문대

학창 시절 수학여행으로 방문한 경주의 불국사와 첨성대는 단체 사진을 찍기 좋은 랜드마크였습니다. 시간이 흘러 자녀와 함께 찾은 경주 첨성대는 수학여행의 즐거운 기억을 공유하는 추억의 장소였죠. 이런 첨성대를 수년 전 학술 연구 장소로 다시 찾았고, 처음으로 첨성대 바로 앞까지 갈 기회가 생겼습니다. 한 발 그리고 한 발, 가까이 다가갈수록 내 앞으로 쓰러질 듯한 첨성대의 웅장한 모습에 압도되었습니다. 첨성대는 그렇게 1400여 년이나 그 자리에 서 있습니다.

첨성대는 현존하는 천문대 중 세계에서 가장 오래된 천문대입니다. 신라 선덕여왕(재위 632~647) 때 건립되었으며 9.5미터가

량의 높이로 화강석을 쌓아 만들었습니다. 첨성대 건립 이후 신라의 천문 관측 기록이 많이 늘어난 것으로 보아 천체 관측이 제도화되고 활발히 진행되는 데 첨성대의 역할이 컸음을 알 수 있습니다.

천문대는 한국적인 아름다운 곡선미를 나타내고 있습니다. 원형의 몸통부는 27단으로 되어 있고, 맨 위에는 정자석, 몸통부 아래쪽에는 2단 받침석이 있습니다. 받침석은 한 단이 땅 아래로 파묻혀 마치 하나의 기단처럼 보입니다. 남쪽 방향으로 창이 하나 있는데, 이곳을 통해 첨성대 내부로 들어가며, 안쪽에서 내부 사다리로 정자석까지 올라가 관측할 수 있습니다. 첨성대의 몸통부에 사용된 돌의 개수가 360여 개이고, 몸통의 단수가 27단, 정자석(결합된 형태이므로 1단으로 볼 수 있음)과 기단석 2단을 모두 포함하면 30단이 되어, 천문학적인 의미(1년의 길이, 음력 한 달의 길이 등)를 부여해 만든 건축물임을 알 수 있습니다.

첨성대 상단의 정자석 위에는 사람이 설 수 있게 널판을 설치한 흔적이 남아 있습니다. 아마도 한두 사람 정도 이곳에 올라서서 관측하기에 부족함이 없었을 것입니다. 첨성대 위에서 사용한 관측기기의 기록은 문헌에 나와 있지 않지만, 당시 간단한 구조의 혼천의(Day 75. 참고) 등으로 관측했을 가능성이 있습니다.

첨성대라는 명칭은 경주의 천문대를 부를 때만 사용한 것은 아닙니다. 문헌 기록에 따르면, 고려와 조선에도 첨성대로 불린

첨성대 맨 위의 모습. (출처: 전상운, 《한국과학사》, 사이언스북스, 2000/사진 촬영: 1980년 10월 김성수)

천문대가 있습니다. '별을 본다'라는 뜻의 '첨성瞻星'은 시대를 관통하며 사용된 것이지요.

고려 수도였던 개성의 만월대 서쪽에 첨성대가 현존합니다. 높이는 약 3미터로 신라 첨성대보다 작습니다. 정방형의 화강석 기둥과 판석만 남아 있어 원형의 모습은 알 수가 없습니다. 조선의 첨성대는 경복궁 안에 있었는데, 이것을 '간의대'라고도 불렀습니다. 높이 6.4미터, 길이 9.7미터, 너비 6.6미터의 직육면체 형태로 '간의'(Day 30. 참고)라는 관측기기가 설치되어 있습니다. 간의대는 전란 등을 거치면서 그 기능을 상실했고, 고종 때 대대적으로 펼친 경복궁 복원 사업을 진행하면서 완전히 헐린 것으로 추정됩니다.

이 외에 간의대보다 작은 규모의 천문대들도 옛 관상감 터에 남아 있습니다. 서울시 종로구 원서동에 있는 관천대 위에는 소간의를 올려놓고 관측했고, 규모는 작지만 창경궁 안에도 천문대가 현존합니다.

전통 사회에서 천문대를 짓고 천체 관측을 수행하는 것은 농업 국가에서 반드시 해야 하는 기본적인 국책 사업이었습니다. 신라를 비롯해 백제, 고구려에도 첨성대가 있었고 하늘을 관측하는 일은 계속되었습니다. 삼국 시대에는 490여 건의 천문 현상에 대한 기록을 남겼으며, 이러한 전통은 고려와 조선에도 이어집니다. 고려는 5000여 건, 조선은 2만여 건의 천문 현상이 기록으로

밤하늘의 별과 첨성대. 첨성대를 배경으로 북쪽 하늘의 일주 운동과 구름 모습이 보인다. ⓒ 박영식

남아 있습니다.

　오늘날에도 여전히 천문대를 짓고 있습니다. 더 광활한 우주를 연구하기 위해서지요. 이제 천문대는 현대적인 천문 장비를 갖춘 첨단 과학의 상징이 되었고, 하늘의 관측은 가시광선의 천문 관측으로부터 적외선, 자외선 영역으로 확장되었습니다. 1400여 년 전 첨성대가 처음 만들어졌고, 이러한 전통이 오늘날

현대 천문학을 연구하는 토대가 된 것입니다.

이번 주말 자녀들과 함께 가까운 천문대를 방문해 밤하늘 첨성의 향연을 직접 느껴보는 것은 어떨까요?_K

## 우주를 더 가까이!

경주민속공예촌의 맨 위쪽으로 올라가면 신라역사과학관이 있습니다. 이곳 전시관에는 첨성대 내부 모습과 관측 장면을 재현해놓았습니다. 남쪽 창에 사다리를 걸쳐놓고 오르거나, 첨성대 맨 꼭대기에서 망통을 가지고 별을 관측하는 장면도 확인할 수 있지요. 우리 선조의 과학 기술의 위대함을 느껴볼 수 있는 다양한 천문의기도 전시되어 있으니 경주에 간다면 꼭 방문해보길 권합니다.

신라역사과학관
찾아가기

## Day 28

# 별 보는 데 외계인의 도움은
# 필요 없소!

#세계최초천문대
#고고학유적
#연구용천문대

'초고대 문명설'이라는 말을 들어보셨나요? 지구의 고대 문명 중에는 현대 첨단 과학 기술로도 만들기 어려운 정밀한 물건을 만들어낸 문명이 꽤 있다는 이론입니다. 제가 어렸을 때인 1980~1990년대에 이 이론이 특히 유행했는데, 이를테면 이집트 기자의 3대 피라미드(쿠푸왕의 피라미드, 카프레왕의 피라미드, 멘카우라왕의 피라미드)가 오리온자리에 있는 3개의 별과 같은 모양으로 배치되었다는 '오리온 상관관계 이론' 같은 것 말이지요. 물론 거의가 황당한 이야기라 오래되지 않아 대부분 거짓으로 드러났습니다. 심지어 영화 〈이터널스〉의 설정처럼 외계인이 초고대 문명을 전파했다는 주장도 있었지만, 오늘날에는 아무도 이런 주장을 진지하게 받아들이지 않습니다. 인류는 생각보다 오래전부터 이미 똑똑했고, 눈에 보이는 초고대 문명을 만들기 위해 눈에 보이지 않는 많은 노력과 시행착오를 겪었을 뿐이지요.

이렇듯 황당한 이야기가 나올 정도로 인류가 오래전부터 하늘을 봐온 것은 확실합니다. 아직 신석기 시대가 끝나지 않은 1만 년 전부터 그런 흔적이 보이니까요. 오스트레일리아의 우르디 유앙Wurdi Youang, 아르메니아의 카라훈게Carahunge, 아일랜드의 록크루Loughcrew, 유명한 영국의 스톤헨지Stonehenge와 같이 천문학적으로 중요한 장소로 손꼽히는 고고학 유적지는 모두 만들어진 지 4000년이 넘습니다. 오늘날 이 유적들에서는 돌덩이만 볼 수 있지만, 그 돌덩이가 춘분, 하지, 추분, 동지 때 태양이 뜨고 지는 방향과 잘 들어맞는다고 합니다. 너무 억지 아니냐고요? 그럴지도 모르겠습니다. 아직도 학자들은 이 유적들이 정말 천체 관측의 증거를 보여주는지, 단지 우연인지를 놓고 싸우고 있으니까요.

그런 것 말고, 학문을 연구하기 위한 목적으로 세운 것이 분명한 천문대는 언제 처음 세워졌을까요? 기록에 따르면, 이라크에서 주로 활동한 천문학자 하바시 알하시브 알마르와지Habash al-Hasib al-Marwazi가 825년에 바그다드에 알 사미시야Al-Shammisiyyah 천문대를 세웠다고 합니다. 이런 천문대에서 달의 크기와 지구에서 달까지의 거리를 측정해 기록으로 남겼는데, 오늘날 알고 있는 값과 약 10퍼센트밖에 차이가 나지 않는다고 합니다.

오늘날까지 흔적이 남아 있는 가장 오래된 연구용 천문대는 이란에 있는 마라게Maragheh인데, 1259년에 몽골 제국의 후원으로 만들어 10년 넘게 여러 명의 천문학자가 같이 연구했다고 합니다. 그 옛날에 지은 원형의 천문대 지름은 무려 22미터였고, 100평 정도의 도서관 건물이 따로 있었다니 참 대단하죠.

한편 유럽 최초의 근대적 천문대는 1580년에 덴마크에 세워진 우라니보르그Uraniborg로, 시력이 매우 좋아 당시 최고의 천문학자로 불렸던 튀코 브라헤Tycho Brahe가 세웠습니다. 브라헤는 바로 다음 해인 1581년에는 우라니보르그 바로 옆에 지하 천문대인 스티에르네보르그Stjerneborg를 세우기도 했습니다. 이런 무시무시한 행보는 브라헤가 당시 덴마크 왕에게 잘 보인 덕에 섬 하나를 통째로 하사받았기 때문에 가능했습니다. 하지만 안타깝게도 두 천문대는 브라헤가 후원자인 덴마크 왕에게 밉보이는 바람에 20년 만에 문을 닫아야 했죠.

놀랍게도 가톨릭교회에서도 거의 비슷한 시기인 1580년, 그레고리우스 탑Torre Gregoriana이라는 천문대를 세웠습니다. 오늘날 '양력'으로 쓰는 그레고리력이 바로 여기서 만들어졌는데, 이 건물은 지금도 바티칸에서 볼 수 있습니다.

요즘은 손가락만 몇 번 움직여도 스마트폰으로 우주에 대해 많은 것을 알 수 있습니다. 이는 지난 1만 년 동안 인류가 최고의

세계 최초의 학문 연구용 천문대 중 하나인 이란의 마라게 천문대(1259년). (출처: Wikipedia)

세계 최초의 근대적 천문대 중 하나인 바티칸의 그레고리우스 탑(1580년). (출처: Wikipedia)

집단지성을 동원해 꾸준히 노력해온 결과입니다. 이 업적을 외계인 덕으로 돌린다면, 우리 선조들에게 정말 미안한 일이겠죠.

오늘 밤은 자기 전에 선조에게 감사의 인사를 전해볼까요.

묵념. _H

> **우주를 더 가까이!**
>
> 본문에서는 외국의 고고학 유적지만 소개했지만, 사실 우리나라에도 천체 관측과 관련이 있는 것으로 여겨지는 고고학 유적이 아주 많이 남아 있답니다. 자세한 이야기는 《하늘에 새긴 우리역사》(박창범, 김영사, 2002)를 살펴보세요.

Day 29

# 이스탄불에서 만난
# 천문기기들

#천문학박물관
#아스트롤라베

몇 해 전, 한국과 튀르키예(구 터키)의 자동 물시계 학술 교류를 위해 이스탄불을 방문한 적이 있습니다. 학술 세미나는 이스탄불에 있는 자자리박물관에서 열렸는데, 이곳에선 알 자자리Al Jazari가 제작한 여러 종류의 자동 물시계를 연구하고 복원하는 일들을 합니다. 12세기부터 활동한 알 자자리는 코끼리 시계, 성벽시계 등 다양한 자동 물시계를 제작한 인물로 유명합니다.

이스탄불은 특히 우리나라의 천문학과 연관이 많은 곳입니다. 조선 초기의 천문학 발전은 이슬람 과학 문명과 관련되어 있지요. 15세기 장영실은 알 자자리가 사용했던 구슬 신호를 계승해 시간을 알려주는 기능을 획기적으로 개선, 보루각루와 흠경각루

1206년 알 자자리가 저술한 50개의 자동 장치 책에 나오는 물시계들. 알 자자리의 코끼리 시계(왼쪽)와 성벽 시계(오른쪽). (출처: Donald R. Hill/Gökyüzü Ve Bilim Tarihi İslam Bilim Ve Teknolojisi/2012)

(Day 32. 참고)를 완성한 바 있습니다. 이 외에도 15세기에 세계적인 천문학 강국의 시대를 열게 한 세종 때의 천문기기는 이슬람의 천문기기를 연구하는 과정에서 이루어진 경우가 많습니다. 따라서 이스탄불은 조선의 천문학 기술을 이해하는 데 중요한 장소이며, 비교적 좋은 유물들이 남아 있어 연구자들에게는 중요한 답사 지역 중 하나입니다.

이스탄불에서 묵었던 숙소 근처에 있던 이스탄불 고고학박물관에 방문할 기회가 생겼는데, 그곳에는 아주 오래된 해시계가 있었습니다. 이것은 조선 시대에 사용하던 구면 해시계 앙부일구 (Day 31. 참고)의 원형에 해당하는 것으로, 반원 형태의 오목한 내부에 11개의 시각선이 방사형 선으로 그어져 12등분으로 나뉘어 있습니다. 또한 중심에서 뻗어나온 막대(영침, 현재는 유실되었음)는 태양이 움직일 때 방사형 선에 맺히도록 해줍니다.

한편 이스탄불 고고학박물관 맞은편에는 이스탄불 이슬람 과학기술박물관이 있는데, 로비 입구로 들어서자마자 알 자자리의 코끼리 시계가 작동 모델로 전시되어 있어 고천문기기에 대한 튀르키예인들의 자긍심을 느낄 수 있었습니다. 대부분의 유물은 복원하거나 모형으로 복제해서 전시하고 있습니다.

본격적인 전시가 시작되는 박물관 2층에는 수십 점의 아스트롤라베Astrolabe가 빼곡히 전시되어 있습니다. 아스트롤라베는 우주의 모델을 나타내거나 천체의 위치를 측정하는 혼천의(Day 75. 참고)의 관측 기능을 원판에 적용해 새롭게 발명한 천문 관측기기입니다. 날짜와 시간을 측정하거나 천체를 관측하는 기능 등을 포함해 다양한 계산 능력도 갖추고 있습니다. 아스트롤라베는 고대 그리스에서 개발했지만, 당시의 것은 남아 있지 않고 현재 10세기부터 이슬람 지역에서 제작한 것이 남아 있으며, 유럽을 통해 다양한 형태로 개발되었습니다.

라틴Latin 아스트롤라베. 10세기 라틴어 책에 묘사된 가장 오래된 것으로 알려진 아랍의 아스트롤라베 복원품. 아랍어와 라틴어로 새겨진 것이 특징이다. (출처: 이스탄불 이슬람 과학기술박물관)

17세기에 서양 선교사가 중국으로 가지고 온 아스트롤라베는 학자들의 관심을 끌기에 충분했습니다. 조선에서도 18세기 실학자인 유금이 아스트롤라베를 제작했으며, 19세기에 남병철이 '혼개통헌의'라는 이름으로 제작법과 사용법을 책으로 남겼습니다. 고대 그리스에서 시작되어 이슬람 지역과 유럽을 거쳐 중국과 조선까지 전해진 아스트롤라베의 편리성과 우수성은 전통 천문기구인 혼천의의 위상과 같았습니다.

이스탄불 이슬람 과학기술박물관에는 아스트롤라베 외에도 사분의(90도의 눈금이 그려진 고도측정기), 지평 해시계, 이슬람 천문대와 관측 시설, 혼천의 등도 전시하고 있습니다.

천문학자는 물론 관측기기의 역사에 관심 있는 모든 사람에게 한 번쯤 가볼 것을 추천합니다. _K

**우주를 더 가까이!**

알 자자리는 이슬람 과학사에서 가장 예술적인 발명품을 만들어낸 인물입니다. 그의 발명품들은 아직도 세밀화로 남겨져 있는데, 책에 소개된 다양한 오토마타Automata(스스로 움직이는 기계)들은 레오나르도 다빈치Leonardo da Vinci와 같은 서양의 발명가들이 만든 것보다 300년이나 앞선 것입니다. 자동 물시계를 비롯해 음악을 자동으로 연주하는 기계, 양초를 이용한 시계, 캠축과 크랭크축을 이용한 펌프 장치, 자동으로 음료가 나오도록 만든 장치 등 당시 이슬람 과학의 놀라운 기술력을 보여주었습니다.

**Day 30**

# 조선의 하늘을 관측하라

#간의
#소간의
#표준관측시스템

제가 근무하는 한국천문연구원에는 중국에서 오신 박사 후 연구자가 몇 분 있는데, 하루는 연구자 한 분이 "우리나라와 똑같은 것이 여기에 설치되어 있네요"라고 말했습니다. 한국천문연구원의 세종홀 앞뜰에 설치한 '간의'를 보고 한 말이었죠. 이는 반은 맞고 반은 틀린 말입니다.

간의는 별이나 행성들의 위치를 측정하는 천문기기입니다. 우리가 사는 아파트의 이름과 주소가 있는 것처럼, 천체들도 이름과 주소가 있습니다. 별들의 이름은 앞에서 소개해드린 바와 같이 명명법에 의해 정해집니다(Day 24. 참고). 반면 주소는 측정을 통해 정하는데, 별들의 주소, 즉 별의 위치를 알려주거나 측정하

한국천문연구원에 설치된 세종 시대 간의 복원 모델. (출처: KASI)

는 것이 바로 간의의 역할입니다.

혼천의를 간략하게 만들었다 하여 이름 붙여진 간의는 13세기 원나라의 곽수경이 처음 개발했습니다. 새로운 역법을 만들기 위해 정밀한 천문 관측이 필요했기 때문입니다. 하지만 안타깝게도 원나라가 망하면서 대부분의 천문기기는 파괴되었습니다.

그 후 1432년 조선에서는 새로운 역법 계산을 위해 칠정산이라는 국책 프로젝트를 시행했습니다. 먼저《원사元史》〈천문지〉의 기록에 따라서 간의를 제작하고, 이를 설치할 천문대인 간의대도 건설했습니다. 당시에 만든 천문기기로는 간의를 비롯해 소간의, 일성정시의, 혼의·혼상, 앙부일구, 규표, 보루각루, 흠경각루 등이 있습니다. 뒤늦게 명나라도 1438년부터 간의 제작을 시작으로 여러 기기를 제작했지요.

조선 초기의 간의 제작은 단순한 모방이나 복제 수준이 아닙니다. 기록을 기반으로 새로운 기술을 스스로 개발해 자체적으로 생산해내는, 마치 지금 자동차를 만드는 것처럼 당시로는 몹시 어려운 일이었습니다. 또한 지금으로부터 140여 년 전 독일에서 인류 최초의 내연기관 자동차를 만들어낸 후, 뒤를 이어 여러 나라에서 자동차를 만들고 있지만 오늘날 자동차가 독일의 소유물이 아니듯, 전통 시대의 간의도 동아시아에서 통용되는 표준 천문기기로 사용할 수 있었습니다. 즉, 조선에서 제작한 간의는 우리나라에서 자체적으로 만든 당시의 표준 천문 관측 시스템이며, 용과 구름의 형상은 제작 과정에서 조선의 문화가 보태진 것입니다. 그러므로 중국에서 오신 박사 후 연구자의 "우리나라와 똑같은 것이 여기에 설치되어 있네요"라는 말은 구조적인 맥락에서는 맞지만, 간의의 제작 기법과 디자인은 우리의 전통에 따라 만든 것이니 틀렸다고 할 수 있습니다.

《세종실록》에 따르면, 조선 초기 천문학자였던 이순지는 나무로 간의를 제작한 후 한양 북극고도 38도를 측정하는 데 성공합니다. 세종은 크게 기뻐했으며, 이 일을 계기로 이순지는 본격적으로 천문기기와 자동 물시계를 제작하는 일을 맡게 됩니다.

세종 때 제작한 천문기기들은 천문학 발전을 선도했던 선진국의 앞선 기술을 받아들여 응용한 결과물들입니다. 대형 기기를 소형화하고, 독창적인 구조 변화를 통해 혁신했습니다. 간의를 소형으로 제작한 소간의는 크기를 줄이면서도 지평 좌표계와 적도 좌표계를 변형해 측정할 수 있도록 개량됐습니다. 이동이 가능하고, 다목적으로 사용이 가능한 새로운 관측기기로 재탄생한 것이죠.

《성종실록》에는 1490년 소간의로 혜성을 관측한 후 보고하는 내용이 나옵니다.

> ✦ 김응기 등이 보고하기를, "어젯밤에 혜성彗星이 위성危星 11도로 옮겨 갔는데, 북극北極과의 거리가 76도 반이었으며, 길이는 1장丈 남짓하였습니다." 임금께서는, "나도 밤마다 보고 있다. 그러나 사람이 보는 것은 같지 아니한데, 빛의 길이를 그대들이 어떻게 측량하여 말하는가?" 김응기가 보고하기를, "다만 보이는 것을 가지고 짐작하여 아뢰었을 뿐이고, 북극과의 거리 도수度數는 소간의小簡儀를 가지고 관찰한 것입니다."

성종은 혜성 관측에 관심을 보였는데, 이 당시 출현했던 혜성 보고는 약 한 달 동안 계속되었습니다. 위 내용에 나오듯 당시 혜성 관측기기로 특화된 것이 소간의입니다.

간의의 시간 측정 기능은 일성정시의(Day 73. 참고)라는 해시계와 별시계로 재창조되었습니다. 일성정시의는 북극을 맞추는 기능을 효과적으로 개량하고, 북극 주변의 별 운행을 측정해 시간을 읽었습니다. 일성정시의는 보루각루의 시각 교정에도 사용되었으며, 국경지대로 보내 군대에서 시간을 알려주었습니다.

간의나 소간의로 측정한 천체의 위치 정보는 오늘날에도 매우 유용한 자료로 활용되고 있습니다. 선조들의 지혜에 대해 다시 한번 감탄하게 되는 정말 귀중한 유물입니다. _K

### 우주를 더 가까이!

한국천문연구원 세종홀 앞뜰 및 건물 로비에는 조선 시대의 천문기기들이 복원되어 있습니다. 간의를 비롯해 소간의, 일성정시의, 적도의, 혼상, 규표, 천상열차분야지도, 혼천시계, 각종 해시계 등을 살펴볼 수 있습니다. 정기적인 연구원 방문의 날 및 각종 견학 프로그램, 교원 연수 등을 통해 선조들의 우수한 과학 기술을 느껴볼 수 있습니다.

한국천문연구원
세종홀 찾아가기

**Day 31**

# 하늘을 담은 그릇

#앙부일구
#해시계

고궁에 가면 흔히 볼 수 있는 천문과학 기기가 있습니다. 앙부일구仰釜日晷라는 해시계입니다. '솥 모양의 해시계'라는 뜻의 앙부일구는 언뜻 보면 둥근 놋쇠 그릇처럼 보이지만 많은 천문학 정보를 담고 있습니다.

앙부일구는 천구天球의 모양을 본뜬 반구 형태로 대부분 청동 재질로 만들었습니다. 수려한 4개의 다리와 십자 받침으로 반구 면을 받치고 있죠. 고대 그리스 시대부터 시작된 반구 형태의 해시계 전통은 동아시아 조선 시대를 관통하며 과학 기술적 발전을 이루어냈습니다.

또한 앙부일구는 애민 정신의 상징이기도 합니다.

✦ 누구나 시간을 향유하고 활용할 수 있어야 한다.

세종대왕은 이러한 마음으로 1434년 백성들이 지나다니는 종묘 남쪽 거리와 혜정교 옆에 앙부일구를 처음 설치했고, 글을 모르는 백성들을 위해 한자 대신 십이지신 동물 그림을 그려 넣었

앙부일구. (출처: 국립고궁박물관)

습니다. 게다가 앙부일구는 태양 운행을 기반으로 만든 것이라 달의 위상 변화로 알 수 있는 음력 날짜를 보완해 양력 날짜를 알 수 있도록 했습니다. 이는 농업 국가였던 조선의 백성들에게 매우 중요한 정보였습니다.

앙부일구의 원리는 간단합니다. 구면 안쪽에 해 그림자를 만들기 위한 뾰족한 영침影針이 있는데, 영침이 향하는 고도가 해시계의 관측 위도, 즉 북극고도입니다. 영침으로 생기는 해 그림자는 구면 안쪽의 바둑판 모양 격자무늬 선에 맺힙니다. 이는 시각 선과 절기 선을 나타내는데, 세로줄은 시각 선이 되고 가로줄은 절기 선이 됩니다. 여기서 알 수 있듯이 앙부일구는 시간뿐만 아니라 절기(날짜)를 알려주는 과학적인 해시계입니다.

시간을 읽는 방식도 현재와 흡사합니다. 12시진은 조선에서 사용한 시각 제도로 자·축·인·묘·진·사·오·미·신·유·술·해로 구면을 12등분해 매시를 나타냈으며, 매시를 다시 초와 정으로 2등분했습니다. 따라서 당시 12시진은 현재 우리가 사용하는 24시간 제도와 별반 다르지 않다는 것을 알 수 있지요. 여기에 하루를 100등분한 100각법을 사용했고요.

반면 조선 후기에는 초와 정을 4등분해 모두 8개의 각刻으로 시진을 나타낸 96각법을 사용했습니다. 4개의 각이 오늘날 1시간에 해당하고, 1개의 각이 15분이 되는 셈이죠. 1654년 이후 서양식 역법인 시헌력 사용으로 시작된 96각법은 조선의 시각 체계를 서양 시각 체계와 절묘하게 절충하는 방식이었습니다.

앞서 말했듯이 앙부일구는 시간만 측정하는 기기가 아니었습니다. 시간과 절기를 함께 알 수 있도록 했죠. 예를 들면 하지(6월 21일경)에는 하지선을 따라 해의 그림자가 움직이고, 동지(12월 21일경)에는 동지선을 따라 해의 그림자가 움직입니다. 춘분·추분에도 마찬가지입니다. 앙부일구의 둥근 시반 면에는 태양의 적위값 변화에 따라 13개의 절기 선이 그려져 있는데, 24기 중 태양의 적위값이 유사한 것을 하나로 간주해 13개의 선으로 태양의 운행을 표시한 것입니다. 이 외에도 앙부일구는 일출, 일몰 시각까지 알 수 있게 만들었습니다. 시반 면의 시각 선을 통해 해가 뜨는 시간과 지는 시간, 그리고 해의 출몰 방향까지 알 수 있게 만든 그야말로 위대한 유산이죠.

그런데 적지 않은 사람이 고궁에 설치된 앙부일구로 시간을 읽을 때 매우 당황합니다. 손목시계나 휴대폰에서 알려주는 '현대의 시간'과 차이가 있기 때문입니다. 언젠가 고궁에서 앙부일구로 시간을 읽는 사람들을 지켜본 적이 있습니다. "옛날 사람들이 만들면 얼마나 잘 만들었겠어? 거봐, 코리안 타임(주로 약속이나 시간관념이 떨어지는 한국인들의 습관을 빗댄 표현)이네…." 하지만 앙부일구는 1분, 1초도 틀리지 않는 정확한 해시계입니다. '전통 사회의 시각법'에 따르면 말이죠.

전통 사회에서 정오는 태양이 고도가 가장 높은 정남쪽에 있을 때를 말합니다. 다음 날 태양이 정남쪽에 오면 24시간이 지난 셈이죠. 이것을 '시태양시'라고 합니다. 여기에는 지구가 태양 주위를 타원 궤도로 돌고 있어 공전 속도가 달라지고, 지구가 자전하는 적도면과 태양이 운행하는 황도면이 23.5도 기울어 시간의 차이가 발생하는 것이 고스란히 담겨 있습니다. 오늘날은 평균태양시(우리가 일상생활에서 쓰는 시간. 하루를 균등한 24시간으로 정해서 사용하는 시각 체계)를 사용하기에 이러한 미세한 변화를 느끼지 못하고, 결국 자연의 섭리를 고스란히 담고 있는 앙부일구 시간과 조금 차이가 생기게 됩니다. 이 차이를 '균시차'라고 합니다. 또한 우리나라는 동경 135도 기점을 표준자오선으로 사용하므로 여기서 발생하는 시간 차이(경도차, 표준자오선과 관측 지점 차이)도 고려의 대상입니다. 따라서 앙부일구로 시간을 읽을 때 균시차와 경도차를 보정해주는 시차보정표를 활용해 시간을 알 수 있습니다.

참고로 위도와 경도는 지구 위에 가상의 선을 그어 좌표로 사용한 개념입니다. 위도는 지구의 적도를 0도, 북극을 90도로 나타내죠. 여기서 위도는 북극고도이고요. 예를 들면 위도가 37.5도면 이 지역의 북극고도는 37.5도가 됩니다. 한편 경도는 위도와 수직인 선이 됩니다. 예를 들어 경도 0도는 영국 그리니치 Greenwich 천문대를 기준으로 정했습니다. 그리니치 천문대를 기준으로 동쪽 방향으로 서울까지 오면 동쪽 경도(동경) 127도가 되는 것입니다. 경도선은 시간 변경선과 관계합니다.

이해되셨나요? 이제 가까운 고궁을 방문해 앙부일구로 시간을 읽어봅시다. _K

옛날에도 지역 간 교류 차원에서 새로 제작한 앙부일구를 해외에 보내곤 했습니다. 이때 영침의 방향은 해당 위도에 따라 달라집니다. 앙부일구 영침의 '방향'은 북극을 향합니다. 영침의 '고도'는 그 지역의 북극고도(관측지의 위도와 일치)가 되지요. 소형 앙부일구를 가지고 북극이나 적도 지역으로 여행을 떠난다고 가정해보겠습니다. 영침의 고도는 어떻게 변할까요? 북극(위도 90도)에 가져간 앙부일구 영침은 천정을 향하고, 적도지역(위도 0도)의 앙부일구 영침은 수평선과 나란하게 누워 있을 거예요.

**Day 32**

# 우리나라 최초의
# 자동 천문 시계

#보루각루
#흠경각루
#물시계

워터파크에서 큰 물통에 담긴 물이 한꺼번에 쏟아지는 것을 본 적이 있을 것입니다. 일정량의 물이 차면 기울어진 물통이 바로 서고, 이 물을 조금 더 흘려보내면 물통이 기울어 한꺼번에 물이 쏟아집니다. 이것은 물통의 무게중심 때문입니다. 예전에는 이것을 기기欹器라고 불렀습니다. '기울어진 그릇'이라는 뜻입니다.

15세기에 장영실이 제작한 한국 최초의 거대한 천문 시계, 흠경각루에도 기기가 설치되어 있습니다. 기기를 통해 시간의 흐름을 보여주고, 임금에게 권력을 남용하면 기기처럼 될 수 있다는 교훈도 주었습니다.

조선에서는 1432년부터 1438년까지 대규모 천문 관측 시설을 축조하고 다양한 천문의기를 제작했습니다. 당시 조선은 과학 기술의 황금기를 열었죠. 이 시기 가장 중요한 인물이었던 장영실은 사람의 힘을 빌리지 않고 자동으로 시각을 알려주는 두 가지 물시계를 개발합니다. 하나는 장영실의 천재성을 보여준, 공학적 자동 제어 기술을 적용한 보루각루입니다. 보루각에 설치되어 '보루각 물시계'라고 불렸죠. 이 보루각루가 제작된 지 100여 년이 지나자 고장 나는 부분이 많아 중종 때 다시 만들었고, 그 일부가 오늘날 전승되어 남아 있습니다.

또 하나의 자동 물시계는 흠경각루로, 이것은 세종을 위해 만든 것입니다. 당시 보루각루는 국가 표준 시계 역할을 했고, 흠경각루는 오롯이 세종을 위한 임금의 시계였습니다.

보루각루와 같은 자격루自擊漏는 물시계와 자동 시보 장치로 구성됩니다. 물시계는 3단의 물통과 2개의 원형 물통으로 구성되는데, 3단 물통 중 가장 아래쪽 물통에는 오버플로Overflow 장치를 설치해 유속을 일정하게 해주었습니다. 원형 물통 내부로 흐르는 물의 압력으로 발생하는 부력에 의해 일정한 속도로 잣대가 떠오릅니다. 잣대의 상승으로 구슬 신호를 발생시키는 것이 보루각루의 핵심 기능입니다. 작은 구슬이 큰 구슬 신호로 바뀌고, 이 구슬이 종, 북, 징을 타격하도록 했습니다.(자동 시보 장치.) 종소리는 2시간 간격으로 울리고, 북과 징은 야간에만 작동해 한밤중에도 몇 시인지 알 수 있었죠. 예를 들면 3경 3점은 북을 세

보루각루 복원 모델. (출처: 국립고궁박물관)

번 치고 징을 세 번 치는데, 자정 무렵을 나타냅니다.

흠경각루는 가산假山(인공적으로 꾸며놓은 산) 위에 각종 시보 인형을 두어 시간을 알려주었습니다. 가산 내부에는 다양한 기계 장치가 여러 층의 구조로 되어 있어 산 위부터 산 아래까지 다양한 동력을 발생시킵니다. 흠경각루의 동력은 보루각루와 동일하게 물시계로부터 형성되지만, 수차를 운행해 바퀴를 회전시킨다는 차이가 있습니다. 이를 통해 현실 시간에 맞게 해가 뜨고 지는 것을 재현해주고, 계절에 따라 해의 고도가 변하는 것을 표현했습니다.

　장영실이 제작한 두 시계는 자동 시보 장치와 격발 장치를 갖추었는데, 당시 성행하던 방식과 조금 달랐습니다. 장영실이 만든 장치는 먼저 만들어진 11세기 중국 북송 시대 소송이 제작한 거대한 천문 시계나 원나라 순제의 궁정 물시계, 그리고 이슬람 알 자자리의 물시계 등과는 다른 방식으로 개량했습니다. 구슬 신호로 발생하는 시각 정보와 종을 치는 방식, 수차를 활용한 톱니 기어를 다루는 기술이 한층 향상되고 세분되고 정교해진 것이죠. 장영실은 당시의 기술을 연구하고 융합해 이전에 전혀 보지 못한 새롭고 창의적인 방식으로 장치를 만들어냈습니다.

　안타깝게도 흠경각루는 1553년(명종 8) 경복궁에 화재가 발생하면서 소실되었습니다. 그 후 선조 때 재건했으나 다시 소실되며 기록에서도 사라지는 등 관리가 되지 않았던 것 같습니다. 문헌 기록에 따르면, 흠경각루의 외부 모습은 자연의 모습을 그대로 표현했다고 합니다. 오색구름으로 산허리를 감싸고 금으로 장식한 해가 매일 산 위를 운행합니다. 계절에 따라 태양의 고도가 변화하면서 말이죠. 산 위에는 청룡, 백호, 주작, 현무를 형상화한 4명의 신이 네 방향에 있고 시간에 따라 산 주위를 크게 회전하며, 회전할 때마다 마주하는 옥녀들은 방울을 흔들어 시간을 알려줍니다. 산기슭에 있는 축대 위에는 종, 북, 징을 치는 인형들이 있으며, 시간을 관장하는 사신의 명령을 따릅니다. 사신의 모

세종 시대 흠경각루 복원 모델. (출처: 국립중앙과학관)

습은 마치 오케스트라의 지휘자처럼 보입니다.

산 밑의 평지에 있는 십이지신 인형(쥐, 소, 호랑이, 토끼 등 십이지를 상징하는 인형)들은 엎드려 있다가 해당 시간이 되면 일어납니다. 동시에 아래에서 숨어 있는 12명의 옥녀도 나타납니다.

평지에는 농경 모습을 담은 빈풍도를 그렸습니다. 봄, 여름, 가을, 겨울을 표현했고, 백성들이 농사짓는 어려움을 임금이 살펴도록 했습니다. 농사짓는 사람과 새가 날고 짐승이 뛰어노는 모습들, 풀과 나무 등 농경 모습을 나무를 깎아 만들어 산 아래에 장식했습니다. 흠경각루는 극적인 구성과 디오라마Diorama적인 연출로 시간을 알려주고 볼거리도 제공하는, 명실공히 우리나라 최초의 오토마타 천문 시계입니다.

물시계가 설치된 흠경欽敬은 "공경함을 하늘과 같이하여, 백성에게 절후(절기)를 알려준다"(《서경》의 〈요전〉 편)는 의미가 담긴 이름으로, 흠경각은 세종이 물시계를 보며 백성들을 위하는 한결같은 마음을 추스르는 공간이기도 했습니다. 장영실의 선물을 받은 세종의 마음은 어떠했을까요. 세종은 국가의 시간 측정과 역법 제정을 통해 국가 통치의 발판을 마련해 준 장영실에게 단순히 고마움을 넘어 끝없는 신뢰를 보냈습니다.

당시의 흠경각루는 남아 있지 않지만, 대전에 위치한 국립중앙과학관에서 작동하는 복원 모델로 그 위대함을 살펴볼 수 있으니 꼭 한 번 방문해 세종의 마음을 조금이나마 느껴보시기를 바랍니다. _K

### 우주를 더 가까이!

흠경각 물시계는 세종이 동경하는 이상 세계이자, 자연과 백성의 삶을 구체화하고 우주를 성찰하는 통로였습니다. 가산을 만들어 도교적인 자연의 모습에 시간을 담아내고, 백성을 위하고 국가를 통치하는 유교 정신이 함께 어우러진 세계관을 담았습니다. 실제로 천체의 운행과 위치를 관측하던 혼천의를 통해 태양을 구현한 흠경각은 황도(태양의 궤도)상의 태양 위치와 계절에 따른 운행이 자연과 일치하는, 천문 시계의 역할을 하는 '우주' 그 자체였습니다.

## 우주 탐사와 뉴 스페이스

이제 우주는 더 이상 바라보기만 하는 대상이 아닙니다. 직접 터치하고 찾아가는 공간, 그야말로 우주 시대가 열렸습니다. 활발한 우주 탐사 현장과 비약적으로 발전하고 있는 우주 산업 현장으로 들어가봅니다.

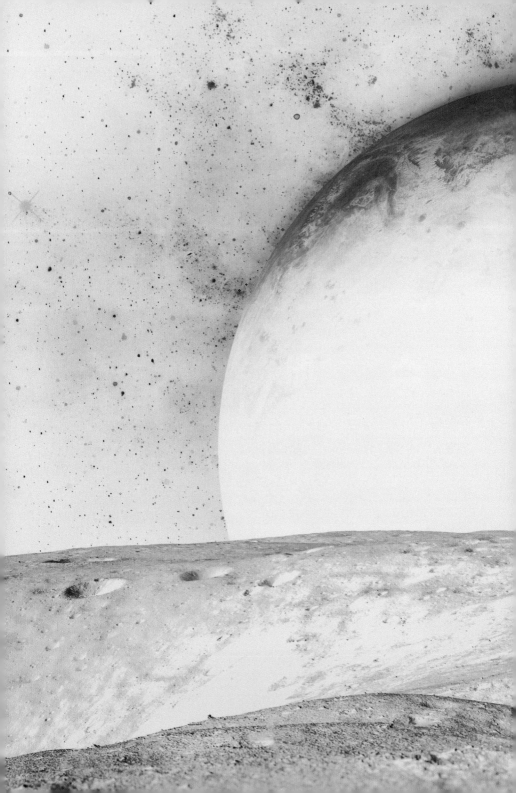

**Day 33**

# 창백한 푸른 점;
# 보이저가 본 지구

#Earth
#보이저호
#우주탐사

1962년부터 1973년까지 NASA는 지구 밖 행성을 탐사하는 무인 우주 탐사선 '매리너Mariner 프로그램'을 가동했습니다. 매리너 1호부터 10호까지 총 10기의 탐사선이 수성, 금성, 화성을 탐사했고, 이 가운데 7개가 성공적으로 임무를 마쳤죠. 그리고 그보다 먼 목성과 토성을 탐사하는 11, 12호를 준비했는데, 이 둘은 기존 탐사선보다 독창적인 미션 설계와 뛰어난 성능을 갖춰 매리너가 아닌 새로운 이름을 붙이기로 합니다. 바로 '보이저Voyager 프로그램'.

이 사진은 1977년에 발사한 보이저 1호가 태양계를 여행하며 지구로부터 60억 킬로미터 떨어진 거리에서 바라본 지구를 촬

창백한 푸른 점. 보이저 1호가 찍은 지구. (출처: NASA/JPL-Caltech)

영한 것입니다. 칼 세이건Carl Sagan의 책 제목에서 따온 이 사진의 제목 '창백한 푸른 점'은 이후 지구의 모습을 표현하는 대중적인 말이 되었지요. 광활한 우주의 바다에 떠 있는 작고 외로워 보이는 지구와 그 안에서 살아가고 있는 우리들의 모습을 다시금 되돌아보게 만드는 사진으로 명성을 얻었습니다. 이 사진을 끝으로 보이저 1호는 전력을 아끼기 위해 카메라의 전원을 차단했고, 2012년 태양계 경계를 벗어나 성간(별과 별 사이, 즉 태양이라는 별과 다른 별 사이) 공간을 탐사하고 있습니다. 같은 해에 발사된 보이저 2호도 화성을 제외한 지구 바깥쪽에 있는 모든 외행성의 탐사를 마치고 2018년 태양계를 벗어났습니다.

보이저 '1호', '2호'라고 부르니 1호보다 2호를 나중에 발사했을 거라 생각할 수 있겠지만, 사실은 1977년 8월 20일에 보이저 2호를 먼저 발사하고 약 2주 뒤 보이저 '1호'를 발사했습니다. 그런데 왜 먼저 발사한 게 2호냐고요? 목성과 토성 탐사가 주요 임무였던 보이저호는 발사 순서가 아니라 목성에 도착하는 순서를 기준으로 이름을 지었기 때문입니다. 잘 알려진 사실이지만, 보이저 2호는 보이저 1호가 실패할 경우를 대비해서 만든 일종의 백업 탐사선이었습니다. 그래서 보이저 1호, 2호는 같은 시스템을 갖고 있습니다. 다행히 보이저 1호는 더 짧은 궤도를 지나가며 보이저 2호보다 4개월 먼저 목성에 도착했고, 목성의 위성 이오Io에서 화산이 폭발하는 모습과 토성의 복잡한 고리 모습을 생생하게 전해주었지요. 이후 보이저호의 임무가 연장되어 1호는 곧장 태양계 밖을 탐사하는 궤도로 날아갔고, 2호는 천왕성과 해왕성까지 4개의 행성 근접 탐사를 마친 후 태양계를 벗어났습니다.

보이저 1호와 2호가 태양계를 탐사하며 남긴 5만 장에 이르는 사진은 경이로움의 연속이었습니다. 태양계와 행성에 대한 우리의 지식을 그 이전과 비교할 수

보이저호가
남긴 사진들

없을 만큼 넓혀주었지요. 하지만 더욱 놀라운 일은 무려 45년 전에 발사한 보이저호가 여전히 태양계 밖 성간 공간을 탐험하면서 측정한 과학적 데이터들을 지금까지 우리에게 전송해주고 있다는 사실일지도 모릅니다.

보이저호의 모습을 보면 다른 우주 탐사선들과 뚜렷이 구분되는 특징이 두 가지 있습니다. 첫 번째 특징은 멀리 떨어진 위성이나 우주 탐사선에서 흔히 볼 수 있는 태양 전지판이 없다는 것입니다. 태양으로부터 멀어져가며 행성들과 태양계를 벗어난 성간 영역을 탐사하기 위해 플루토늄Plutonium이 연료인 핵 전지를 사용하기 때문이죠.

두 번째 특징은 심우주에서도 지구와 고감도 통신을 할 수 있도록 직경이 3.7미터나 되는 큰 안테나를 장착했다는 것입니다. 안테나가 클수록 송수신 감도가 좋은 만큼 먼 우주를 여행하는 보이저호에는 필수 요소지요. 그렇다 해도 보이저호의 송신 안테

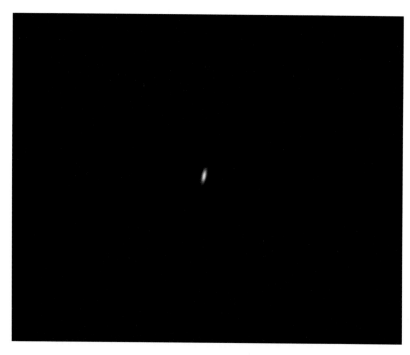

지구에서 브이엘비에이 전파 망원경으로 검출한 보이저 1호 전파 신호 영상. 보이저가 본 지구의 모습(198쪽 사진)과 유사한 듯 다른 모습이 인상적이다. (출처: NRAO/AUI/NSF)

나에서 지구로 보내는 신호의 세기는 약 22와트입니다. 작은 전구가 빛을 내는 정도밖에 되지 않습니다.

이 신호는 무려 200억 킬로미터 이상 떨어진 지구까지 날아오는 동안 약해지고, 다른 잡음이 더해지기도 합니다. 이러한 신호를 검출하기 위해 NASA는 미국과 스페인, 호주 3개 대륙에 최대 70미터 직경의 대형 안테나들을 갖춘 심우주통신망Deep Space Network; DSN을 구축했습니다. 이 안테나들은 지구상에서 서로

120도씩 떨어져 있어서, 이 안테나 가운데 적어도 하나는 보이저호를 비롯한 여러 우주 탐사선과 지속적인 통신을 할 수 있도록 설계되었지요.

그리고 2013년 2월, 직경 25미터의 전파 망원경 10개로 구성된 미국의 브이엘비에이Very Long Baseline Array; VLBA 전파 망원경은 보이저 1호에서 보낸 통신 신호를 관측해 보이저호의 위치를 찾아내는 데 성공했습니다. 무려 185억 킬로미터나 떨어진 거리에 있는 보이저호의 위치를 수백 킬로미터의 정밀도로 알아낸 것입니다.

그렇다면 과연 우리는 언제까지 보이저호와 교신하며 태양계 밖 소식을 전달받을 수 있을까요? 이론적으로 우리가 우주 탐사선과 통신할 수 있는 거리는 제한이 없습니다. 보이저호가 수천 년 동안 더 멀어진다 하더라도 통신이 가능할 만큼의 기술을 갖고 있습니다. 하지만 보이저호가 우리에게서 멀어질수록 통신하는 데 시간이 오래 걸립니다. 233억 킬로미터 떨어진 보이저 1호의 신호가 우리에게 도달하기까지는 20시간이 넘게 걸리니, 양방향 통신을 하는 데는 이틀 정도가 소요되겠지요. 그리고 보이저호의 핵 전지 수명이 다하는 2025년경이면 더 이상 보이저호와 교신할 수 없을 것으로 예상합니다.

현재 보이저호는 최대한 전력을 아끼기 위해 11개 관측 장비 가운데 카메라를 비롯한 대부분의 장비 작동을 중지시키고, 태양풍과 우주선Cosmic Ray, 자기장의 세기를 측정하는 네 가지 정도의 장비만 운영하고 있습니다.

이제 수년 안에 보이저호는 우리를 떠난 지난 반백 년의 기나긴 여정을 마치고 우주의 품으로 영원한 항해를 떠날 것입니다. _T

우주를
더 가까이!

NASA 홈페이지에서는 태양계를 벗어나 성간 우주를 탐험하고 있는 보이저 1호와 2호가 지구로부터 얼마나 떨어져 있는지, 통신하는 데 시간은 얼마나 걸리는지, 현재 동작 중인 실험 장비들은 무엇인지 등의 정보를 실시간으로 확인할 수 있습니다. 또한 홈페이지 하단에 있는 'VIEW VOYAGER'를 클릭하면 보이저호가 비행한 궤도와 실물 크기 비교 등의 다양한 체험을 3D 형태로 즐길 수 있습니다.

# 태양계 인싸

#소행성
#별처럼보이는
#별은아님

태양계 인싸 하면 가장 먼저 떠오르는 것은 무엇일까요? 태양계의 주인으로 태양계 전체 질량의 99퍼센트를 차지하는 태양? 수·금·지·화로 시작하는 8개의 행성? 혹은 그중에서 가장 영향력이 큰 목성? 인사이더Insider의 준말인 인싸는 각종 행사나 모임에 적극적으로 참여하면서 사람들과 잘 어울려 지내는 사람을 말한다고 합니다. 그렇다면 이 정의에 가장 잘 맞는 천체는 아무리 생각해도 소행성인 것 같습니다.

6500만 년 전 공룡 멸종의 주범으로 몰린 후 과학자들이 범행의 결정적인 증거를 찾아냈을 때 알리바이를 제시하지 못한 소행성. 잊힐 만하면 가끔 지구와 친하게 지내고 싶은 적극적인 소행성들의 지구 방문 뉴스가 나오고, NASA를 비롯한 우주 선진국들은 앞 다투어 소행성에 탐사선을 보내 한 줌도 안 되는 흙을 캐오기도 하지요. 그뿐만 아니라 유럽의 작지만 강한 나라인 룩셈부르크는 "나라의 미래가 소행성에 있다"라고 선언한 뒤 소행성에서 광물을 채취하는 미래 자원 활용에 국가적으로 많은 투자를 하겠다는 소식이 들려오기도 합니다.

우주의 돌Space Rock, 작은 행성Minor Planet이라고도 불리는 소행성은 영어로 아스테로이드Asteroid라고 하는데, '별과 같은' 혹은 '별처럼 생긴'이라는 뜻의 그리스어 아스테로이데스ἀστεροειδής에서 유래했다고 합니다. 소행성을 망원경으로 보면 별과 똑같이 반짝이는 점으로 보이는데, 다른 별들과 달리 움직이기 때문에 이런 이름이 붙었습니다.

소행성은 약 200년 전인 1801년에 최초로 발견했습니다. 그 당시 천문학자들은 화성과 목성 사이 넓은 공간에 행성이 존재할 것이라는 생각으로 하늘을 관측했습니다. 결국 별처럼 보이지만 별들의 움직임과는 다르게 별들 사이를 가로지르는 천체를 발견했고, 그들은 새로운 행성을 발견했다고 생각했죠. 그 천체의 이름은 세레스Ceres로 반세기 넘게 행성의 지위를 유지했습니다. 하지만 이후 목성과 화성 사이 공간에서 작은 크기의 천체들이 계속 발견됨에 따라 세레스는 행성을 이루지 못한 엄청나게 많은 소행성 중 하나로 재분류되었습니다.

951 Gaspra
18.2 × 10.5 × 8.9 km
Galileo, 1991

21 Lutetia - 132 × 101 × 76 km
Rosetta, 2010

1F

Dactyl
[(243) Ida I]
1.6 × 1.2 km
Galileo, 1993

243 Ida - 58.8 × 25.4 × 18.6 km
Galileo, 1993

25143 Itokawa
0.5 × 0.3 × 0.2 km
Hayabusa, 2005

2867 Steins
5.9 × 4.0 km
Rosetta, 2008

4179 Toutatis
4.6 × 2.3 × 1.9 km
Chang'E 2, 2012

5535 Annefrank
6.6 × 5.0 × 3.4 km
Stardust, 2002

9969 Braille
2.1 × 1 × 1 km
Deep Space 1, 1999

162173 Ryugu
1.0 km
Hayabusa2, 2018

101955 Bennu
0.5 km
OSIRIS-REx, future

433 Eros - 33 × 13 km
NEAR, 2000

253 Mathilde - 66 × 48 × 44 km
NEAR, 1997

× 8 × 8 km
986

19P/Borrelly
8 × 4 km
Deep Space 1, 2001

9P/Tempel 1
7.6 × 4.9 km
Deep Impact, 2005

81P/Wild 2
5.5 × 4.0 × 3.3 km
Stardust, 2004

103P/Hartley 2
2.2 × 0.5 km
Deep Impact/EPOXI, 2010

67P/Churyumov-
Gerasimenko
4.1 × 3.2 × 2.5 km
Rosetta, 2014

탐사선이 방문한 소행성과 혜성 모습. (출처: NASA/JPL/JHUAPL/SwRI/UMD/JAXA/ESA/OSIRIS team/
Russian Academy of Sciences/China National Space Agency)

어디서 들어본 이야기 같지 않으세요? 바로 명왕성이 행성에서 퇴출되었을 때의 스토리와 매우 비슷합니다. 재미있는 것은 그렇게 소행성 자격으로 150년을 지내던 세레스는 명왕성이 행성에서 쫓겨난 2006년에 왜소행성으로 신분이 상승해 명왕성과 함께 재분류되었다는 것입니다. 왜소행성은 크기로 보면 행성과 소행성 사이쯤 되는 천체들로 세레스와 명왕성, 그리고 명왕성보다 크기가 크다고 알려진 에리스Eris 등이 있습니다.

지금까지 화성과 목성 사이에서 발견된 소행성만 100만 개가 넘습니다. 원래는 하나의 행성으로 존재할 수도 있었지만 거대한 중력을 가진 목성이 계속 그 주변을 맴돌며 행성으로 성장하지 못하도록 방해했던 거죠. 목성 때문에 하나의 행성이 되지는 못했지만, 그 덕분에 소행성들은 태양계가 처음 만들어졌을 때의 비밀을 그대로 간직한 '태양계 화석'이 될 수 있었습니다. NASA, 유럽우주국European Space Agency; ESA, 일본우주항공연구개발기구Japan Aerospace Exploration Agency; JAXA 등의 우주 기구에서 소행성으로 탐사선을 보내는 이유가 바로 여기 있죠.

태양계 공인 인싸인 소행성이 화성과 목성 사이에만 조용히 머물러 있지는 않습니다. 중력적 혹은 비중력적 힘에 의해 화성 궤도 안쪽, 바로 지구 공전 궤도 근처로 지속적으로 유입되고 있습니다. 6500만 년 전 공룡을 멸종시켰던 것 만큼 커다란 크기의 소행성이 지구에 충돌할 일은 없지만, 크기가 작은 소행성의 방문에도 지구에서는 큰 난리가 난답니다.

하지만 다른 측면으로 생각해 보면, 지구 공전 궤도와 비슷한 운동을 하는 소행성들은 탐사선이 적은 연료만으로도 방문할 수 있다는 것을 의미합니다. 수백 미터 크기의 소행성에는 반도체, 전기차의 핵심 소재인 희토류가 지구 전체의 생산량보다 몇 배나 더 많이 존재할 것으로 예측하고 있습니다. 무거운 행성에는 핵과 맨틀에 가라앉아 있지만 소행성에는 표면에 희토류 광산이 존재할 가능성이 높지요. 더구나 뉴스에 가끔 등장하는 백금 소행성, 다이아몬드 소행성 같은 이야기는 소행성의 인싸력을 더욱 높여주고 있습니다. 룩셈부르크가 왜 나라의 미래가 소행성에 있다고 선언했는지 이제 이해가 되나요? 모순이지만 지구와 충돌할 위험만 없다면 지구 공전 궤도 근처에 있는 것이 미래 자원 활용에 더 큰 도움이 될 수 있습니다.

자, 이제 태양계 인싸 소행성에 대해 알아봤으니 그들이 우리를 방문하기 전에 우리가 먼저 그들을 찾아가보는 것은 어떨까요?_M

**우주를 더 가까이!**

소행성이 무엇인지, 소행성을 왜 공부해야 하는지, 왜 우주 선도 국들이 앞 다투어 소행성 탐사를 수행하는지. 조금 더 자세한 설명을 들을 수 있는 영상을 소개합니다. 직접 확인해보세요.

# 붉은 지구

#Mars
#화성
#로버

　태양계 내에서 가장 유명하고 우주 탐사를 얘기할 때 빠짐없이 나오는 행성을 꼽으라면 바로 화성일 것입니다. 우리나라를 비롯한 동양권에서는 음양오행을 따라 불火의 기운, 서양에서는 로마 신화 속 전쟁의 신 마르스를 따라 이름을 지었습니다. 왜 하필 전쟁의 신일까요? 고개를 들어 밤하늘을 한번 쳐다보세요. 약간 붉은색이 도는 천체를 발견한다면 십중팔구 화성일 가능성이 높은데, 아마 이 색깔 때문인 듯합니다.

　붉은색에서 느껴지는 무언가 불길하고 두려운 기운은 비단 이름에서만 나타나는 것이 아닙니다. 실제로 화성은 붉은색이 가득합니다. 물 하나 없는 사막 느낌이라고 할까요?

화성를 가로지르는 마리너 계곡. (출처: NASA)

화성은 지구에서 가까운 덕에 착륙선을 가장 많이 보낸 행성
이라 사진과 영상이 꽤 많습니다. 거리로 치면 금성이 제일 가깝
지만 대기가 두꺼워 위에서 표면을 볼 수도 없고, 내려보낸 착륙
선은 지글지글 끓을 만큼 뜨거운 온도 탓에 고장 나기 일쑤라 사

진이 거의 없습니다. 대신 화성은 지구보다 태양에서 멀고, 태양열을 품어줄 대기의 밀도가 지구의 100분의 1밖에 되지 않아 춥습니다. 숫자로 따지면 영상 20도와 영하 150도 정도를 오르락내리락하지만, 기계가 고장 날 정도는 아닙니다.

그래서인지 화성인, 화성 침공 등 외계인에 관한 이야기에 자주 등장합니다. 허버트 조지 웰스Herbert George Wells가 1898년에 발표한 소설 《우주전쟁》에서는 화성에서 온 외계인이 지구를 침공합니다. 화성인들은 트라이포드라는 거대한 삼발이 기계를 앞세워 순식간에 지구를 쑥대밭으로 만들고, 지구인을 비료로 삼아 지구를 자신들이 살 수 있는 환경으로 바꾸려고 하죠. 이 화성인 콘셉트는 몇십 년 후 〈화성 침공〉과 같은 영화에서도 그대로 이어집니다. 문어 머리 외모도 그대로입니다. 인터넷에 찾아보면 문어 머리에 커다랗고 까만 눈을 가진 화성인이 "YANKEE GO HOME!"이라고 쓴 현수막을 들고 착륙선 앞에서 시위하는 합성 사진도 볼 수 있습니다. 정말 화성인이 있다면 왠지 억울할 것 같습니다.

외계인이 살고 있는지는 모르겠지만, 실제 화성에는 로버Rover라고 불리는 바퀴 달린 착륙선이 이리저리 다니며 탐험 중입니다. 이 로버는 전력이 매우 제한적이고, 혹시라도 빨리 달리다 돌부리에 걸려 넘어지는 일이 없도록 매우 천천히 이동하며 화성 곳곳을 탐사해 우리에게 사진과 영상을 보내주고 있습니다. 하루에 100미터도 안 될 거리지만 이 자료들을 통해 우리는 화성에 물이 흐른 흔적이 있고, 가끔 지진과 모래 폭풍도 일어난다는 사실을 알게 됐습니다.

현재 화성을 활보하고 있는 로버는 큐리오시티Curiosity와 퍼서비어런스Perseverance 두 대입니다. 이 친구들의 이야기를 꺼내기 전에 먼저 생을 마감한 쌍둥이 로버 스피릿Spirit과 오퍼튜니티Opportunity 얘기를 해볼까 합니다. 두 로버는 2003년 한 달 간격으로 지구를 떠나 대략 6개월 후 각각 화성에 도착합니다. 눈처럼 생긴 동그란 카메라와 날개처럼 생긴 태양열 전지판을 달고 화성을 누비기 시작한 두 로버는 예상 임무 기간이었던 6개월을 훌쩍 넘겨 2009년과 2019년까지 활동했습니다. 먼저 떠난 스피릿의 경우 모래 구덩이에 빠져 몇 달간 구출을 시도했지만 실패해 많은 사람의 안타까움을 자아냈습니다. 오퍼튜니티는 2015년, 총 이동 거리로 마라톤 종주 기록인 42.195킬로미터를 달성하기도 했습니다. 두 로버의 이름은 소피 콜리스Sofi Collis라는 아이가 지었습니다. 보육원에서 자란 소피가 밤하늘에 밝게 빛나는 별들을 보며 영혼Spirit과 기회Opportunity를 생각했던 마음을 담았다니, 이 마음이 전해져 장수했던 게 아닐까요?

이들에 이어 2012년과 2021년에 각각 화성에 도착한 큐리오시티와 퍼서비어런스 로버는 거의 10년 차이로 만들었지만 생김새와 크기는 비슷합니다. 전작 스피릿과 오퍼튜니티 크기가 초등학교 아이 정도였던 것과 달리 이 친구들은 트럭만 하게 커져 태양열 대신 플루토늄을 사용한 핵 발전을 합니다.

　무엇보다 퍼서비어런스는 특별한 친구를 하나 데리고 갔습니다. 인저뉴어티Ingenuity라고 부르는 헬리콥터입니다. 앞서 말했듯이 로버는 천천히 움직입니다. 이런 속도로 어느 세월에 화성 곳곳을 누빌까요. 화성에 헬리콥터나 드론을 띄운다면 훨씬 빠르고 많은 곳을 둘러볼 수 있겠지요. 하지만 화성에서 헬리콥터를 띄우는 건 쉽지 않은 일입니다. 비행기나 헬리콥터는 공기의 흐름에 의한 양력을 이용해 공중으로 뜨기 때문에 대기 밀도가 매우 낮은 화성에서는 도전적인 일이죠. 그런데 이 어려운 일을 인저뉴어티가 해냈습니다. 대기 밀도가 작은 대신 프로펠러의 회전 속도를 엄청나게 높여 결국 비행에 성공했습니다. 아직 드론 수준의 작은 헬리콥터라 할 수 있는 일이 많지 않지만, 다음 헬리콥터는 아마 우리에게 화성의 또 다른 풍광을 보여줄지 모릅니다. _W

**우주를 더 가까이!**

화성에 탐사선을 착륙시키는 건 쉽지 않습니다. 화성 대기에 진입 후 단 몇 분 안에 스스로 착륙 지점을 찾고 지상에 내려야 하기 때문이지요. '공포의 7분'이라고 불릴 만큼 긴박했던 퍼서비어런스의 착륙 모습을 영상으로 확인해볼까요?

애니메이션　실제 착륙 모습

# 플라이 미 투 더 문

**#아폴로**
**#아르테미스**
**#MoontoMars**

✦ 우리는 달에 가기로 했습니다! We choose to go to the moon!

1962년 미국의 존 F. 케네디John F. Kennedy 대통령은 라이스 대학 연설에서 1960년대가 끝나기 전에 달에 가겠다고, 그것도 사람을 보내겠다고 선포합니다. "쉬워서가 아니라, 어렵기 때문Not because they are easy, but because they are hard"이라며 과학자가 듣기엔 너무나 멋진 말도 덧붙이면서 말이죠. 케네디 대통령은 왜 갑자기 사람을, 그것도 10년도 채 안 되는 기간 안에 달에 보내겠다고 했을까요?

1957년 10월, 전 세계는 경탄과 충격에 빠집니다. 구소련에서 최초의 인공 우주 물체 스푸트니크Sputnik를 우주로 쏘아 올렸기 때문이죠. 제2차 세계 대전이 끝나고 구소련과 함께 우주 개발 경쟁을 펼치던 미국은 "스푸트니크 쇼크"라고 부를 만큼 엄청난 충격을 받았고, 인공 우주 물체 대신 사람을 우주로 보내겠다는 계획에 박차를 가합니다. 그러나 세계 최초의 우주인 타이틀 역시 1961년 4월 구소련의 유리 가가린Yurii Alekseevich Gagarin이 차지하고 맙니다.

이 사건이 바로 여러분이 한 번은 들어봤을 아폴로Apollo 프로그램을 시작한 계기이자 케네디 대통령이 연설한 이유입니다. 사람을 달에 보내는 것만이 뒤처지는 우주 개발 경쟁에서 승기를 잡을 수 있는 유일한 방법이라고 생각한 것입니다.

그리하여 우주인 탑승용 캡슐 화재라는 가슴 아픈 기억을 남긴 아폴로 1호를 시작으로 지구 궤도선, 달 궤도선을 거쳐 그 유명한 아폴로 11호에 이르러서야 인류는 드디어 달을 밟게 됩니다.

'고요의 바다'에 착륙한 닐 암스트롱Neil Armstrong은 "사람에겐 작은 걸음이지만 인류에겐 큰 도약One small step for man, one giant leap for mankind"이라는 유명한 말을 남겼죠. 픽사 애니메이션 〈토이 스토리〉의 주인공 '버즈'는 닐 암스트롱과 함께 달 표면에 내린 버즈 올드린Buzz Aldrin의 이름에서 따왔습니다. 착륙선을 내려주고 사령선에 홀로 남아 20시간 이상 동료를 기다렸던 마이클 콜린스는 세상에서 가장 고독한 장면이라 불리는 사진을 찍기도 했습니다.

세상에서 가장 고독한 사진. 사진에는 마이클 콜린스를 제외한 모든 지구인이 담겨 있다.
(출처: NASA)

아폴로 11호 성공 이후 미국 NASA에서는 사람을 계속 달에 보냈습니다. 아폴로 15호부터는 달 표면을 주행할 수 있는 월면차도 보냈지요. 이렇게 달에 기지라도 건설하는 건가 했는데, 아폴로 17호를 마지막으로 달 유인 탐사는 막을 내립니다. 아폴로 11호의 달 착륙으로 구소련과의 우주 경쟁이 미국의 승리로 끝나기도 했고, 그동안 달에 사람을 보내기 위해 현재 가치로 수백조에 달하는 막대한 예산을 사용했기 때문입니다.

이후 한동안 달에는 사람이 아닌 인공위성만 보냅니다. 일본은 전설 속 달의 공주 가구야かぐや 이름을 딴 탐사선을 보내 고화질 달 표면 영상을 찍었고, 중국은 창어嫦娥 프로그램을 통해 최초로 달 뒷면에 착륙합니다. 물론 사람 대신 옥토끼란 뜻의 위투玉兔라고 하는 작은 착륙선을 보냈습니다. 그리고 달에 착륙한 지 50년이 지난 지금, 미국은 사람을 달에 보내는 프로젝트를 다시 시작했습니다. 이름하여 아르테미스Artemis. 그리스 신화 속 태양신 아폴로의 누이이자 달의 여신 이름이죠.

이름에서 알아차린 분도 있겠지만, 아르테미스 프로그램에서는 최초로 '여성' 우주인을 달에 보낼 예정입니다. 그리고 착륙선을 보낼 뿐 아니라 달 주위를 도는 달 정거장을 건설하고 우주인이 머무르며 임무를 수행할 달 기지Artemis Base Camp도 만들 것입니다.

루나 게이트웨이Lunar Gateway라고 부르는 달 정거장은 달 주위를 돌며 달 기지와 통신하고, 우주인이 상주하며 실험할 수 있는 공간을 제공합니다. 달 착륙선은 이 정거장에서 사람을 태워 달 표면으로 보냅니다. 무엇보다 이제 달은 그 자체가 목적이 아닌 화성에 가기 위한 전진기지 역할을 할 것입니다.

하지만 이 모든 것을 아폴로 프로그램처럼 한 국가에서 다 할 수 없습니다. 아르테미스 프로그램은 우리나라를 비롯한 유럽, 캐나다, 일본 등 10개 이상의 나라가 참여하고 있으며, 스페이스엑스SpaceX와 같은 최첨단 우주 기업들이 함께 만들어갈 것입니다.

진정한 뉴 스페이스New Space의 시작입니다. _W

**우주를
더 가까이!**

저 멀리 지구를 바라보며 달 표면을 거니는 자신을 상상해본 적 있나요? 달의 중력은 지구의 6분의 1밖에 되지 않아 걷거나 뛰는 게 매우 어색할 것 같은데요, 아폴로 프로그램을 통해 실제로 달에 간 우주인들의 모습을 확인해봅시다.

# 리턴 투 스페이스

#우주왕복선
#뉴스페이스

컬럼비아Columbia, 챌린저Challenger, 디스커버리Discovery, 아틀란티스Atlantis, 그리고 인데버Endeavour. 이 이름들이 왠지 익숙하신 분은 저와 비슷한 시대에 우주 개발 현장을 직접 보신 분들일 겁니다. 이 이름의 정체는 무엇일까요? 정답은 미국 NASA에서 만든 우주 왕복선들입니다.

아폴로호의 달 착륙 이후 인간은 다시 지구 주위로 눈을 돌립니다. 우주 정거장을 건설해 사람이 거주할 수 있는 공간을 만들고, 그 안에서 여러 가지 실험을 하고자 했습니다. 구소련에서 먼저 미르Mir를 만들었고, 미르의 수명이 다하자 미국과 러시아가 협력해 지금의 국제 우주 정거장International Space Station; ISS을 만들었습니다.

그러나 미식 축구장 크기의 우주 정거장을 한꺼번에 우주에 떠우는 건 불가능하기 때문에 모듈별로 나눠 발사한 후 우주에서 조립했습니다. 이를 담당한 것이 바로 우주 왕복선입니다. 특히 NASA에서 만든 우주 왕복선은 우주 개발의 아이콘이라 부를 만큼 우리에게 익숙한 모습입니다. 비행기를 닮은 모습에, 아래쪽에 커다란 주황색 연료 탱크와 고체 부스터가 달려 있죠. 40년이 지난 지금도 이 우주 왕복선 발사 시스템이 사람들의 뇌리에 남아 있는지, 2021년 말에 공개한 넷플릭스Netflix 드라마 〈고요의 바다〉에 나온 달 착륙선의 모습에서도 볼 수 있습니다. 이 멋진 우주 왕복선은 지구로 귀환할 때 아폴로 프로그램에서 사용한 캡슐처럼 바다에 떨어뜨린 후 건져내는 것이 아니라, 비행기처럼 바퀴를 내리고 활주로를 달린 후 서서히 정지합니다.

우주 왕복선은 HST를 수리하는 작업에도 투입되었습니다. 특히 HST는 일반 인공위성과는 달리 궤도에 오른 후에도 우주에서 정비할 수 있도록 설계했는데, 운영 초기에 발견한 제작 결함을 우주인이 직접 장비를 설치해 바로잡기도 했습니다. 바로 이 장비와 우주인을 실어 나른 것이 우주 왕복선입니다.

이렇게 30년간 우주 정거장 건설과 우주인을 실어 나르기에 여념이 없었던 우주 왕복선이지만 여러 사건을 계기로 무대에서 사라질 위기에 처합니다. 1986년 전 세계를 충격에 빠뜨렸던 챌

국제 우주 정거장에 도킹 중인 크루 드래건. (출처: NASA/Space X)

린저호 폭발 사건, 그리고 2003년 지구 귀환 도중에 사고를 당한 컬럼비아호 사건을 기억하는 분들이 있을 겁니다. 사람을 태운 우주선에 문제가 생기는 것은 그때도, 지금도 절대 일어나서는 안 되는 일입니다. 그런데도 결국 문제가 생긴 것이죠.

사고의 원인은 결국 인재였습니다. 막대한 발사와 유지 비용, 그리고 보고 시스템의 문제로 유지 보수가 제대로 이루어지지 않았습니다.

결국 2011년 아틀란티스호의 비행을 마지막으로 NASA의 우주 왕복선 프로그램은 막을 내리게 됩니다. 수십 년간 우주의 신비를 알려준 HST도 더는 고칠 수 없게 되었죠. NASA의 우주인들도 국제 우주 정거장에 가기 위해 러시아의 소유즈Soyuz 우주선을 이용해야만 했습니다.

그러다 2020년 NASA는 민간 기업 스페이스엑스와 손을 잡고 새로운 우주 왕복선 프로그램을 시작합니다. 스페이스엑스는 재사용 가능한 로켓인 팰컨Falcon 9 개발에 성공했고 이를 바탕으로 발사 비용을 획기적으로 줄였습니다(Day 39. 참고). 이와 더불어 우주인과 화물을 실을 수 있는 캡슐인 드래건Dragon을 만들어 팰컨 9에 실은 후 국제 우주 정거장으로 보내기로 했습니다.

우주인 수송용 캡슐인 크루 드래건Crew Dragon은 예전 우주 왕복선에서는 볼 수 없었던 최신 터치스크린 시스템을 사용하고 있으며, 전체적으로 간결한 모습입니다.

한 가지 아쉬운 점은 바퀴가 없어 지구로 돌아올 때 비행기처럼 활주로에 착륙하는 게 아니라 바다에 떨어뜨린 후 건져내야 한다는 것이죠. 하지만 이 프로그램으로 NASA는 우주 왕복선 운영 비용을 줄이면서 효율적으로 국제 우주 정거장을 운영하고 있습니다.

스페이스엑스도 이 크루 드래건을 민간 우주여행용 우주선으로도 사용 중이니 적자 걱정은 하지 않아도 될 것 같습니다.

막대한 운영 비용으로 역사 속으로 사라진 우주 왕복선이 뉴 스페이스 시대를 맞아 새로운 모습으로 재탄생했습니다. _W

우주를
더 가까이!

2011년 우주 왕복선 아틀란티스의 마지막 비행을 끝으로 우주 왕복선 프로그램은 종료되었습니다. 그리고 약 10년 후 새로운 우주 왕복선 프로그램을 시작합니다. 이전과는 많이 달라진 새로운 우주 왕복선 크루 드래건의 사람을 태운 첫 번째 비행 모습을 여기서 보실 수 있습니다.

Day 38

# 우주에 띄운
# 거대한 인공 물체

#국제우주정거장
#우주인

지금까지 우주로 쏘아 올린 인공 물체 중 가장 큰 것은 무엇일까요? 로켓일까요? 인간을 달에 보낸 아폴로 우주선일까요? 그도 아니면 앞에서 얘기한 우주 왕복선일까요?

정답은 국제 우주 정거장입니다. 면적으로 치면 미식 축구장과 비슷한 크기에 질량이 500톤 가까이 되는 이 거대한 우주선은 약 400킬로미터 상공에서 지구를 1시간 반에 한 바퀴씩 돌고 있습니다. 국제 우주 정거장은 그 크기 덕에 유난히 밝으며, 100배 이상 확대해 찍을 수 있는 카메라만 있다면 인터넷에서만 접할 수 있었던 정거장의 모습을 눈으로 직접 확인할 수 있습니다.

국제 우주 정거장은 말 그대로 우주에 떠 있는 정거장입니다.

국제 우주 정거장
건설 초기(위)와
완성된 모습(아래).
(출처: NASA)

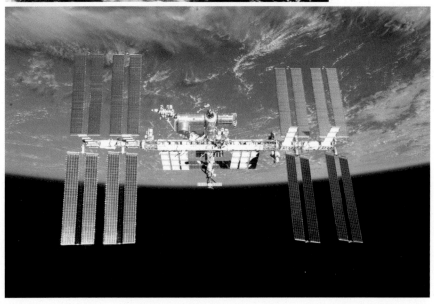

애니메이션 〈은하철도 999〉에 나오는 "기차가 머물다 가는 곳"은 아니지만 사람, 즉 훈련받은 우주인이 상주하는 공간입니다. 무중력과 비슷한 상태에서 수개월간 생활하며 각종 임무, 예를 들어 우주로 나가 정거장을 수리하거나 다양한 연구를 위한 실험을 합니다. 지구와는 다른 우주 환경에서 물질을 합성하거나 생명체의 변화를 관찰하는 실험들이죠. 상추와 같은 잎채소와 무도 길러냈습니다.

우주에 나가 정거장을 수리하는 일을 '스페이스 워크Space walk'라고 부릅니다. 보통 한 번 나가면 6시간 이상 작업하는데, 우주를 유영하는 즐거움도 있겠지만 무슨 일이 일어날지 모르는 우주 공간에 무방비로 (우주복을 입었지만) 노출되는 두려움을 이기기 위해서는 고도의 집중력이 필요합니다. 영화 〈그래비티〉처럼 우주 쓰레기가 갑자기 덮쳐오거나 태양 폭발로 우주 방사선이 쏟아진다면 우주인에게 위험천만한 순간이 닥치기 때문이죠.

사람이 사는 곳이다 보니 우주 정거장에는 각자 생활하는 방과 화장실이 있습니다. 여기서 잠깐, 화장실은 어떻게 사용하는 걸까요? 지구야 중력이 있으니 배설물이 자연스럽게 아래로 떨어져 물에 휩쓸려 가겠지만, 이곳은 중력의 힘이 거의 작용하지 않는 공간입니다. 자칫하다간 배설물이 눈앞에서 둥둥 떠다니는 모습을 보게 될지도 모릅니다. 실제로 달 주위를 돌고 귀환하던 아폴로 10호에서 출처를 모르는 배설물이 떠다녀 승무원들을 당황하게 했고, 범인은 여전히 오리무중이라고 합니다. 그래서 국제 우주 정거장에 설치한 화장실 변기는 진공청소기처럼 배설물을 빨아들인 후 밀봉 보관합니다. 무턱대고 우주로 배출했다간 총알보다 10배 이상 빠른 속도로 움직여 다른 인공위성을 다치게 할 수 있기 때문이죠. 소변은 정화를 거쳐 식수로 사용하기도 하는데요, 별로 맛보고 싶지는 않군요.

그렇다면 이 거대한 정거장은 어떻게 띄웠을까요? 설마 한 번에 띄웠을 거라 생각하는 분은 없을 것입니다. 결론부터 말하면, 이 정거장은 모듈의 집합체입니다. 우주인이 생활하는 모듈, 정거장의 궤도를 유지하는 추진 모듈, 전력을 생산하는 엄청난 크기의 태양 전지판 등이 있으며, 각 모듈을 십수 년에 걸쳐 우주 왕복선으로 수송해 우주 공간에서 조립했습니다.

이를 위해 우주 개발 경쟁 상대였던 러시아와 미국이 손을 잡았고, 여기에 유럽과 캐나다, 일본 등 여러 나라가 참여해 국제 우주 정거장을 건설했습니다. 이름에서 볼 수 있듯이 우주 개발을 위해 국제적으로 협력하는 시대가 열린 것이죠. 사실 국제 우주 정거장 이전에 구소련에서 만든 미르 우주 정거장이 있었습니다. 미-소 우주 개발 경쟁의 산물이었지만, 구소련 해체 후 막대한 유지 비용을 충당하기 위해 러시아와 미국이 함께 운영했습니다. 생각해보니 미르야말로 냉전을 종식하고 국제 협력을 시작하게 한 숨은 공로자네요. 실제로 미르는 러시아어로 '평화'라는 뜻도 가지고 있습니다.

1998년에 태어나 20년 이상 우주 기술의 발전을 안겨주고 아름다운 지구의 모습을 보여준 국제 우주 정거장은 2030년 임무를 마치고 지구로 다시 돌아올 예정입니다. 물론 이 거대한 우주 건축물이 아무런 장치 없이 지구로 추락한다면 큰일이겠지만, 안심하세요. 지구로 진입할 때 경로를 조정해 남태평양 한가운데 있는 '포인트 니모Point Nemo(Day 50. 참고)'에 수장할 것입니다. 우주 정거장 선배인 미르가 잠들어 있는 그곳에 말이죠. _W

**우주를 더 가까이!**

국제 우주 정거장에서 생활하는 우주인의 모습이 궁금하다면 영상으로 확인하세요. 먹고 자고 씻고, 내보내는 일이 만만치 않답니다.

# 로켓도
# 재활용이 되나요?

#팰컨9
#재활용로켓
#스타십

2015년 12월 21일 미국 플로리다에 있는 케이프 커내버럴Cape Canaveral 우주 발사장. 수백 명이 까만 밤하늘을 올려다보며 무언가를 간절히 기다리고 있습니다. 잠시 후 나타난 불꽃은 점점 내려오며 커지더니 보이지 않던 그 무언가가 서서히 모습을 드러냅니다. 불꽃을 내뿜는 엔진을 가진 길쭉한 물체. 이 물체는 엔진 옆에 달린 날개를 펼친 후 마침내 지상에 내려앉습니다.

영화 속에서나 보던 외계인의 우주선일까요? 아닙니다. 이건 팰컨 9 로켓의 1단 부스터로 인공위성을 우주로 올려보낸 후 다시 제자리로 돌아와 착륙에 성공한 모습입니다.

영화 '스타워즈' 시리즈에 나오는 한 솔로와 츄바카의 우주선

팰컨 9의 1단 부스터 착륙 모습. (출처: Space X)

밀레니엄 팰컨Millennium Falcon에서 이름을 따온 팰컨 9은 스페이스
엑스가 세계 최초로 개발한 재사용이 가능한 로켓입니다. 발사체
라고도 부르는 로켓은 지상에서 만든 인공위성을 우주로 보내는
역할을 합니다. 인공위성이 우주에 올라가 지구로 다시 떨어지지
않으려면 초속 8킬로미터에 가까운 속도로 움직여야 하는데, 이
속도를 만들어주는 것이 바로 로켓의 역할입니다. 2021년 10월
우리를 들뜨게 했던 누리호 1차 발사가 아쉬웠던 이유가 바로 이

속도 때문이었습니다. 목표했던 700킬로미터 상공에는 도달했지만, 속도가 이에 미치지 못해 누리호에 승차한 인공위성이 궤도 진입에 실패했죠.

인공위성을 제작하는 비용은 크기와 임무 등에 따라 수백억에서 수천억 원을 오가는데, 이 중 가장 큰 부분을 차지하는 것이 바로 발사 비용입니다. 로켓은 연료와 산화제로 이루어진 단Stage으로 구성되어 있습니다. 맨 아래 가장 큰 엔진이 달린 부분을 1단 또는 1단 부스터라고 하며, 연소가 끝나면 분리해 떨어뜨리고 다음 단인 2단 연소를 시작합니다. 무게를 줄이면 적은 연료로 더 큰 힘을 얻을 수 있기 때문이죠. 팰컨 9과 누리호를 비롯한 대부분의 로켓(발사체)이 3단으로 이루어졌습니다.

문제는 이렇게 분리한 로켓의 잔해들은 그동안 바다에 떨어지거나 우주에 남아 회수하기가 어려웠다는 점입니다. 그러다 보니 인공위성을 올릴 때마다 새로운 로켓을 만들어야 하므로 시간도 돈도 많이 들어 발사 비용만 보통 천억 원이 넘었습니다. 이 때문에 스페이스엑스는 로켓을 회수해서 재사용할 수 있게 만들어 우주 개발 비용을 줄이고자 했습니다.

팰컨 1호로 시작해 발사체 제작 사업에 뛰어든 스페이스엑스는 우주 정거장에 사람과 화물을 실어 보내는 민간 우주 왕복선 사업자에 선정되며 막대한 비용을 로켓 개발에 투입할 수 있었고, 결국 재활용 로켓 개발에 성공합니다. 정확히는 제작 비용이 가장 비싼 1단을 원하는 위치로 되돌아오게 하는 기술 개발에 성공한 것이죠.

사실 우주로 나간 로켓을 다시 지구로 돌아오게 하는 것은 정말 어려운 일입니다. 정확한 위치로 이동하는 기술은 물론이고 우주로 나갔다가 지구 대기에 다시 진입할 때 겪는 어마어마한 열을 견디기 위한 열 차폐 기술, 떨어지는 속도를 줄이고 원하는 위치로 보내기 위한 재점화와 추력 제어 기술, 착륙할 때 균형을 잃지 않고 수직으로 세우는 기술 등 수많은 첨단 기술이 필요합니다.

2015년 1단 회수 성공 이후 팰컨 9은 이제 가장 선호하는 발사체가 되어 한 번에 최대 수십 대의 위성을 우주로 실어 나르고 있습니다. 발사 비용도 상당히 줄고 (여전히 비싸지만) 더 자주 위성을 우주로 보낼 수 있게 되었습니다.

스페이스엑스는 이 재활용 로켓 기술을 바탕으로 화성에 사람을 보내기 위한 스타십Starship을 만드는 중입니다. 스타십은 일반 로켓과는 좀 다릅니다. 일반 로켓이 인공위성이나 우주선을 우주로 보내는 역할만을 담당했다면 스타십은 그 자체가 우주선으로 발사, 우주 공간 이동, 그리고 착륙까지 한꺼번에 가능한 일체형 우주 수송선이라고나 할까요? 미국 텍사스에 있는 스타베이스Starbase에서 시험 중입니다.

이 스타십은 화성에 보낼 수송선으로 사용하기에 앞서, 인간이 다시 달에 가게 될 아르테미스 프로그램에서 착륙선으로 사용한다고 하니 이 거대한 우주선이 우주 공간을 비행하는 모습을 눈으로 직접 확인할 날이 얼마 남지 않은 것 같습니다. _W

> **우주를
> 더 가까이!**
>
> 미래 우주 수송선으로 자리매김할 스타십의 거대한 위용을 영상으로 미리 확인해보세요.

# 우주를 향한 대항해

#달탐사
#달에가려는이유

반세기 동안 주춤했던 달 탐사 경쟁이 재개된 이유는 무엇일까요? 로켓을 재사용할 수 있는 혁신적인 기술이 개발되어 달 탐사의 경제적 비용이 과거에 비해 대폭 감소했기 때문입니다. 기존 로켓 발사 비용의 대부분을 차지했던 발사체를 회수해 여러 차례 재사용할 수 있게 된 것이지요(Day 39. 참고).

그러나 비록 로켓 발사 비용이 과거에 비해 많이 줄었다 하더라도 달 탐사에는 여전히 막대한 비용이 듭니다. 그럼에도 각국의 민간 우주 기업들이 달에 가려는 이유는 무엇일까요? 달 표면에는 핵융합 및 핵분열의 연료와 첨단 산업에 꼭 필요한 희토류 등 채산성 있는 자원이 상당량 포함되어 있기 때문입니다. 달에서 이 자원들을 지구로 가져오는 데 필요한 비용은 현재 거래되고 있는 가격의 40분의 1 수준입니다. 큰 비용을 부담해야 하지만, 상업적으로 수지가 맞는 것이지요.

그뿐만이 아닙니다. 달에서 로켓의 연료를 확보하면, 지구에서 연료를 로켓에 가득 실어 보낼 필요가 없습니다. 현재 지구에서 쏘아 올리는 로켓의 90퍼센트가 연료라는 점과 무거운 로켓을 쏘아 올릴수록 더 많은 연료가 소모된다는 점을 생각해 본다면, 로켓이 가벼워질 수 있다는 것은 곧 발사 비용을 절감할 수 있다는 뜻입니다. 달은 더 먼 우주 탐사를 위한 첫 관문이자 전초기지, 연료 충전소가 되는 것이지요.

21세기의 우주 탐사는 15세기에 시작된 유럽의 대항해와 신대륙 발견에 비견될 수 있습니다. 당시 유럽에서 대항해가 시작되었던 주된 이유는 아시아와의 새로운 무역로가 필요했기 때문이지요. 아시아로부터 향신료, 비단, 약재 등을 좀 더 경제적으로 들여오고자 했던 포르투갈은 천체 항해술, 범선 제조술 같은 과학 기술의 발전에 힘입어 아프리카를 돌아 인도에 이르는 새로운 해상로를 개척합니다.

특히 해류와 바람이 역행인 경우 먼 바다로 돌아 항해하는 '바다의 귀환Volta do Mar'이라는 항해 기술이 결정적인 역할을 합니다. 이 항해 기술은 "현대인의 달 착륙과 다를 바 없는 위대한 도전이자 모험이었고, 대항해 시대를 여는 결정적인 계기"였던 것이지요.(신상목,《학교에서 가르쳐주지 않는 세계사》, 뿌리와이파리, 2019.)
이 항해 기법을 이용해 또 다른 아시아 항로를 개척하기 위해 서쪽으로 항해하던 스페인은 아메리카라는 신대륙을 발견합니다.

유럽의 대항해, 그리고 아메리카 대륙의 발견은 과학 혁명의 기초가 됩니다. 대항해를 떠나는 탐험대에 과학자들이 함께함으로써 다양한 과학적 발견이 이루어졌지요. 이는 식민지 건설과 강력한 제국이 성장하는 데 매우 중요한 원동력이 됩니다. 20세기 초까지 이어진 대항해와 식민지 쟁탈전은 후발 주자였던 네덜란드, 영국과 더불어 대항해에 나섰던 모든 국가에 엄청난 자원과 영토, 부를 제공해주었지요.

21세기의 신대륙은 달과 화성입니다. 달 탐사에 후발 주자로 뛰어든 우리나라도 2022년 8월에 달 궤도 탐사선 다누리를 성공적으로 발사함으로써 우주 탐사를 향한 첫 관문에 이제 막 들어섰습니다. 앞으로의 우주 개발 산업, 뉴 스페이스는 누가 먼저 정복하느냐보다는 누가 더 많은 효용 가치를 만들어내느냐에 달려 있겠지요. 그 때문에 달 탐사를 향한 민간 우주 기업의 귀추가 주목되고 있습니다.

민간인 최초로 우주 정거장 여행을 다녀온 어느 억만장자가 얼마 전 달 여행 티켓을 구매했다고 합니다. 달에 채산성 있는 자원이 많다지만, 우리가 달 탐사로 제일 기대하는 것은 뭐니 뭐니 해도 '달 여행'이 아닐까요? 해외여행 가듯 달에 가는 날이 우리

생에 어서 오길 기대하며, 저는 얼마 전 '달 여행용' 계좌를 하나 만들었습니다. 머지않은 그날을 대비해, 만만치 않을 가격을 대비해 지금부터 틈틈이 모아보려고요. _s

## 우주를 더 가까이!

2022년 12월, 다누리가 달 궤도 진입에 성공함으로써 우리나라는 세계 일곱 번째의 달 탐사국이 되었습니다. 다누리는 1년간 달 궤도를 돌며 달 관측 데이터를 지구로 전송하고, 이 데이터를 바탕으로 완성될 '달의 지형 및 자원 지도'는 달 기지 건설 장소 선정에 핵심적인 역할을 하게 될 것입니다. '우주를 향한 대항해'의 포문을 여는 다누리의 자세한 정보를 다누리 공식 사이트에서 확인해보세요.

# 우주로 가는 내비게이션

#달항법
#MoonLight
#우주여행

✦ Fly me to the Moon

And let me play among the stars

한 번쯤 들어봤을, 많이 알려진 노래 가사입니다. 어떤 사람은 영화 〈스페이스 카우보이〉 주제가로, 어떤 사람은 애니메이션 〈에반게리온〉 엔딩 곡으로, 또 누군가는 화제의 드라마 〈오징어 게임〉 속 배경음악으로 기억할 것 같습니다. 유명한 노래이기도 하지만 제목 때문인지 NASA 창설 50주년 기념 콘서트나, 달 착륙선의 영웅 닐 암스트롱Neil Armstrong의 영결식에서 연주되기도 했습니다.

달에 가고 싶고 별들 사이를 거닐고 싶다는 이룰 수 없는 꿈을 소망하는 듯했던 가사가 우주여행에 관한 기사가 쏟아지는 요즘엔 좀 다르게 다가오기도 합니다.

저는 종종 이런 상상의 나래를 펼쳐봅니다. 연인이 "달에 가고 싶어"라고 합니다. 나는 바로 집 앞에 주차된 우주선을 타고 내비게이션의 목적지를 달 정거장으로 선택합니다. 내비게이션은 잠시 계산하더니 최적 궤도와 도착 예정 시간을 알려줍니다. 남은 일은 출발 버튼 터치!

너무 나갔나요. 몇 년 전에는 영화에서나 가능한 현실성 없는 이야기였을지 모릅니다. 그런데 지금은 여러분의 나이에 따라 살짝 설레는 분도 있을 듯합니다. 지난 2021년 유럽우주국에서 문라이트MoonLight라는 달 항법 프로젝트를 시작했으니까요. 이 프로젝트는 달에서도 우리가 일상에서 사용하는 내비게이션과 인터넷을 쓸 수 있도록 하는 것이 목표입니다.

우리가 달에서도 지구의 GPS Global Positioning System 같은 서비스를 받으려면 얼마나 많은 위성이 필요할까요. 뒤에서 더 자세히 소개하겠지만, GPS는 최소 4개 이상의 위성 신호를 받아서 지구 어디에서나 내 위치를 알려주는 시스템입니다. 그래서 GPS는 지구 어디에서나 4개 이상의 위성이 보이도록 30개 정도를 운영 중입니다(Day 48. 참고). 하지만 관련 연구에 따르면 달의 경우 3~4개 정도만 있으면 수미터 이내의 정확도로 GPS를 서비스할 수 있다고 합니다.

어떻게 3~4개의 위성만으로 달 전체에 내비게이션 서비스를 제공할 수 있을까요. 그 비밀은 GPS 위성입니다. GPS 위성은 지구 표면에 있는 사용자가 신호를 받을 수 있도록 2만 킬로미터 상공에서 지구로 신호를 발사합니다. 우리가 어두운 극장에서 휴대폰 화면을 켜면 저 멀리서도 그 불빛이 보이듯이, 지구를 향한 GPS의 불빛은 비록 약하지만 지구를 넘어 달까지 도착합니다. 이 미세한 신호를 이용하면 달에 가는 길에도, 달에 도착해서도 내비게이션을 사용할 수 있습니다.

'탐사'는 미지의 영역에 가는 것을 의미합니다. 그래서 우선 지도를 준비하고 먹을 것과 입을 것 등 모든 것을 준비해야 합니다. 하지만 여행이라면 좀 다르죠. 요즘은 인터넷과 내비게이션이 되는 스마트폰만 있으면 됩니다. 문라이트 프로젝트가 '우주 탐사'를 '우주여행'으로 만들어줄 출발점인 셈입니다. 물론 바로 여행을 가는 수준이 되려면 시간이 좀 더 필요하겠죠. 우선은 달까지 가는 길과, 달에 도착해서 달 주변을 도는 궤도나 달 표면에서 활동하는 로버 같은 장비에 자신의 위치 정보를 제공하는 역할을 수행할 것입니다.

향후 10년 이내에 달에 가려고 계획한 우주선이 대략 100여 개나 된다니 꽤 수요가 많은 편입니다. 현재 달 탐사선의 궤도와 위치를 결정하기 위해서는 지상 안테나와 통신이 필요합니다. 하

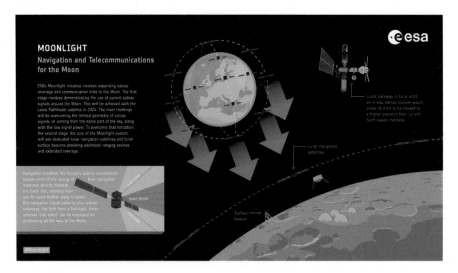

유럽우주국의 달 항법 문라이트 프로젝트. (출처: ESA)

나로는 안 되고 지구 곳곳에 거대한 안테나를 설치해야 합니다.
또 이런 통신을 위해 달 탐사선은 수십 킬로그램의 특수 장비를
싣고 가야 하므로 비용이 만만치 않습니다. 그렇게 해도 우주선의
위치 정확도는 수백 미터에서 수킬로미터 수준밖에 안 됩니다.

하지만 달 항법 시스템이 완성되면 달 탐사선 비용은 획기적
으로 줄어들 수 있습니다. 우선 지구 곳곳에 거대한 안테나를 세
울 필요가 없습니다. 그리고 통신 장비가 필요 없어 탐사선의 크
기를 줄이거나 다른 장비를 더 실을 수 있겠죠. 여러분이 사업가
라면 어떠세요. 꽤 매력적인 사업이 될 것 같지 않은가요. 실제로
이 프로젝트에는 많은 민간 업체가 관심을 가지고 참여하고 있
습니다.

유럽우주국은 2024년에 발사할 루나 패스파인더Lunar Pathfinder에 항법 신호 수신기를 장착, 지구의 항법 신호를 이용해 달에서의 항법 서비스를 제공하는 테스트를 계획하고 있습니다. 이 루나 패스파인더는 지구와의 데이터 통신을 위한 중계기 역할도 할 계획이므로 스카이프Skype나 줌Zoom을 통한 화상 회의도 할 수 있습니다. 시간 지연은 좀 있겠지만요.

"나를 달에 보내주세요, 그래서 저 별들 사이를 여행하게 해주세요"라는 이 낭만적인 노랫말이 후대엔 "놀이공원 보내주세요, 디즈니 월드도 보내주세요, 신나게 놀고 싶어요"라는 아이의 투정으로 들릴 수도 있습니다. _R

**우주를 더 가까이!**

GPS 같은 내비게이션이 어디까지 확장될지 상상해보셨나요. 달에 가는 길에 내비게이션을 실제로 쓸 수 있게 되면 다음은 어디일까요. 화성을 떠올리신 분이 계신가요. 벌써 연구하고 있네요. 화성에서의 GPS 연구를 소개하는 TED 영상을 소개합니다.

**Day 42**

# 우주에서 길을 찾다!

#궤도
#InterstellarSuperhighway

넷플릭스에서 제작한 〈우주에서 길을 잃다〉2018~2021라는 드라마를 아시나요. '예전에 들어본 것 같은 제목인데' 하는 분은 나이가 좀 있으실 듯싶습니다. 같은 제목으로 1965년에 흑백 드라마로 처음 만들어졌고, 1998년엔 동명의 영화로도 만들어진 작품이거든요. 요즘은 스마트폰과 구글 지도만 있으면 전 세계 어딜 가도 길을 잃을 걱정은 하지 않습니다. 그래서 요즘엔 "증시, 길을 잃다", "길을 잃은 교육 정책" 등 추상적인 의미로 많이 사용합니다. 하지만 영화도 넷플릭스 드라마도 정말 우주에서 사고로 길을 잃는 사건이 이야기의 시작입니다.

상상해보셨나요. 우주에서 길을 잃어버리다니! 아니, 우주에 길이 있기는 한 걸까요? 가만히 생각해 보면, 정해진 길이라고는 없을 것 같은 망망대해나 하늘에도 길이 있습니다. 바로 항로입니다. 우리말로는 뱃길 또는 하늘길이겠죠. 실제로 우리는 항로라는 것을 찾아서 이 길로만 다니자고 약속하고 있습니다. 그러니 아무리 끝없는 우주일지라도 길이 있지 않을까 하는 상상은 자연스럽습니다.

사실 우주에 길이 있다는 생각은 꽤 오래전부터 해왔습니다. 달이나 행성들의 이동 경로는 하늘에서 보면 매끄러운 선으로 그려집니다. 이 선이 영어로 오르빗Orbit이고, 이 단어는 마차가 지나간 길을 의미하는 오르비타Orbita에서 유래했습니다. 이를 동양에서도 마차가 지나간 길을 의미하는 한자어 궤도軌道로 번역한 것을 보면, 동양에서도 저 하늘에서 움직이는 천체들은 어떠한 정해진 '길'을 따라 움직이고 있다고 생각했음이 틀림없습니다. 그렇다면 우주에 길, 궤도라는 것이 정말로 있을까요?

결론부터 말하자면, 우주에도 길이 있고, 그 길은 하나의 원리를 가지고 있습니다. 그 원리를 발견한, 즉 우주에서 '길'을 찾은 사람이 바로 뉴턴Isaac Newton입니다. 그리고 그 원리는 만유인력의 법칙입니다. "자연에 있는 모든 물체는 자기 질량의 크기에 비례하는 만큼의 끌어당기는 힘을 가지고 있고, 그 힘은 중심에서 멀어질수록 작아진다." 이 힘을 우리는 중력이라고 합니다. 눈에 보이지는 않지만, 중력이 작용하는 공간은 마치 깔때기와 비슷해서 한번 깔때기에 빠진 물체는 중심으로 끌려갈 수밖에 없습니다. 깔때기를 벗어나는 유일한 방법은 바깥 방향의 에너지를 갖는 것입니다. 예를 들면 로켓을 쏘는 것 같은 방법이 있겠죠.

그런데 깔때기에 빠지고도 가운데로 끌려가지 않을 수 있습니다. 방법은 일정한 속력을 가지고 깔때기 둘레를 도는 것으로, 그렇게 되면 그 속력에 비례하는 원심력을 가질 수 있습니다. 원심력은 바깥으로 나가려는 힘이라 중심으로 끌어당기는 힘과 균형을 이루면 물체가 중심으로 끌려가지 않고 일정한 거리를 유지하며 주위를 돌 수 있게 됩니다. 바로 이 원심력과 중력의 균형이 만든 이 길이 우주의 길입니다.

예를 들어 인공위성이 떨어지지 않고 궤도를 돌게 하려면, 지구에서 로켓으로 발사해 그 높이에서 떨어지지 않을 만큼의 속력으로 인공위성을 궤도에 올려놓아야 합니다. 꽤 많은 연료가 필요하죠. 이 길에 올라타기 위한 통행료인 셈입니다. 하지만 한번 길에 올라서면 연료는 필요 없습니다. 중력과 원심력이 균형을 이루는, 아무런 힘을 받지 않는 무중력 상태가 되니까요.

우주선을 지구에서 화성으로 보내는 길은 생각보다 단순합니다. 우주선이 지구 가까이 있을 때는 지구와 우주선 사이에 만들어진 길로 가다가 태양과 우주선이 만든 길로 갈아타고, 다시 화성 주변에서는 화성과 우주선이 만든 길로 갈아타면 됩니다. 갈아탈 때마다 통행료로 연료를 좀 써야 하겠죠. 이 방법은 천 조각을 이어 붙이는 것 같아서 패치코닉Patched Conic이라고 부릅니다. 타잔이 이 나무에서 저 나무로 나뭇가지를 타고 이동하는 모습을 상상하면 이해가 쉽습니다. 가끔은 타잔이 속도를 높이려고 일부러 중간에 나무 하나를 거치면서 속력을 얻기도 하는데, 우주에서도 그렇습니다. 화성에 가기 전 금성에 잠시 들르는 거죠. 시간은 좀 더 걸리지만, 중간 내리막에 탄력을 받을 수 있습니다. 그래서 이름도 플라이 바이Fly By입니다. 물론 아이언 맨처럼 고성능 로켓을 장착했다면 바로 점프하면 되지만, 자연인 타잔에게는 나뭇가지에 매달려 가는 것이 좀 느릴지라도 가장 힘들이지 않고 이동하는 방법입니다.

그림으로 시각화한 행성 간 초고속도로. (출처: NASA/JPL)

이게 다가 아닙니다. 몇 년 전 새로운 행성 간 초고속도로 Interstellar Superhighway가 발견되었다는 기사가 화제가 되었습니다. 간략히 설명하자면, 지구와 인공위성의 관계처럼 커다란 중력원에 미세한 물체가 있을 때는 지구만 생각하면 됩니다. 중력이 미치는 공간이라는 것이 마치 깔때기 하나의 모양일 것입니다. 하지만 여러 개의 중력원이 있어 여러 개의 깔때기가 얽혀 있다고 상상하면 어떨까요? 깔때기의 구멍과 구멍 사이에서 균형을 이루는 능선을 따라가는 것이 힘도 덜 들고 빠릅니다. 고속도로가 높은 산봉우리를 피해 골짜기를 따라 놓인 것처럼 말이죠.

어디서든 길을 찾는 이유는 단지 길을 잃어서만이 아닌 새로운 길은 찾는 즐거움에 있지 않을까요? 우리가 가끔 하늘을 보는 이유는 아마도 우주에서 길을 찾기 위해서였나 봅니다. _R

## 우주를 더 가까이!

지금 많은 주목을 받고 있는 '새로운 우주 길'을 아시나요. 2022년에 발사한 우리나라의 달 탐사선 다누리호도 특이한 궤도로 주목받았죠. 다누리호와 NASA의 새로운 달 탐사선 궤도를 소개하는 영상을 통해 더 자세한 이야기를 들어보세요.

다누리호의
달 탐사 궤도 영상

NASA의 달 탐사선
관련 영상 1(달 항로)

NASA의 달 탐사선
관련 영상 2(아르테미스)

# 2029년 4월 13일에는
# 아무 일도 일어나지 않는다

#아포피스
#가장안전한소행성
#우주이벤트

2004년 6월 18일 밤. 미국 애리조나주 키트 피크Kitt Peak 국립 천문대에서 로이 터커Roy Tucker, 데이비드 톨렌David Tholen, 파브리지오 베르나르디Fabrizio Bernardi, 이 세 명의 천문학자는 조금 전 촬영한 영상을 주의 깊게 살펴보고 있었습니다. 영상 속에서 어둡고 희미한 점 하나가 밝은 별들 사이로 빠르게 지나갔습니다. 이들은 다음 날도 이 소행성 추적에 성공했지만, 그것이 마지막이었습니다. 날씨와 달빛, 그리고 망원경의 기술적인 문제로 더 이상 관측하지 못한 것입니다. 지구 주변에서 빠르게 움직이는 소행성을 계속 추적하기에 단 이틀의 관측 자료는 충분하지 않았습니다.

잃어버린 소행성을 다시 찾은 것은 그로부터 정확히 6개월 뒤, 이번에는 남반구 호주 사이딩 스프링Siding Spring 천문대였습니다. 특별히 이 소행성을 다시 찾으려고 노력한 것이 아니라, 정상적인 소행성 탐사 관측 프로그램을 수행하던 중 운이 좋게도 다시 발견한 것입니다. 6개월 전보다 훨씬 밝아 보였지만, 국제소행성센터Minor Planet Center; MPC의 계산 결과 6개월 전에 발견했던 소행성과 동일한 것임이 밝혀졌습니다.

잃어버린 소행성을 다시 찾았다는 기쁨도 잠시, 관측이 진행되면서 이 소행성은 지구 위협 소행성으로 분류되었고, 2029년 4월 지구에 충돌할 확률은 조금씩 올라갔습니다. 급기야 2004년 성탄절 전후 기간에 NASA에서는 2029년 4월 13일(금요일)에 소행성이 충돌할 확률이 무려 37분의 1, 즉 2.7퍼센트나 된다는 사실을 발표했습니다. 미국의 텍사스주 하나를 통째로 날려버릴 수 있는 400미터 크기의 소행성이 다가온다는 소식은 많은 천문학자는 물론 전 세계 사람들의 관심을 끌기에 충분했습니다.

이 소행성 이름이 바로 아포피스Apophis입니다. 이집트 신화에서 태양신 라Ra를 집어삼켰던 거대한 뱀의 이름을 딴 아포피스는 그야말로 21세기 초 가장 뜨거운 감자였다고 표현해도 과언이 아닐 정도였지요.

다행스럽게도 꾸준히 관측한 결과 2029년 지구 충돌 확률은 사라졌고, 지난 2021년 NASA에서는 앞으로 100년 동안은 아포

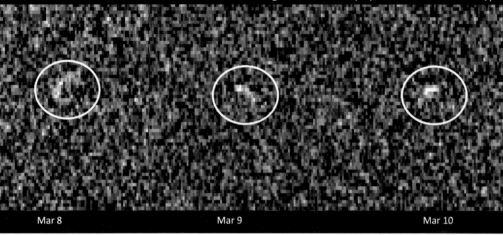

Goldstone – Green Bank Radar Images of 99942 Apophis   38.75 m/px

Mar 8        Mar 9        Mar 10

2021년 3월 전파 망원경으로 촬영한 소행성 아포피스. (출처: ASA/JPL–Caltech and NSF/AUI/GBO)

피스 소행성의 지구 충돌 확률은 사라졌다고 공식적으로 선언했습니다.

그럼 이제 아포피스에 대한 관심을 거둬도 될까요? 아포피스는 지난 십수 년간 수많은 천문학자에게 요주의 관측 대상이었던 덕분에 다른 조용한 소행성들에 비해 많은 정보가 알려졌습니다. 하지만 까면 깔수록 새로운 모습을 알게 되는 양파처럼 아포피스를 관측할수록 더 많은 궁금증도 함께 생겨났지요.

첫 번째로 아포피스는 빠르게 도는 팽이처럼 회전축이 고정되어 있는 것이 아니라, 마치 몸을 비틀며 공중제비를 도는 체조선수처럼 텀블링 운동을 하고 있습니다. 이러한 운동을 하는 소행성은 매우 적은데, 이는 최근에 무언가 극심한 변화를 겪었다는 증거입니다.

두 번째는 표면 흙의 성분이 일반적인 석질 소행성에 비해 우주 공간에 조금 덜 노출되었다는 특징이 있습니다. 이러한 모습이 아직 만들어진 지 얼마 되지 않은 중간 단계여서 그런 것인지, 아니면 오래된 표면 물질이 벗겨져서 생긴 것인지 논란이 많습니다.

하지만 무엇보다 큰 특징은 충돌을 예고했던 2029년 4월 13일에 정말로 '안전하게' 지구의 뺨을 스치듯이 지나간다는 것입니다. 무궁화위성 같은 정지 궤도 인공위성보다 가까운 거리를 지름 400미터 정도의 소행성이 지나가는 현상은 2만 년에 한 번꼴로 발생한다고 합니다. 아포피스는 2029년 4월 13일 세계 시각(UTC)으로는 밤 9시 46분 전후, 맨눈으로도 충분히 관측 가능한 밝기로 빛난다니, 인류 역사상 전무후무한 소행성 접근 이벤트가 될 것입니다. 지구 최접근 시 맨눈으로 관측 가능한 지역은 서아시아, 아프리카 및 유럽 대륙 전체를 포함하고 있어 20억 명이 넘는 사람이 이 세기적 이벤트라 할 만한 소행성과 지구의 조우를 감상할지도 모르겠네요.

지구 위협 소행성 아포피스. 전 지구를 들썩이게 했던 가장 위험한 소행성에서 이제는 가장 안전한 소행성이라고 불러야겠습니다. 수많은 천문학자가 관측하며 정확한 궤도를 계산하고 있기 때문이지요.

또한 2029년 4월에는 인류 역사상 가장 가까이에서 볼 수 있는 매우 흥미로운 천체가 될 것입니다. _M

우주를
더 가까이!

아포피스의 실시간 위치를 알고 싶다면, NASA의 '태양계 탐사 NASA Solar System Exploration'라는 웹 사이트를 방문해보세요. 오른쪽 상단 메뉴를 누르면 태양계 많은 천체들을 선택할 수 있는데, 가장 아래쪽, 행성들이 태양 주위를 돌고 있는 아이콘 'Orrery'를 클릭하면 현재 시간 기준 우리 태양계 모습을 볼 수 있어요. 여기에서 하단, SEARCH(검색) 창에 'Apophis'라고 입력하면 됩니다. 아포피스를 실시간으로 추적하며 잠시 지구 방위대가 되어보는 건 어떨까요?

# 누가 내 타깃에
# 돌을 던지는가?

#충돌실험
#우주교통사고
#자연실험실

지구 주변을 빽빽하게 에워싸고 있는 인공위성 사진을 본 적이 있나요? 지구 궤도를 돌고 있는 수많은 위성은 초속 수킬로미터 속도로 저마다의 궤도로 움직입니다. 게다가 최근에는 우주 물체끼리의 충돌이나 로켓 잔해물 등으로 만들어진 우주 쓰레기로 인해 지구 궤도를 도는 우주 물체가 더 늘어날 것으로 예상하고 있습니다. 태양계 전체로 시야를 조금 더 넓혀 우주 물체들의 개수에 대해 한번 살펴보겠습니다.

태양계에서 우주 물체들의 개수 밀도가 가장 높은 곳은 어디일까요? 바로 화성과 목성 사이, 소행성대라고 부르는 공간입니다. 이곳에는 1킬로미터 크기보다 큰 소행성이 200만 개 가까이 있을 것으로 예상하고 있으며, 이보다 더 작은 크기의 소행성은 셀 수 없을 만큼 많이 존재합니다. 뿐만 아니라 인공위성보다 두세 배 빠른, 총알보다 50배 이상 빠른 속도로 움직이고 있지요. 따라서 '스타워즈' 같은 많은 SF 영화에서는 종종 우주선을 타고 이 소행성대를 통과하다 부딪쳐서 사고가 날 만큼 빽빽한 돌무더기 공간으로 묘사됩니다. 하지만 실제로 소행성대에서 소행성 간의 평균 거리는 약 100만 킬로미터 정도로 생각보다 아주 멀리 떨어져 있습니다. 우주가 그만큼 넓다는 의미지요.

아무리 멀리 떨어져 있다 하더라도 태양계에서 우주 물체 간 충돌 사건은 심심치 않게 발생합니다. 6500만 년 전 공룡을 멸종으로 내몰았던 소행성 충돌, 1908년 6월 30일 시베리아 퉁구스카 상공에서 일어난 소행성 혹은 혜성의 폭발, 1993년 3월 슈메이커-레비Shoemaker-Levy9 혜성과 목성의 충돌(Day 45. 참고) 등이 있겠고, 지구 표면 곳곳과 달이나 수성 등 대기가 없는 천체의 표면에서 볼 수 있는 수많은 크레이터가 그 증거입니다. 또한 화성과 목성 사이의 소행성대 소행성 중 작은 크기의 돌조각이 충돌 후 먼지와 얼음을 분출하며 하루아침에 혜성으로 변신해버리는 사건이 발생하기도 합니다.

이렇게 자연적으로 발생하는 충돌은 예측하기 어렵지만 그 빈도수가 적습니다. 반면 최근 들어 태양계 천체들의 인위적인 충돌 사건 뉴스가 자주 들려옵니다. 딥 임팩트Deep Impact, 엘크로

딥 임팩트의 임무인 혜성 충돌 순간. (출처: Wikipedia)

스LCROSS, 하야부사はやぶさ2, 다트DART 프로젝트 등 21세기 들어
NASA와 일본우주항공연구개발기구에서 진행한 충돌 실험이
그 주인공입니다. 딥 임팩트는 혜성에, 엘크로스는 달에, 하야부
사2는 소행성에 충돌 실험을 진행하며 표면 아래 있는 물질을 분
석하는 것이 주요 임무였습니다. 이 프로젝트는 많은 천문학자의

이목을 집중시켰지요.

태양계 천문학을 공부하는 가장 큰 매력 중 하나는 내가 관측하는, 내가 연구하는 천체에 직접 방문해서 사진을 찍고 그 대상으로부터 시료를 가져올 수 있다는 것입니다. 한발 더 나아가 내가 연구하는 대상에 인류가 만든 물체를 충돌시켜본다는 것은 별이나 은하처럼 멀리 떨어진 천체를 연구하는 천문학자들에게는 상상도 못 할 일이니까요.

충돌 실험에서 한 가지 중요한 점은 충돌 전후에 해당 천체의 궤도 변화가 없어야 한다는 것입니다. 태양계 천체는 모두 저마다의 궤도를 가지고 운동하고 있는데 인위적인 힘이 가해져 그질서를 흐트러뜨리면 안 되겠죠? 인류 최초의 지구 방위 실험이라고 불리는 다트 프로젝트가 바로 좋은 예입니다. DART(쌍소행성 궤도 변경 실험Double Asteroid Redirection Test)라는 이름을 가진 NASA의 탐사선이 소행성에 직접 충돌해 그 궤도가 얼마나 변하는지실험하는 임무입니다.

2022년 하반기에 진행된 이 실험을 통해 향후 발생할지도 모르는 소행성의 지구 충돌을 대비하는 자료 축적이 목표입니다. 하지만 2개의 소행성 중 크기가 작은 소행성, 즉 모母 소행성의 위성에 충돌해 본래의 소행성 궤도에는 영향을 주지 않도록 하는 것이 NASA의 계획이었죠.

이 충돌 실험으로 디모포스Dimorphos라는 이름의 작은 위성 소

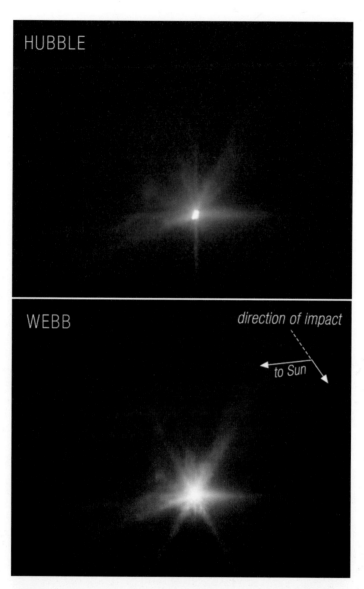

HST(위)와 JWST(아래)가 다트 탐사선이 소행성 디모포스에 충돌하는 순간을 촬영한 사진. 덧붙여 이 관측은 HST와 JWST가 동시에 같은 천체를 촬영한 첫 번째 영상이다. (출처: NASA HUBBLESITE)

행성의 궤도는 과연 얼마나 바뀌었을까요? 지금까지 공개된 바로는 지상 망원경을 이용한 초기 관측 결과 약 30분 정도 공전 주기가 줄어들었습니다. 5년 뒤 유럽우주국의 탐사선 헤라Hera가 디모포스에 도착해 궤도와 표면 특성 변화를 관측하게 되면 보다 자세한 결과를 알 수 있을 것입니다. 헤라 탐사선에는 두 대의 착륙선도 실릴 예정이어서 충돌 실험 결과를 더욱 상세히 우리에게 알려줄 것으로 기대하고 있습니다. _M

> **우주를 더 가까이!**
>
> 다트 탐사선이 소행성 디모포스에 충돌하는 순간을 담은 영상이 있습니다. 다트 탐사선은 지구와의 통신 없이 스스로 항해해 소행성을 찾아갑니다. 본체에 탑재된 카메라로 촬영한 이 장면을 보면 처음에는 모 소행성과 위성 소행성이 함께 보이는데, 뒤이어 다트 탐사선은 크기가 작은 소행성을 표적으로 정하고, 그 소행성을 자동으로 추적해서 충돌합니다.

# 지구를 지키는
# 우주 방위대

#스페이스가드
#우주방위대
#지구방위대

✦ 스페이스가드Spaceguard.

우리말로 번역하면 우주 방위대인 이것은 SF 소설의 거장 아
서 C. 클라크Arthur Charles Clarke가 1973년에 발표한 소설《라마와의
랑데부》(박상준 옮김, 아작, 2017)에 나오는 소행성 충돌 조기 경보
시스템 이름입니다. 소설 속 인류는 1908년 6월 30일 퉁구스카
폭발과 1947년 2월 12일 러시아 시호테알린산맥 화구 폭발, 두
번의 소행성 충돌을 겪었지만, 다행히 사람이 살지 않는 황무지
에 떨어져 인명 피해는 없었습니다.(이 사건은 실화를 바탕으로 했
으며, 실제로 매년 6월 30일은 유엔UN이 승인한 국제 소행성의 날이 되

었다.) 하지만 2077년 이탈리아 북부에 거대한 운석이 떨어져 큰 피해를 입고 난 뒤, 인류는 그 이전의 어떤 세대보다 단결된 모습을 보이며 지구에 위협이 되는 소행성을 사전에 찾아내는 레이더 기지 '스페이스가드' 프로그램을 화성에 만들게 됩니다. 스페이스가드라는 명칭은 우리나라에서 '우주 파수대'로 번역되었는데, 소설 속 우주 파수대, 즉 스페이스가드는 2130년 라마Rama라고 이름 붙인 50킬로미터 크기의 거대한 소행성을 발견합니다.

그렇다면 소설이 아닌 현실 속 우주 파수대의 모습은 어떨까요? 아서 C. 클라크의 소설이 나온 1970년대 중반부터 실제 인류도 지구 주변에 존재하는 소행성들의 충돌 위험성에 대한 논의를 시작했습니다. 특히 과학자들은 시뮬레이션 결과 지름 1킬로미터보다 큰 소행성이 지구에 충돌했을 때 그 피해는 지구 전체 규모가 된다는 것을 알게 되었으며, 이는 모두에게 경각심을 주기에 충분했습니다. 이후 1992년 미 의회는 〈스페이스가드 설문 보고Spaceguard Survey Report〉라는 이름의 보고서를 작성했고, 이는 NASA에 10년 이내에 1킬로미터보다 큰 근지구소행성(공전 궤도가 지구 공전 궤도 근처에 존재하는 소행성)을 90퍼센트 이상 발견하라고 명령하는 계기가 되었습니다.

그런데 이 보고서를 작성한 지 2년이 되던 1994년 7월, 슈메이커-레비9 혜성과 목성이 충돌하는 사건이 일어났습니다. 이는 전 세계 수많은 사람에게 소행성과 행성의 충돌이 실제로 발생

슈메이커-레비9 혜성과 목성 충돌 사진. [출처: ASA/ESA/H. Weaver and E. Smith (STScI) and J. Trauger and R. Evans (NASA's Jet Propulsion Laboratory)]

할 수 있는 위험 요인이라는 인식을 심어주었죠. 또한 엄청난 규모의 폭발 에너지로 인해 목성 표면에 1만 2000킬로미터가 넘는 흔적을 수개월 동안 남긴 모습은 모두에게 두려움마저 안겨주었습니다.

이 사건을 계기로 1998년 본격적으로 지구를 지키기 위한 우주 방위대 활동이 시작되었고, 이것이 바로 현실 속 우주 방위 목표Spaceguard Goal의 시작입니다. 애초 계획보다 3년이 늦기는 했지만 2011년, 이 목표를 달성할 수 있었습니다. NASA에서는 2020년까지 크기가 140미터 이상 되는 근지구소행성의 90퍼센트를 발견하겠다는 '확장된 우주 방위 프로젝트'에 착수했습니다. 더욱이 2002년부터는 지구 공전 궤도 근처에서 아무리 작은 크기의 소행성이라도 발견되면, 그 궤도를 향후 100년간 시뮬레이션하며 지구와의 충돌 가능성을 자동으로 계산하는 센트리Sentry(한 세기를 의미하는 센추리century와 비슷한 발음) 프로그램을 개발해 지구를 지키고 있습니다. 공룡이 멸종된 이유가 바로 천문학자들이 없었기 때문이라는 천문학자들의 우스갯소리가 정말일지도 모르겠습니다.

현재까지 인류가 발견한 3만 개가 넘는 근지구천체 중 앞으로 100년간 지구와 충돌할 확률이 10퍼센트를 넘는 것은 단 하나도 없습니다. 그나마 2095년 충돌 확률 10퍼센트인 7미터 크기의, '2010 RF12'이라 불리는 소행성이 있긴 하지만 크기가 매우 작기 때문에 설령 충돌하더라도 하늘에 화구를 그릴 뿐 지상에 피해는 거의 없을 겁니다. 이 소행성을 제외하면 모두 2퍼센트 미만입니다. 현재까지 발견된 소행성이나 혜성 중에서는 최소한 우리의 어린 자녀의 손자들이 태어날 때까지는 지구에 부딪쳐 커다란 피해를 일으킬 천체는 단 하나도 없다고 봐도 됩니다.

또한 지금도 매일 밤 수십 대의 망원경이 지구 주변의 새로운 우주 물체들을 샅샅이 찾아내고 있으며, 실제로 2023년 한 해 동안 이렇게 발견한 근지구소행성이 2900개가 넘습니다. 한국천문연구원에서도 2027년부터 남반구에 소행성을 발견하기 위한 탐사 망원경을 건설하고 지구를 지키기 위한 우주 방위대에 동참합니다.

그러니 지구인들이여, 오늘 밤 안심하고 주무셔도 되겠습니다._M

**우주를 더 가까이!**

영화 〈돈 룩 업〉에서 지구로 돌진하는 혜성을 발견한 랜달 민디 교수(레오나르도 디카프리오 분)는 NASA 근지구천체연구센터에 전화를 걸어 이 사실을 알립니다. 근지구천체연구센터Center for Near Earth Object Studies; CNEOS는 실제로 존재하는 NASA 조직으로 영화의 많은 부분을 자문했다고 합니다. 근지구천체연구센터 웹 사이트에 방문하면 현재 근지구소행성 발견 현황, 센트리 목록 및 소행성 접근 최신 뉴스 등을 접할 수 있습니다.

Day 46

# 그렇게 해서라도
# 우주를 깨끗하게 보고 싶었습니다

#허블우주망원경
#제임스웹우주망원경

제가 초등학교에 다니던 1991년, 한국과학우주청소년단(그때는 한국우주소년단)에서 주최한 수학 경시대회 입상 기념으로 일본 규슈에 있는 (지금은 사라진) 스페이스 캠프에서 일주일간 연수받을 기회를 얻었습니다. 그곳의 여러 프로그램 중 가장 강렬한 기억은 시뮬레이션 훈련이었습니다. 누구는 우주 비행사 역할, 누구는 지상 관제소 요원 역할을 하며 실제로 우주 왕복선을 발사할 때 이루어지는 일을 흉내 내는 것이었지요. 우주에 도착하면, 우주 비행사 역할을 맡은 친구는 왕복선 밖으로 나가 인공위성을 수리했는데, 이때 우주에서도 자유롭게 움직이기 위해 만든 커다란 의자에 앉았습니다.

제 순서가 되어 이 의자에 앉았을 때, 공중에 매달린 의자가 조금만 움직여도 3차원 아무 방향으로나 흔들렸습니다. 시뮬레이션이라 안전하다는 것을 머리로는 알지만, 처음 경험하는 감각에 희미하게 죽음의 공포를 느꼈던 기억이 납니다.

그로부터 2년 뒤인 1993년, NASA에서 보낸 4명의 우주 비행사가 우주 왕복선에 달린 막대기에 목숨을 의지한 채 3년 전에 쏘아 올린 HST를 수리했습니다. HST는 거울 지름만 2.4미터에 달하는, 당시 가장 커다란 우주 망원경이었습니다. 더군다나 우주 망원경은 지상 망원경과는 달리 우주에서 오는 빛을 흡수하거나 이리저리 흔드는 대기의 영향을 받지 않습니다. 그러니 HST에서 찍은 우주의 모습은, 그전에 보던 어떤 모습보다 더 선명해야 할 터였습니다. 하지만 결과는 좋지 않았는데, 쏘아 올린 HST에 문제가 있었기 때문입니다. 17년의 노력이 물거품이 될 뻔한 순간이었죠. 심지어 〈총알탄 사나이 2〉와 같은 코미디 영화에서는 HST를 침몰한 타이태닉호와 같다고 비웃을 정도였죠.

나중에 알고 보니, 문제는 HST에 설치된 거울 표면이 매끈하지 않고, 원래 설계보다 약간 울퉁불퉁했기 때문이었습니다. 얼마나 울퉁불퉁했냐고요? 사람 머리카락 두께의 50분의 1 정도에 지나지 않는 요철이었습니다. 눈에 보이지 않을 정도로 미세한 문제였지만, HST에서 찍은 사진을 망치기에는 충분했죠.

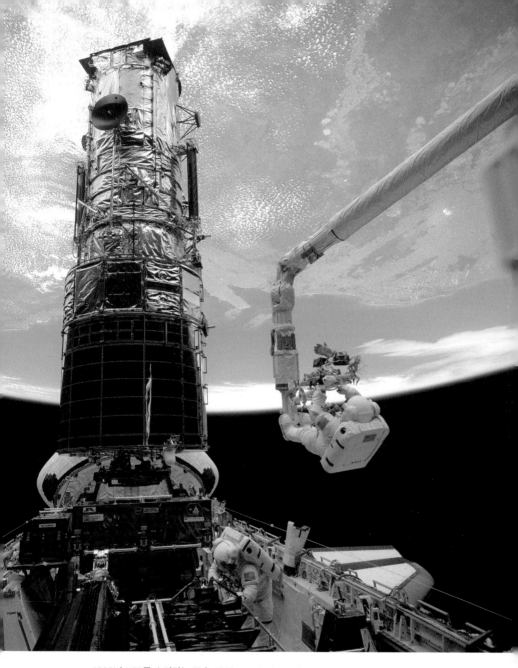

1993년 HST를 수리하는 모습. (출처: NASA/Wikipedia)

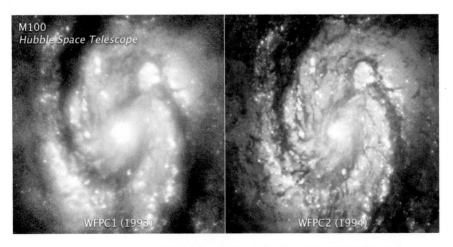

M100
*Hubble Space Telescope*

WFPC1 (1993)　　　　WFPC2 (1994)

HST를 수리하기 전 흐리게 찍힌 은하(왼쪽)와 수리 후 같은 은하를 선명하게 찍은 모습 (오른쪽). (출처: NASA/ESA/STScI, Judy Schmidt.)

　이 문제를 해결하기 위해 4명이나 되는 우주 비행사가 2명씩 번갈아가며, 5일 동안 하루 평균 7시간이나 우주 공간에서 HST 를 수리했습니다. 영화 〈그래비티〉를 보면, 우주에서 작업하는 우주 비행사가 얼마나 사소한 일에도 목숨을 잃을 수 있는지가 자세히 나옵니다. 눈에 보이지 않는 먼지 하나가 날아와도, 어디 를 봐도 똑같아 보이는 우주에서 방향을 조금만 헷갈려도 말이 에요. 그런 곳에서 7시간씩이나 일한다는 것이 얼마나 무서운 일 인지, 그리고 얼마나 막중한 책임을 떠맡아야 하는지 저는 도저 히 감을 잡을 수도 없습니다.

　이러한 노력 끝에, 다행히 수리가 끝난 HST는 깨끗한 우주의 이미지를 보여주었습니다. 이후에도 여러 번 더 수리를 거쳐야 했지만요. 이후로 약 30년 동안, HST는 이 세상에서 가장 유명하고 성능 좋은 망원경으로 천문학자와 일반 대중 모두에게 사랑받았습니다. 우리가 인터넷에서 찾을 수 있는 멋지고 선명한 우주의 사진은 대부분 HST가 찍은 것이지요.

2021년, HST의 정신적 후속 기기인 JWST를 우주로 쏘아 올렸습니다. JWST는 18개의 거울이 합쳐져서 총 지름이 6.5미터에 달합니다. 원래는 2007년에 완성할 계획이었는데 여러 번 지연되었고, 그 결과 원래 5억 달러로 예상했던 프로젝트 비용이 눈덩이처럼 불어나 실제로는 100억 달러 정도가 들었다고 합니다. 신문 기사에서 JWST가 같은 크기의 순금보다 비싸다는 이야

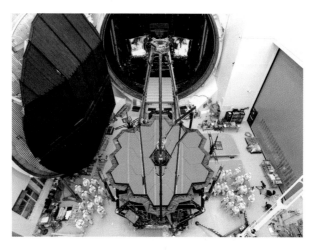

JWST를 제작하는 모습. (출처: NASA Goddard/Chris. Gunn)

JWST에서 촬영한 NGC 3324 성운. (출처: NASA/ESA/CSA/STScl.)

기를 들었는데, 이 기기에 들어간 노력을 생각하면 순금 따위와
비교할 수 없는 가치를 지녔다고 생각합니다.

2022년 2월, 드디어 JWST가 제자리를 잡고 첫 번째 점검용
사진을 촬영했습니다. 그리고 7월부터는 이전에 아무도 보지 못
했던 우주의 깨끗한 모습을 보여주기 시작했습니다.

JWST는 HST와는 달리 지구에서 멀리 떨어진 곳에 있습니
다. 따라서 만약 망원경에 무슨 문제가 생기더라도 이제는 우주
왕복선을 보내 수리할 수 없습니다. JWST를 만든 과학자들은 이
점검용 사진이 혹시 잘못되지는 않았을까 얼마나 노심초사했을

까요. 아무쪼록 앞으로도 큰 문제 없이 JWST가 우주의 비밀을 더 많이 밝혀주기를 조심스레 기원합니다. _H

**우주를 더 가까이!**

HST와 JWST는 천문학자에게만 중요한 것이 아니라, 멋진 천체 사진을 컴퓨터 배경화면이나 다양한 곳에 쓰고자 하는 천문학 애호가에게도 소중한 존재입니다. 두 망원경이 찍은 멋진 사진을 NASA 웹 사이트에서 구경해보세요.

HST가 찍은
사진 보기

JWST가 찍은
사진 보기

# K-GPS,
# 넌 나만 바라봐

#KPS
#한국형
#위성항법시스템

지난 2021년 우리나라에서 역사상 최대 규모의 연구 개발 사업이 승인되었습니다. 무엇이냐고요? 위성 항법을 연구하는 연구자들이 오랫동안 추진해온 숙원 사업인 한국형 위성 항법 시스템입니다. 이름이 바뀔지도 모르지만, 현재는 영어로 Korean Positioning System, 줄여서 KPS라 부릅니다(2023년 기준). 쉽게 말하면 위성 항법 시스템은 내비게이션으로 많이 쓰는 GPS를 의미합니다(Day 48. 참고). 이야기를 시작하기 전에 여러 생경한 말들이 나오니 용어를 정의해야 할 것 같네요.

우선 '항법'은 '길 찾기'라는 뜻입니다. 영어로 내비게이션 Navigation. 그러니까 항법 시스템은 '길 찾기를 제공하는 시스템'입니다. '위성'이 앞에 붙으면 인공위성을 이용해 길 찾기를 제공한다는 의미이고, '전 지구'가 앞에 붙으면 특정 국가나 지역이 아닌 전 지구를 대상으로 하는 서비스라는 의미입니다. 다시 정리하면 '전 지구 위성 항법 시스템'은 '전 지구에 인공위성을 이용한 길 찾기를 서비스하는 시스템'을 뜻합니다. 그중에서도 GPS는 미국의 전 지구 위성 항법 시스템을 일컫는 고유명사인데, 예전엔 GPS가 유일한 위성 항법 시스템이기도 했고 워낙 많이 알려져서 아직도 일반 명사처럼 사용하고 있습니다.

그런데 1995년에 러시아에서 글로나스GLONASS라는 전 지구 위성 항법 시스템를 구축했고, 유럽 연합은 갈릴레오Galileo(2019년), 중국은 베이더우Beidou(2020년)라는 이름으로 전 지구 위성 항법 시스템을 서비스하고 있습니다. 이제 GPS는 유일한 것이 아닌 여러 전 지구 위성 항법 시스템 중 하나가 되었습니다. 그래서 최근엔 이 모두를 가리켜 GNSS Global Navigation Satellite System라고 부르고 있습니다.

언론에서는 종종 KPS를 한국형이라는 의미로 K-GPS라고 부르기도 합니다. 하지만 반만 맞는 말입니다. 위성 항법 시스템은 맞지만, KPS는 '전 지구Global'가 아니라 우리나라 지역만 서비스 대상으로 하는 시스템이기 때문입니다. 이렇게 특정 지역에만 서비스하는 위성 항법 시스템을 '지역 위성 항법 시스템'이라고 부릅니다. 일본의 준텐초Quasi-Zenith Satellite System; QZSS(이하 QZSS)와 인도의 나빅<sub>Navigation with Indian Constellation; NavIC</sub>이 지역 위성 항법 시스템입니다.

그렇다면 지역 위성 항법 시스템, 특히 한국형 위성 항법 시스템은 어떤 원리로 작동할까요? 우선 내비게이션 역할을 하려면 지상에 있는 사람이 최소 4개의 위성으로부터 신호를 받아야 합니다(Day 48. 참고). 그렇다면 지구상의 어느 위치에서나 위성이 4개 이상 보이려면 몇 개의 위성이 필요할까요. 복잡한 계산을 통해 하루에 지구를 두 바퀴 도는 위성이 24개 정도 있으면 된다고 합니다.(이 계산법까지 설명하기에는 너무 복잡하니 넘어가도록 해요.) 그래서 앞에서 이야기한 GNSS들은 고장을 대비한 여분까지 총 30개 정도의 위성을 가지고 전 지구에 서비스하고 있습니다.

문제는 어떻게 전 지구 서비스에 필요한 위성을 올리지 않고 우리나라만 바라보게 할 수 있나 하는 것입니다. 방법이 있습니다. 그 열쇠는 인공위성이 지구를 공전할 때, 지구는 제자리에서 자전한다는 사실입니다. 지구가 하루에 한 바퀴 자전하니, 똑같이 하루에 한 바퀴 도는 인공위성을 올리면 되는 것입니다.

인공위성이 지구를 한 바퀴 도는 시간은 지구 중심에서 인공위성까지의 거리에 따라 결정됩니다. 태양계 행성들의 공전 주기가 거리에 따라 결정되는 것과 마찬가지입니다. 지구의 경우 위성의 고도가 약 3만 킬로미터면 지구의 자전과 위성의 공전이 일

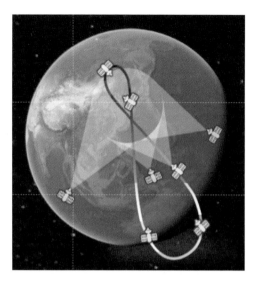

KPS 궤도 운영 모습.
(출처: KARI)

치합니다. 인형이 항상 나를 바라보며 공중에 떠 있는 것처럼 보이는 것을 상상하면 됩니다. 인형에 계속 비유하자면, 팔을 수평으로 펼쳐 돌리면 정지한 것처럼 보이고, 팔을 위아래로 기울이면서 돌리면 인형이 위아래로 왕복하는 것처럼 보입니다. 수평으로 도는 위성은 정지한 것처럼 보여 '정지 궤도'라고 부르고, 기울여서 돌리는 위성은 '지구의 자전과 한 바퀴 도는 시간은 같지만 기울어진 궤도'라는 의미로 '지구 동기 경사 궤도'라고 부릅니다. 팔이 여러 개라면 내가 제자리에서 돌아도 어디서든 항상 인형이 내 눈앞에 여러 개 펼쳐져 있는 것처럼 보이겠죠. KPS의 경우 정지 궤도에 3개, 지구 동기 경사 궤도에 5개의 위성을 띄우려고 계획하고 있습니다.

그런데 우리는 왜 KPS를 만들려는 것일까요? GPS로 충분할 것 같은데 말입니다. 우리가 일상에서 GPS에 얼마나 의존하고 있는지를 생각해 보면 됩니다. 가장 흔한 것은 자동차 내비게이션이겠죠. 요즘은 배달 서비스도 스마트폰에 장착된 GPS 수신기를 통한 위치를 기반으로 합니다. 시간을 확인할 때도 마찬가지지요. 손목시계나 탁상시계와 같은 기계식 시계와 달리 GPS 수신기가 달린 모든 스마트폰은 우리가 따로 시간을 설정할 필요 없이 GPS와 시간이 동기화됩니다. 일정하고 정확하지요. 이렇게 일상에서 접하는 것만이 아니라 국방이나 물류, 전산망 등도 GPS를 이용한 시각 동기와 위치 정보에 의존하고 있습니다. 이러니 만약 GPS가 서비스를 중단한다면 어떻게 될까요? 아니, GPS가 갑자기 멈추는 일이 있을까요?

미국 드라마 〈마담 세크러터리〉의 한 장면을 소개하겠습니다. 드라마 속에서 이란이 이스라엘의 핵 시설에 미사일을 발사하고, 이스라엘은 이를 막기 위해 전투기를 출격시킵니다. 대규모 전쟁이 발발하기 직전이죠. 미국은 급히 회의를 소집합니다. 미국은 이 미사일의 정체가 아직 모호하다며, 이스라엘에 잠시만 전투기의 폭격을 미루라고 요청하지만 이스라엘은 거부합니다. 이때 한 관료가 GPS를 잠시 끄자고 합니다. GPS 없이는 이스라엘 전투기가 목표물을 맞힐 수 없다면서요.

GPS가 전 지구가 공유하는 공공의 서비스가 아님을 보여주는 예입니다. 그리고 이것이 우리가 독자적인 위성 항법 시스템을 만들고자 하는 큰 이유 중 하나입니다. _R

**우주를
더 가까이!**

우리나라가 개발하려고 하는 KPS와 유사한 지역 항법 시스템이 일본의 QZSS입니다. QZSS의 공식 홈페이지에서는 QZSS에 대한 소개 동영상과 현재 상태 등을 비롯한 다양한 자료가 게시되어 있어 KPS를 이해하는 데 도움이 됩니다.

# GPS 한발 더
# 들어간 이야기

#GPS
#007격추

 

1983년 8월 31일, 승객 246명과 승무원 23명을 태운 대한항공 007편이 미국 뉴욕 케네디 공항을 출발한 뒤 앵커리지에서 중간 급유를 하고 김포공항으로 향했습니다. 하지만 앵커리지에서 남쪽으로 비행해 일본 상공을 거쳐 김포로 가야 하는 비행기가 어찌된 일인지 약간 북쪽으로 경로를 이탈해 당시 소련의 영공으로 들어갔습니다. 한창 냉전 중이던 소련은 이 비행기를 미군의 군용기로 판단했고, 결국 소련의 전투기에 의해 격추되었습니다. 미국과 소련 간의 냉전이 큰 원인이어서 진실 규명조차 힘들었던, 정말 화나고 안타까운 사건이었습니다. 미국의 가수 게리 무어는 '하늘의 살인Murder in The Skies'이라는 노래로 민간 항공기를

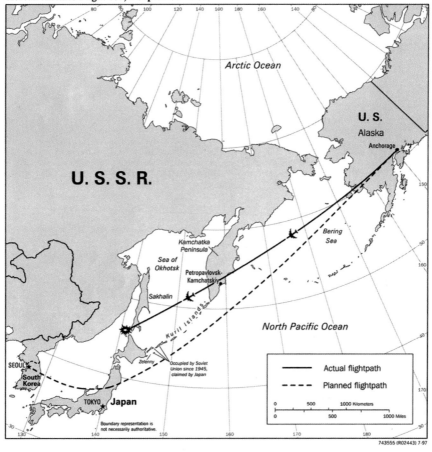

**Korean Airlines Flight 007, 1 September 1983**

대항항공 007편 비행 경로. (출처: Wikipedia)

격추한 소련을 비판하기도 했습니다. 왜 007기가 원래 경로를 벗어나 소련의 영공으로 진입했는지는 아직도 명확하게 밝혀지지 않았습니다.

이 비극은 우리가 일상에서 GPS를 사용하는 계기가 된 사건으로 기억되고 있습니다. 당시는 GPS를 한창 개발하던 시기였습니다. 그리고 당시 GPS는 전 세계에서 군사 작전을 수행하는 미군을 위한 군용 시스템이어서 일상적으로 사용할 계획도 없었습니다. 하지만 이 사건은 '만약에 GPS가 있었더라면'이라는 생각이 들게 했고, 결국 미국은 GPS 신호를 민간에도 개방하기로 했습니다. 그 결과 이제 GPS는 일상에 없으면 안 되는 위치 정보 시스템의 대명사가 되었습니다.

안타까운 과거 이야기는 잠시 접어두고, 오늘은 이 GPS의 원리에 한발 더 들어가 보려고 합니다. 위키Wiki나 신문 기사 등에서는 이론상 3개의 위성이면 위치를 결정할 수 있다고 하는데, 과연 그럴까요?

GPS 원리를 조금 쉽게 설명하기 위해 영화 〈테이큰 2〉의 한 장면을 소개하겠습니다. 영화 초반, 주인공인 전직 첩보원이 납치됩니다. 호텔에 묵고 있는 딸과 어렵게 연락이 된 그는 자신의 위치를 알아내기 위해 딸에게 숨겨둔 수류탄 위치를 알려준 후 하나, 둘, 셋 소리와 함께 터뜨리라고 합니다. 그러곤 시간을 재죠. 소리가 1초에 약 340미터를 이동하니, 10초 뒤에 폭탄 소리가 들린다면 위치를 아는 호텔에서 반경 3킬로미터 부근에 있다는 이야기입니다. 이 정보만 가지고는 아직 부족합니다. 다행히 주인공은 자신이 납치되어 해변 근처로 왔음을 알고 있었고, 지도를 보고 호텔에서 3킬로미터 떨어진 해변을 찾았습니다.

만약 다른 호텔에서도 폭탄을 터뜨려 거리를 알려주었다면 어땠을까요? 더 빨리 딸을 찾아갈 수 있었을까요? 아무튼! 정확하지는 않지만, 자신의 위치를 어느 정도 파악한 주인공은 탈출한 자신과 빨리 만나 안전한 곳으로 가기 위해서 딸을 자신이 있는 위치로 오게 합니다.(스포일러가 되고 싶지는 않으니 여기까지만 소개할게요.)

여러분도 체험해볼 수 있습니다. 자, 당장 지도를 펴고 원을 2개 그려보세요. 282쪽 그림처럼 A, B 두 점에서 만나죠. 주인공은 둘 중에 어디 있을까요? 뭔가 정보가 더 있어야 한 지점으로 결정할 수 있습니다. 예를 들어 강이 주변에 있다면 A로 결정할 수 있겠네요. 더 나아가 이번에는 실제 GPS처럼 3차원으로 상상해보세요. 머릿속에 3개의 구를 그려봅니다. 2개의 구를 만나게 하면 원이 생깁니다. 이 원과 나머지 구가 만나면 마치 주전자의 손잡이처럼 두 점에서 만납니다. 위성 3개면 위치를 알 수 있다고 했는데, 이상하지 않나요. 이때 우리에겐 영화 속 주인공처럼 대략적 위치 정보가 필요합니다. 우리에게는 어떤 위치 정보가 있을까요? 바로 우리가 지표면 근처에 있다는 정보입니다. 사실은 이렇게 숨겨진 추가 정보를 하나 가지고 있어야 이론상 3개의 위성이면 위치를 결정할 수 있다고 할 수 있습니다.

그런데 위키의 설명을 더 자세히 읽어보면, "위성이 3개면 이론상 위치를 구할 수 있지만, 실제로는 시계 오차 때문에 4개의

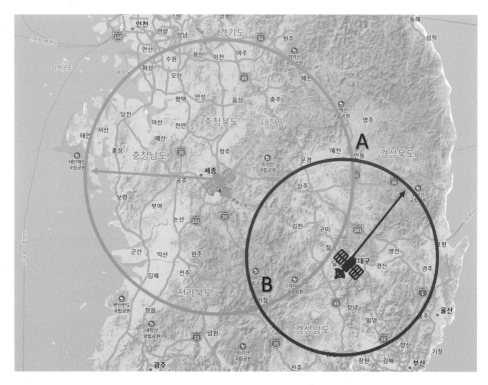

2차원 지도에서 내비게이션.

위성이 필요하다"라고 합니다. 이건 또 왜일까요? 다시 영화로 돌아가서 설명해보겠습니다. 주인공이 딸에게 하나, 둘, 셋에 수류탄을 던지라고 합니다. 언제 수류탄이 터졌는지 알아야 거리를 잴 수 있기 때문입니다. 만약 딸이 "셋" 하고는 1초 뒤에 수류탄을 던졌다면, 그 시간만큼 거리가 잘못 계산됩니다. 이런. 게다가

위성은 언제 신호를 보냈는지 말해줄 딸이 없고, 위성의 시계와 내 시계가 같은지 아무도 알 수 없으니 시간 오차를 구할 위성이 하나 더 필요합니다. 그래서 이론상 최소 4개의 위성이 필요하다고 하는 것입니다.

앞에서 위치를 아는 위성으로부터의 거리를 계산한다고 했는데, 예리한 분들은 '그럼 위성의 위치는 어떻게 알 수 있는지' 궁금해할 것 같네요. 반대로 생각하면 됩니다. 위성 하나에 위치를 아는 수신기가 지상에 4개 있다면, 역으로 위성의 위치를 계산할 수 있습니다.(실제 위성의 위치는 좀 더 복잡한 방법으로 계산하지만, 원리는 그렇습니다.)

자, 이제 GPS 위성이 최소 4개만 있으면 자신의 위치를 알 수 있다는 말이 이해되셨나요? 한발 더 나가서, 그렇다면 우리가 지금 위치에서 관측할 수 있는 위성은 실제로 몇 개일까요? 이번에는 계산하지 않아도 되니 안심하세요. 여러분이 가지고 있는 대부분의 스마트폰에는 항법 위성 신호를 수신할 수 있는 수신기가 장착되어 있으니 GPS 관련 앱을 설치하면 바로 확인 가능합니다. 앱을 실행하면 현재 수신할 수 있는 항법 위성 목록이 나오는데, 여러분이 대한민국에 있다면 아마 10개가 넘는 GPS 위성이 보일 겁니다. 실은 GPS 말고도 중국과 유럽, 러시아도 GPS 같은 시스템을 운영하고 있으니, 이 위성들까지 포함하면 50개 가까운 위성을 관측할 수 있습니다. 최소 4개만 있으면 되는데 이렇게 많으면 더 좋겠죠? 우선 수신기가 지표면 근처에 있다는 추가 정보가 필요 없게 되고, 위성이 많을수록 계산된 위치의 오차도 줄어듭니다. 마치 리뷰에 참여한 사람이 많을수록 맛집 평점의 신뢰도가 올라가는 것처럼요.

한 걸음 더 깊이 무엇인가에 관해 알게 되면 그 대상이 더 친밀해지는 것 같습니다. 여러분이 GPS에 숨겨진 원리를 이해함으로써 일상에서 만나는 우주 과학과 더 친밀해지길 바라봅니다. _R

GNSS View 앱을 실행한 화면 캡처.
2023/1/20 대전. (출처: GNSS View)

우주를
더 가까이!

혹시 이 글이 너무 어렵게 느껴졌다면, GPS의 원리를 설명하는 다양한 영상을 만나보세요. 아래 소개해드리는 영상과 이 글을 비교하면서, 한 걸음 더 들어간 GPS 원리의 차이를 발견해보세요.

- GPS는 어떻게 내 위치를 찾아내는 것일까?!

- GPS의 작동 방식은?

# 지구를 위한 모션 캡처

**#GNSS**
**#아바타**
**#지구평화**

영화 〈반지의 제왕〉, 〈혹성 탈출〉, 〈아바타〉의 공통점은 무엇일까요? 좀 어렵나요. 그럼 힌트 나갑니다. 〈반지의 제왕〉 속 골룸, 〈혹성 탈출〉의 시저, 〈아바타〉 속 나비족의 공통점은 무엇일까요? 이쯤 되면 짐작했을 것입니다. 바로 모션 캡처 기술이 화제가 된 영화라는 점입니다. 기존 컴퓨터 그래픽만으론 2퍼센트 부족한 섬세한 동작과 표정 연기를 모션 캡처 기술로 구현해 영화에 대한 몰입도를 높였죠.

모션 캡처는 우리 몸 전체나 일부에 센서를 장착하고 그 움직임을 컴퓨터 화면에 기록하는 기술입니다. 미세한 표정 변화까지 표현하려면 얼굴에 모션 캡처 센서를 촘촘히 달고, 역동적인 몸

짓을 담기 위해서는 몸 전체에 센서를 장착합니다. 그러니까 결국 모션 캡처 기술의 핵심은 몸에 달린 센서의 위치를 정밀하게 측정하는 것이라 할 수 있지요.

그럼 다시 묻겠습니다. 지구상에서 가장 큰 모션 캡처는 무엇을 대상으로 하고 있을까요? 바로 지구입니다. 모션을 캡처하는 센서는 GNSS 수신기이고, 그 위치를 정밀하게 측정하는 기술은 우리가 잘 아는 GNSS입니다(Day 47. 참고).

GNSS, 그중에서도 미국의 GPS 위성이 가장 먼저 서비스를 시작하던 시기부터, 학계에서는 지구 표면에 GPS 수신기를 설치하면 우주 공간상에서 지구의 미세한 움직임을 마치 우리의 몸을 모션 캡처하듯이 관측할 수 있지 않을까 하는 아이디어가 나왔습니다. 내 몸 전체를 모션 캡처해서 장기간 관측하면 내 볼록한 배가 오늘 과식해서 잠깐 그런 것인지 아니면 살이 쪄서 그런지 알 수 있는 것처럼요. 마찬가지로 전 지구 표면에 센서가 장착되어 있고 이를 관측할 수 있다면, 지구의 모양이 변하고 있는지, 변하면 얼마나 어떻게 변화하고 있는지 알 수 있지 않을까 생각한 것이죠.

그리고 우리는 지금 실제로 전 지구에 GNSS 수신기를 설치해 거의 실시간으로 지구의 변화를 관측하고 있습니다. 현재 600개 정도의 GNSS 수신기가 전 지구에 펼쳐져 있습니다. 그리고 이들 수신기의 위치는 거의 밀리미터 단위 정확도로 위치를 계산

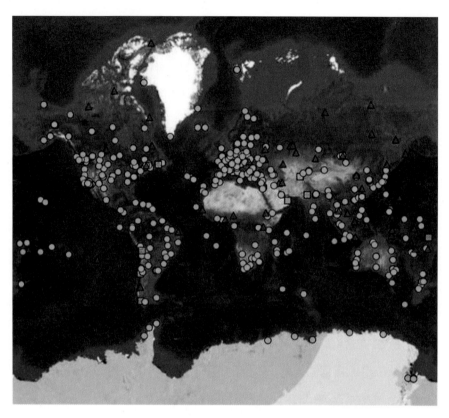

국제 위성 항법 서비스International GNSS Service에 등록된 GNSS 관측소 현황. (출처: IGS)

할 수 있습니다. 이를 이용해서 우리는 실험실에서 모션 캡처 센서를 장착한 배우의 움직임을 컴퓨터 화면에서 보듯이, 지구의 변화를 실시간으로 관찰할 수 있는 것입니다.

　그런데 전 세계에 600개에 가까운 GNSS 수신기를 설치해놓고 실시간으로 수집하고 계산할 수 있는 하나의 나라가 있을까요? 불가능합니다. 그럼 누가 할까요? 모두 함께하고 있습니다.

전 세계 수많은 국가가 지구 곳곳에 GNSS 수신기를 설치해서 운영하고, 그 관측 결과를 공유하고 있습니다. 물론 우리나라도 함께하고 있습니다. 대전에 있는 한국천문연구원과 수원에 있는 국토지리정보원 등에 설치되어 있습니다.

TV 뉴스나 신문 등을 통해 본 세상에서는 전 세계가 경쟁만 하는 것처럼 보이지만, 이렇게 협력하는 일도 있다는 것이 위안이 되기도 합니다. 이런 협력에 가장 적합한 사람들은 바로 과학자들입니다. 과학 기술은 미래의 먹거리를 위한 투자입니다. 또한 우리 과학 기술은 꼭꼭 숨겨야 하는 것처럼 말하지만, 진짜 과학 기술의 가치는 당장 돈이 되지는 않더라도 인류에게 도움이 되는 일을 하는 것, 경제적인 이익은 잠시 뒤로하고 협력하는 데 있습니다. 그렇기에 지금 경제적으로는 각국이 전쟁을 방불케 하는 치열한 경쟁을 벌이고 있지만, 과학계는 나름 치열하게, 쉼 없이 움직이는 지구를 관찰하기 위해 협력하고 있는 것입니다.

건강관리의 기본은 날마다 체중계에 올라가고 거울로 내 몸을 살피는 것에서 출발한다고 합니다. 마찬가지로 GNSS를 이용한 지구 모션 캡처 기술은 기후와 같은 환경의 변화로 발생하는 쓰나미나 지진 등 대규모 재난을 감시하고, 또 그 피해를 줄이기 위한 출발점이기 때문입니다. _R

지구를 모션 캡쳐하기 위해서는 기준점을 먼저 잡아야 합니다. 국제 표준의 지구 중심과 x, y, z 축을 정해야 합니다. 예전엔 국가마다 다른 좌표계를 썼거든요. 유엔은 모든 국제 표준 좌표계를 정의해서 함께 사용하기 위한 연구를 진행하고 있습니다. 좌표계 이름은 GGRFGlobal Geodetic Reference Frame입니다. 유엔이 운영하는 웹 사이트에서 GGRF 소개 자료와 GGRF를 위한 과학자들의 노력을 영상으로 확인해보세요.

# 우주선 공동묘지,
# 포인트 니모

#Nemo
#물고기아님
#지구재진입

✦ 우리의 평화로운 묘지가, 수면에서 수백 피트 아래 저곳에 있습니다.

프랑스의 작가 쥘 베른Jules Verne의 소설 《해저 2만 리》에 등장하는 잠수함 노틸러스호는 태평양, 인도양, 대서양을 거쳐 남극에서 북극해까지 종횡무진 바닷속을 이동합니다. 선장의 이름은 네모Nemo, 라틴어로 'No One(아무도 아니다)'이라는 뜻입니다.

남태평양 한가운데에 바로 이 네모 선장의 이름을 딴 곳이 있습니다. 포인트 니모(Nemo의 영어식 발음)라 불리는 이곳의 위치는 서경 123도 23분 33초, 남위 48도 52분 32초이며, 동서남

북 어느 방향으로 보아도 육지에서 가장 멀리 떨어진 곳입니다. 1992년 크로아티아의 과학자 흐르보예 루카텔라Hrvoje Lukatela가 자신이 만든 프로그램으로 계산해서 발견했습니다. 가장 가까운 육지는 모아이 석상으로 유명한 이스터섬으로 대략 2700킬로미터 떨어져 있고, 사람이 가장 가깝게 다가가는 순간이 국제 우주 정거장이 이 지점 상공(고도 약 400킬로미터)을 지날 때라니 정말 외딴 곳이 맞는 것 같습니다. 사실 《해저 2만 리》에서 노틸러스호는 포인트 니모를 방문한 적이 없습니다. 하지만 어떤 이유에선지 육지에 절대 발을 디디려 하지 않았던 네모 선장을 떠올리면 왜 그의 이름을 따서 지었는지 이해가 갑니다.

이 주변은 포인트 니모라고 이름 붙이기 전부터 우주선의 공동묘지로 사용하고 있습니다. 수명을 다해 지구로 추락하는 인공위성이나 로켓의 잔해 대부분은 지구 대기와 마찰하며 불타 없어지지만, 러시아의 우주 정거장 미르처럼 덩치가 크면 다 타기 어려워 바다로 떨어지도록 유도합니다. 그렇다고 제주도처럼 사람 사는 섬 근처에 떨어뜨렸다간 큰일 날 테니 가능한 한 사람의 거주지에서 멀리 떨어진 곳을 찾았고, 결국 남태평양 한가운데가 당첨되었습니다.

1971년부터 구소련에서 만든 우주 정거장 시험 모듈인 살류트Salyut를 비롯해 미르 우주 정거장, 국제 우주 정거장의 전신 스카이랩, 중국의 우주 정거장 모듈인 톈궁天宮 1호 등 200개가 넘

는 우주 물체의 잔해가 가라앉아 있고, 2030년에 퇴역할 국제 우
주 정거장도 이곳에 묻힐 예정입니다. 국제 우주 정거장은 크기
가 압도적인 만큼 이곳으로 보내는 것도 만만치 않은 일입니다.

우주 물체는 지구 대기로 다시 진입하면 부서지고 쪼개져 파
편의 개수가 기하급수적으로 늘어납니다. 그런 탓에 이들 각각의

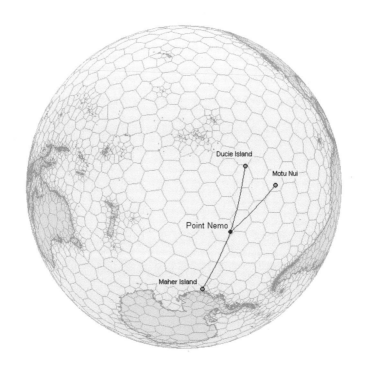

포인트 니모와 가까운 섬들. 모투 누이Motu Nui 섬까지 거리는 대략 2700km이다. (출처:
www.lukatela.com/pointNemo)

경로를 예측하는 것은 거의 불가능에 가깝죠. 그래서 최대한 낙하 속도와 추락 위치를 예측할 수 있도록 정거장 제어가 필요한데, 이를 위해 NASA는 여러 기관과 함께 퇴역 작업을 검증하고 진행할 예정입니다.

여기까지 듣다 보면 바다 생물과 환경오염에 대한 걱정이 조금씩 생깁니다. 난파선에 물고기를 비롯한 해양 생물이 터를 잡고 사는 경우는 있지만, 과연 바다에 가라앉은 우주 물체 잔해도 그럴까요? 직접 가보지 않은 이상 확인할 방법은 없습니다만, 이지역은 남태평양 환류의 중심에 있어 영양분 유입이 적기 때문에 해양 생물이 번성하기에 좋은 조건은 아니라고 합니다. 또한 해양을 오염시킬 수 있는 연료는 대기에 진입할 때 대부분 불에탈 것으로 예상하니 걱정은 덜어도 될 것 같습니다.

하지만 앞으로도 인공 우주 물체는 늘어날 것이고, 언제까지 이곳에 타다 만 잔해를 쌓아둘 수도 없으니 우주 잔해, 즉 우주 쓰레기를 처리하는 근본적인 해결책이 필요하지 않을까요?

여담인데, 《해저 2만 리》는 제목에 번역 오류가 있습니다. 원래 프랑스어 제목은 《Vingt mille lieues sous les mers》로, lieue는 4킬로미터를 나타내는 거리 단위입니다. 그래서 제목에 나와 있는 숫자를 곱하면 20×1000×4킬로미터, 즉 8만 킬로미터이며 이를 '리'로 환산하면 대략 20만 리입니다. 해저 '2만 리'가 아니라 해저 '20만 리'인 것이죠. 일본 번역판을 들여오는 과정에서 일본과 우리의 거리 단위(리)가 다른 것을 미처 고려하지 않아 발생한 일인데, 워낙 유명한 소설이라 다시 바꾸기가 어려운 모양입니다. _W

우주를
더 가까이!

포인트 니모를 발견한 흐르보예 루카텔라가 운영하는 홈페이지가 있습니다. 그가 만든 프로그램과 계산 방식, 그리고 포인트 니모라고 이름 붙인 이유에 대해 더 자세한 내용을 알고 싶다면 방문해보세요.

# 나를 잊지 말아요

#인공위성의생애
#우주잔해

10, 9, 8, … 3, 2, 1, 점화Ignition, 발사Lift off!

지구 주위를 돌든, 지구 중력을 탈출해 다른 행성으로 가든, 우주로 나가는 인공위성은 이런 발사 순간을 위해 여러 가지 시험을 치릅니다. 지극히 추운 우주지만 동시에 뜨거운 태양열을 견뎌야 하며, 자칫 부품을 고장 낼 수 있는 강력한 에너지를 가진 우주 방사선으로부터 자신을 보호해야 합니다. 로켓을 타고 지구 대기를 벗어나는 중에 겪는 엄청난 진동과 충격을 견디는 건 당연한 일이죠. 그래서 인공위성은 몇 년에 걸쳐 혹독한 시험을 치르고 우주로 나갑니다.

시험은 이뿐만이 아닙니다. 과학자와 기술자들은 인공위성과

인공위성을 실은 누리호 발사 모습. (출처: KARI)

함께 여기에 실린 각종 카메라와 센서들이 최고의 성능을 발휘할 수 있도록 설계와 제작에 많은 시간과 노력을 쏟습니다. 원하는 대로 작동하는지 수많은 시험을 하면서 말이죠. 그래서 인공위성을 개발하는 일은 보람차지만, 몸도 마음도 고된 일입니다.

이렇게 애정을 쏟았건만, 사람도 수명이 있듯이 인공위성도 영원히 살 수는 없습니다. 크기와 고도, 임무 등에 따라 다르지만 짧게는 1~3년, 길게는 평균 10~15년 정도 우주에서 맡은 임무를 수행합니다.

물론 목성이나 토성 등 장거리 여행을 하는 우주 탐사선은 예외입니다. 가는 데만 몇 년이 걸리거든요. 혹독한 우주 환경에 부품의 성능이 떨어지기도 하지만 가장 큰 문제는 바로 연료입니다. 지구 주위를 도는 인공위성은 여러 가지 힘을 받고 있습니다. 가장 큰 힘은 바로 지구 중력이지만 태양계 내 다른 천체의 인력, 태양 복사에 의한 압력, 지구 대기에 의한 마찰력도 받습니다. 그리고 이 힘들이 인공위성을 제자리에서 벗어나게 하므로 인공위성은 종종 연료를 사용해 원래 위치로 돌아갑니다. 그런데 연료가 바닥나면 더는 위치를 유지하지 못하게 되고, 결국은 주어진 임무 수행을 포기해야만 하죠. 우리는 이때 인공위성이 수명을 다한 것으로 판정합니다.

　그렇다면 이렇게 수명을 다한 인공위성은 어떻게 될까요? 아까도 말했듯이 인공위성은 지구 쪽으로 끌어당기는 중력과 대기 마찰력을 받고 있습니다. 특별한 힘을 보태지 않는 한 자연스럽게 지구 주위를 롤리팝마냥 빙글빙글 돌면서 지구로 떨어지겠죠. 그러나 걱정하지 마세요. 인공위성 대부분은 별똥별처럼 대기로 진입하는 중에 불타 없어질 테니까요. 다만 문제는 이렇게 떨어지는 데 걸리는 시간이 매우 길다는 것입니다. 인공위성이 가장 많이 떠 있는 곳은 지상으로부터 500~1500킬로미터 상공입니다. 대기 밀도가 높다면 대기 마찰이 커 빨리 떨어질 테지만 이곳은 대기가 희박해 떨어지기까지 수년에서 수십 년, 이보다 높은 고도에 있는 경우 수백 년이 걸릴 수도 있습니다. 심지어 천리안

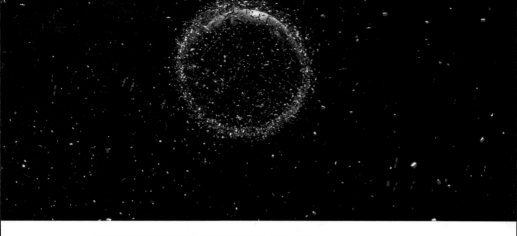

지구를 둘러싼 인공위성과 우주 잔해 상상도. (출처: ESA)

위성처럼 지구와 같은 속도로 도는 정지 궤도 위성은 고도가 무척 높아 지구로 추락할 가능성이 거의 없습니다.

그러면 만약 수명이 다했는데도 지구로 떨어지지 못한 인공위성들을 그대로 둔다면 어떻게 될까요? 더는 새로운 인공위성을 발사할 수 없거나 인공위성끼리 충돌할 수도 있습니다. 충돌로 생긴 파편은 단지 몇 센티미터에 불과하더라도 총알보다 10배 이상 빨라 다른 인공위성이나 우주인들에게 심각한 위협을 가하기도 합니다.

그래서 지금 국제사회에서는 이렇게 수명이 다한 인공위성이나 파편, 로켓 잔해 등을 우주 잔해 또는 우주 쓰레기라고 부르며 제거하려고 노력 중입니다. 정확히는 애초 우주에 잔해를 남기지 않기 위한 작전을 진행 중입니다. 연료를 조금 남긴 상태에서 임무 종료 후 일부러 지구로 떨어뜨리는 것이죠. 그리고 고도가 아주 높은 정지 궤도 위성은 그곳에 올 다음 타자를 위해 더 높은 곳으로 보내버리기도 합니다. 이미 떠 있는 우주 잔해는 연료가 바닥이라 이동시키기 힘들어서 로봇이나 끈끈이로 포획해 강제 진입시키는 방법도 나오고 있습니다.

성공한다면 지구에서 태어나 우주로 나간 이 아이들이 다시 지구의 품으로 돌아올 수 있으니 기쁜 일이죠. 그러니 우주 잔해를 마냥 쓰레기라고만 부르지는 말아주세요. 많은 이에게 사랑받으며 단 하루도 쉬지 않고 지구와 저 멀리 우주를 바라보며 열심히 일했던 아이들이니까요. _W

**우주를 더 가까이!**

한국천문연구원은 우주에 떠 있는 인공위성과 잔해, 그리고 지구를 위협하는 소행성을 감시하고 추락을 예측하는 국가 지정 우주환경감시기관입니다. 지구를 지키기 위한 이들의 활약에 대해 자세히 알고 싶다면 웹 사이트를 방문해주세요.

**Day 52**

# 오늘의 우주 날씨입니다

#태양폭발
#우주폭풍
#전리권교란

"오늘의 우주 날씨입니다. 어제 오전 발생한 **태양 폭발**의 영향으로 오늘 오후부터 내일 새벽까지 **우주 폭풍** 경보를 발령할 예정입니다. 휴대폰과 GPS는 우주 폭풍 모드로 변경해주시고, 우주선을 이용할 분들은 될 수 있으면 여행을 자제해주시기 바랍니다."

도대체 무슨 일이 일어난 것일까요? 영화의 한 장면 같겠지만, 이 상황은 2035년에 실제로 듣게 될지 모를 우주 날씨 예보입니다. 빠르면 10년 후, 우리의 생활 반경이 지구에서 우주로 넓어져 누구나 우주에 갈 수 있는 시대가 오게 될지 모르니까요.

오늘은 미래의 우주여행에 대비해 우주 날씨에 대한 몇 가지

정보를 드릴까 합니다.

먼저 태양 폭발이 무엇인지 알아봅시다. 태양은 지구에서 가장 가까운 별로 태양을 중심으로 지구와 같은 행성(수성, 금성 등), 행성에 딸린 위성(달), 그리고 소행성이 주위를 돌며 태양계를 이룹니다. 태양에서 나오는 빛과 열은 지구의 생명체를 번성하게 했습니다. 식물은 광합성을 하고 태양열을 품은 지구의 대기는 햇빛이 없는 밤에도 사람이 살 수 있을 만큼 온도를 유지해줍니다. 이렇게 고마운 태양이지만 때로는 무섭게 돌변합니다. 엄밀히 말하면 태양이 돌변한다기보다는 흑점이라는 녀석이 말썽을 일으키는 것이지만요.

태양을 자세히 들여다보면(맨눈으로 보면 절대 안 됩니다!) 검은 얼룩처럼 보이는 흑점을 심심치 않게 볼 수 있습니다. 이 흑점은 주변보다 온도가 낮아 어두운 지역으로, 다른 지역에 비해 태양 내부로부터 열전달이 잘되지 않습니다. 이곳의 강한 자기장이 기체의 대류를 방해해 열을 전달하기 어렵게 만들기 때문이죠.

지구에서 보는 흑점은 '점'이라고 표현할 만큼 작지만, 실제로는 그 안에 지구가 들어가고도 남을 만큼 거대합니다. 이 흑점은 고정된 것이 아니라 신기하게도 11년을 주기로 그 개수가 늘었다 줄었다 하는데, 태양 폭발은 흑점의 개수가 많아질 때 자주 발생합니다. 흑점의 자기장이 점점 강해져 품고 있는 에너지가 늘어나면 결국 폭발하듯 에너지를 내뿜게 되고, 이를 태양 폭발이

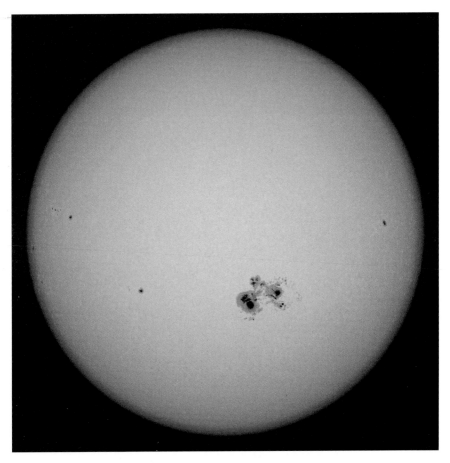

NASA SDO Solar Dynamics Observatory 위성에서 찍은 태양 흑점 사진. (출처: SDO 데이터센터)

라고 합니다. 그리고 이때 태양을 구성하는 물질과 자기장 덩어리들이 튀어나옵니다.

문제는 이 덩어리들이 지구로 돌진할 경우입니다. 짧게는 수시간, 길게는 수일에 걸쳐 태양과 지구 사이 공간을 빠른 속도로 지나 지구를 덮칩니다. 다행히 지구는 거대한 자석과 같이 자기장으로 둘러싸여 있기에 태양으로부터 오는 높은 에너지의 입자를 대부분 막아냅니다. 하지만 북극과 남극은 자기장이 열려 있어 이 입자들이 지구 대기로 마구 쏟아져 들어옵니다. 우주 폭풍(지자기 폭풍)이 시작되는 순간입니다.

이때 지구 대기는 가열되어 팽창하고 인공위성이 다니는 곳의 대기 밀도를 높여 위성을 추락시키기도 합니다. 무엇보다 극지방에서 시작된 대기 변화는 전 지구로 퍼져 나가 대기 중 전자밀도를 변화시키는데, 우리가 항상 사용하는 GPS는 전자 밀도가 빠르게 변할 때 제 성능을 발휘하기 힘듭니다. GPS가 이미 우리 생활 속 깊숙이 들어와 있는 만큼 그 피해도, 불편도 커지겠지요. 차량 내비게이션이 엉뚱한 곳을 가리킬 수도 있고, 주식 시장이 마비될 수도 있습니다.(GPS는 전 세계 시각을 하나로 맞춰주는 역할도 하기 때문입니다.) 만약 우주선을 타고 여행한다면 쏟아지는 고에너지 입자, 즉 우주 방사선에 피폭될 가능성도 큽니다. 당연히 건강에도 좋지 않죠.

그래서 전 세계 우주 과학자들은 우주 날씨를 예측하기 위해 열심히 노력 중입니다. 우주에서 또는 지상에서 태양 폭발이 일어나는지 지켜봅니다. 그리고 폭발이 일어나는 순간, 지구에 도달할 시간, 들어오는 에너지의 양, 그리고 이 에너지가 지구에 미칠 영향을 여러모로 계산합니다.

우주 날씨 예측도 비 올 확률을 예측하는 것과 마찬가지로 매우 어렵습니다. 사실 더 어려운 것 같습니다. 정확한 예측을 위해서는 수많은 관측 자료가 필요하지만, 현재로선 직접 우주 공간을 관측하고 필요한 물리량을 계산하는 데 한계가 있기 때문입니다.

이르면 2025년부터 상업용 우주 관광을 시작할 것이란 뉴스가 나오고, 비행기 대신 우주선으로 세계 곳곳을 하루 만에 왔다 갔다 할 수 있는 우주 대중교통 시스템 개발이 더는 허황한 꿈이 아닌 시대가 다가오고 있습니다. 인간의 활동 영역은 지구를 넘어 달, 화성까지 미칠 것이고, 거대한 우주 정거장처럼 언젠가 우주 도시를 건설할 수도 있습니다. 우주는 이제 저 먼 안드로메다가 아닌, 바로 우리가 살아가는 공간입니다.

매일 아침 뉴스와 라디오에서 우주 날씨 예보를 듣게 될 날이 머지않았습니다. _W

**우주를 더 가까이!**

사실 우주 날씨는 태양 활동의 영향만 받는 건 아닙니다. 지진과 해저 화산 폭발 등으로 발생한 대기의 파동이 위로 퍼져 나가며 전리권을 교란하기도 하죠. 2011년 동일본 대지진으로 발생한 전리권의 교란을 보여주는 영상을 통해 직접 확인해보세요.

# 코로나 수수께끼

**#코로나**
**#태양풍**

한때 미국 맥주 진열대에 뒷면으로 놓인 맥주가 있었습니다. 바로 멕시코의 대표 맥주 브랜드인 코로나Corona입니다. 2020년에 발생한 코로나19 바이러스의 부정적인 이미지로 인해 같은 이름의 맥주 판매량이 지속적으로 하락하자, 해당 브랜드는 로고가 있는 앞면이 아니라 성분표가 있는 뒷면으로 진열하는 마케팅을 시도했습니다. 로고보다 착한 성분을 강조한 전략으로 말이죠.

코로나는 라틴어로 왕관이란 뜻입니다. 맥주는 거품 모양이, 바이러스는 표면 돌기 모양이 뾰족뾰족 솟아난 왕관 모양을 닮아 그리 이름 붙였다고 합니다. '코로나' 하면 이 두 가지를 떠올리는 분이 많겠지만, 천문학자들은 태양의 바깥쪽 대기인 코로나를 떠올립니다. 태양 코로나의 자태 역시 왕관의 이미지를 닮았으며 그 어원이 같습니다.

불과 2~3년 전 의학계에서 코로나19 바이러스의 종식이 뜨거운 감자였듯, 태양의 코로나도 현재까지 태양을 연구하는 과학자들이 가장 풀고 싶어 하는 수수께끼 중 하나입니다. 그 이유는 태양은 중심에서 가장 멀리 떨어진 바깥 대기 부분인 코로나가 태양 표면보다 훨씬 더 뜨겁기 때문입니다. 태양 표면의 평균 온도가 6000도인데 코로나의 평균 온도는 100만~500만 도입니다. 난로에 불을 지피는데 난로보다 난로 주변의 공기가 더 뜨거운 상태라는 말이죠. 물리학 법칙에 따르면, 열은 뜨거운 곳에서 차가운 곳으로 이동하기 때문에 태양 내부 핵의 열이 순서대로 전달된다면 표면이 코로나보다 더 뜨거워야 합니다. 도대체 왜 태양 대기인 코로나가 태양 광구보다 더 높은 온도로 가열되는지 그 과정이 수수께끼입니다.

또 코로나에서는 태양 물질들이 폭발과 함께 뿜어져 나오는 '코로나 질량 방출' 현상이 일어나는데, 이는 코로나로부터 나온 플라스마 입자들이 거대한 자기장 구름 형태로, 초속 1000킬로미터 이상의 높은 속도로, 우주 공간으로 빠져나오는 현상입니다. 이러한 코로나 질량 방출이 지구로 향하게 되면 지구 자기장에 폭풍을 발생시키며 지구 통신이나 전력망에 해를 끼칠 수 있습니다.

태양 코로나에서는 태양의 플라스마가 끊임없이 불어 나오는 태양풍이 존재합니다. 빠른 속도로 불어 나오는 태양풍이 있는데, 이러한 태양풍이 지구로 향하면 지구 자기장에 폭풍을 발생시키기도 합니다. 하지만 여전히 태양풍이 어디서부터 가속되는지는 알지 못합니다.

개기일식 순간의 코로나. ⓒ 전영범

도대체 코로나는 왜 온도가 높으며 태양풍은 어떻게 가속될까요? 이 수수께끼를 풀 수 있다면, 태양풍이 어떻게 생성되고 어떤 방법으로 지구에 도달하는지를 이해해 지구에 미치는 환경 변화를 예측하는 데 큰 도움이 될 것입니다. 그래서 과학자들은 코로나를 연구합니다.

그런데 태양의 코로나는 본체인 태양 광구에 비해 100만 배나 어둡기 때문에 평소에는 관측이 어렵고, 태양이 달에 완전히 가려지는 개기일식 때나 관측이 가능합니다. 하지만 개기일식이 날마다 오는 기회가 아니므로 과학자들은 인공적으로 태양을 원반 모양으로 가려 항상 개기일식처럼 관측할 수 있는 특수한 망원경인 코로나그래프를 개발했습니다.

현재 우주에서는 소호Solar and Heliospheric Observatory; SOHO 위성에 장착된 라스코Large Angle and Spectrometric Coronagraph; LASCO 코로나그래프와 스테레오Solar TErrestrial RElations Observatory; STEREO 쌍둥이 탐사선에 장착된 코로나그래프가 각각 25년, 15년 이상 활동해오고 있습니다. 그리고 2024년에는 국제 우주 정거장에 우리나라가 NASA와 공동 개발한 최첨단 코로나그래프가 실립니다. 이 코로나그래프가 관측하고자 하는 태양 반경의 2.5~10배에 이르는 영역은 태양 근처에서 태양풍이 세지는 중요한 영역입니다. 지금까지 이 부분에 대한 밀도, 온도, 속도의 동시 관측은 거의 이루어지지 않았는데, 이 자료들은 현재 태양 가까이서 활동하고 있는 NASA

의 파커 태양 탐사선Parker Solar Probe이나 유럽우주국의 솔라 오비터 Solar Orbiter의 자료와 함께 분석돼 태양 코로나와 태양풍의 특성을 이해하는 데 큰 도움이 될 것입니다.

코로나19가 완전히 사라진 2024년의 어느 날, 태양 코로나의 수수께끼를 풀기 위해 우리가 만든 코로나그래프가 국제 우주 정거장으로 발사된다면, 태양 연구자들과 레몬 한 조각 넣은 코

소호 위성으로 관측한 코로나와 태양 폭발 현상. (출처: NASA)

로나 맥주를 높이 들며 자축하고 싶습니다.

'코로나'라는 단어가 어두움보다는 밝음, 절망보다는 희망 그리고 시련을 극복한 인류의 도전을 상징하는 또 다른 왕관이 되길 그려봅니다. _J

우주를
더 가까이!

태양 탐사선이 보내온 코로나와 코로나 질량 방출 모습을 영상으로 확인할 수 있습니다. 거대한 태양에서 그의 몸집보다 크게 물질들이 뿜어져 나오는 활동을 보면 태양의 역동성에 대한 감탄과 두려움을 동시에 느끼게 됩니다.

**Day 54**

# 이번 휴가는 우주에서?

#우주여행
#우주교통시대

✦ 기차가 어두움을 헤치고 은하수를 건너면, 우주 정거장에 햇빛
   이 쏟아지네.

1980년대에 어린 시절을 보낸 사람이라면 귀에 익숙할 이 구절은 〈은하철도 999〉라는 애니메이션의 주제가입니다. 이 애니메이션은 서기 2221년을 배경으로 소년 철이가 자기 몸을 기계로 바꾸기 위해 기계 행성으로 가는 길에 겪는 다양한 일화로, 우주를 여행하는 수단은 현재를 살아가는 우리에게 매우 익숙한 '기차'입니다. 각 행성엔 기차역, 즉 우주 정거장이 있고, 기차에 탄 승객들은 정거장에 도착하면 기차에서 내려 행성을 둘러

보기도 합니다.

치렁치렁한 금발을 늘어뜨린, 베일에 싸인 여주인공 메텔과의 가슴 아픈 이야기와 씁쓸한 결말은 차치하고라도, 가수 김국환이 부른 주제가와 기차를 타고 우주 곳곳을 여행하는 설정만큼은 깊은 인상을 남겼습니다.

〈은하철도 999〉의 주제가가 울려 퍼지던 1980년대로부터 약 30년 후, 살아생전 꿈도 못 꿀 줄 알았던 우주여행이 바로 코앞으로 다가온 것 같습니다. 2021년 무려 세 곳의 우주 기업에서, 훈련받은 우주인들이 아닌 민간인들을 우주로 올려 보냈죠. 지금이야 비용이 억 소리 나게 비싸 억만장자나 할리우드 스타들만 갈 수 있을 것 같지만, 전 세계 여러 기업이 너도 나도 우주여행 사업에 뛰어든다니 생전에 우주 한번 밟아보는 게 언감생심은 아닐 듯합니다.

우주여행의 포문을 연 것은 버진 갤럭틱Virgin Galatic입니다. 버진 레코드Virgin Records, 버진 애틀랜틱Virgin Atlantic 항공 등으로 유명한 버진 그룹을 만든 리처드 브랜슨Richard Branson이 우주 관광을 목적으로 설립한 우주 기업이죠. 버진 갤럭틱의 우주여행 방식은 독특합니다. 일단 보잉 747을 고쳐서 만든 특수 항공기가 승객이 탄 소형 비행기 VSS 유니티Unity를 매달고 성층권까지 올라간 후 분리합니다. 떨어져 나온 VSS 유니티는 약 86킬로미터 상공까지 수직으로 상승해 탑승객에게 무중력에 가까운 우주의 경험을 선사했습니다. 착륙할 때도 우주 왕복선처럼 바퀴를 내리고 활주로를 달린 후 멈춰 섰습니다. 멋지지 않나요?

그리고 며칠 뒤 아마존Amazon의 설립자 제프 베이조스Jeff Bezos가 설립한 블루 오리진Blue Origin이 두 번째로 민간 우주여행에 성공했습니다. 재활용이 가능한 뉴 셰퍼드New Shepard라는 우주 발사체로 승객이 탄 캡슐을 100킬로미터 이상 상공까지 올려 보냈죠. 캡슐이 지상에 착륙할 때는 거대한 낙하산을 이용했고요. 물론 우주의 시작이라는 카르만 라인(고도 100킬로미터)을 넘었는지 아닌지로 우주여행의 성공을 따진다면 버진 갤럭틱이 아닌 블루 오리진이 최초의 성공 기업이겠지만, 글쎄요. 우주의 경계를 단순히 고도로 따지는 건 그다지 의미 없는 것 같습니다.

대신 블루 오리진의 첫 비행에서는 당시 여든두 살이었던 월리 펑크Wally Funk가 탑승해 화제가 됐습니다. 사실 그녀는 1960년대에 여성 우주인의 가능성을 시험하던 머큐리Mercury 13에 선발되어 여러 시험을 통과했으나, 프로그램 자체가 취소되는 바람에 우주인이 되지 못했습니다. 그리고 60년이 지난 후 드디어 우주인, 그것도 최고령 우주인으로 등극한 것입니다.

하지만 진짜 우주여행의 강자는 그로부터 2개월 뒤 등장합니다. 바로 스페이스엑스입니다. 잇따른 사고와 막대한 유지 비용 탓에 퇴역한 우주 왕복선 대신 크루 드래건이라는 캡슐형 우주선을 개발하고, 국제 우주 정거장으로 우주인을 실어 나르는 스

블루 오리진 비행 후 기자 회견에 참석한 월리 펑크. (출처: Blue Origin)

페이스엑스에서 바로 이 크루 드래건을 사용해 우주여행 프로그램을 만든 것이죠. 우주 체험 시간이 고작 몇 분에 불과했던 앞선 두 여행과 달리 스페이스엑스의 여행에선 사흘간 인공위성이 지나다니는 575킬로미터 고도에서 지구 주위를 돌며 우주를 만끽했습니다. 좁은 공간에 오래 머물러 좀 답답했을지는 모르겠습니다만.

다가올 우주여행의 미래는 이뿐만이 아닙니다. 비싼 우주여행 상품을 사지 않더라도 우주에서 지구를 바라볼 기회가 곧 올지도 모릅니다. 스페이스엑스에서는 화성에 사람을 보낼 거대한 우주선 스타십을 이용해 우주 교통 시대를 준비하고 있습니다. 비행기로는 15시간 걸리는 인천에서 뉴욕까지를, 대기 마찰이 없는 우주로 나가면 한두 시간 만에 갈 수 있거든요. 일본에서도 비슷한 시스템을 계획하고 있다니 억만장자가 아니더라도 우주에 발 디딜 수 있는 날이 생각보다 빨리 오지 않을까 기대해봅니다._W

**우주를
더 가까이!**

첫 번째 민간 우주여행이었던 버진 갤럭틱 'VSS 유니티'의 비행 모습을 영상으로 확인해볼까요? 공중 발사Air-Launch라고 부르는 이 방식은 인공위성을 실은 소형 로켓을 우주로 보낼 때도 사용합니다.

**Day 55**

# 지구의 미래

#지구온난화
#탄소중립
#우주태양광발전

영화 〈인터스텔라〉를 보셨나요? 보셨다면 가장 인상 깊었던 장면은 무엇인가요? 아마 여러분은 물리학자 킵 손Kip Thorn에게 자문을 받았다는 거대한 블랙홀, 가르강튀아Gargantua를 떠올릴지 모르겠습니다. 하지만 저에게 그보다 더 충격적이고 오랫동안 기억에 남았던 모습은 바로 끝없는 옥수수 밭에 모래바람이 쉼 없이 불어와 숨 쉬기조차 힘든 미래의 지구 모습이었습니다.

지금처럼 지구 온난화로 말미암은 이상 기후가 계속된다면 영화 속 이야기가 아닌 현실이 될 가능성이 커 보입니다. 지구 온난화는 세계 곳곳에 가뭄과 폭우를 일으키고, 빙하를 무너뜨리고, 해수면을 상승시켜 인간의 생존을 위협하고 있습니다. 또한 시베리아의 영구 동토층을 녹게 해 대기 중 이산화탄소보다 훨씬 많은 온실가스를 배출함으로써 지구 온난화를 가속화할 위험이 큽니다. 문제는 이런 거대한 위협이 몇백 년 후가 아닌 바로 우리 코앞에 닥쳐왔다는 것입니다.

아시다시피 이 무시무시한 지구 온난화의 주범은 온실가스이고, 온실가스의 80퍼센트 이상을 차지하는 게 바로 이산화탄소입니다. 하지만 아이러니하게도 지구에 생물이 번성할 수 있는 환경이 만들어지기까지는 바로 이 이산화탄소의 역할이 컸습니다. 대기 중 이산화탄소가 너무 많으면 금성처럼 지나치게 뜨거워지고, 너무 적으면 화성처럼 일교차가 커 사람이 살기 어려운 행성이 됩니다. 이산화탄소 양이 적당한 수준을 유지했기에 우리가 지구에서 살아남을 수 있었던 것이지요.

그러나 산업화 이후 자동차와 전기를 생산하는 발전소의 연료는 주로 화석 연료였고, 이 화석 연료 속 탄소가 이산화탄소 형태로 배출되다 보니 대기 중 이산화탄소 농도가 급속히 증가해 평균 기온을 높이고야 말았죠. 사태의 심각성을 깨달은 전 세계 여러 나라가 실천하고 있는 '탄소 중립'은 사람의 활동으로 인한 온실가스, 즉 이산화탄소 배출량을 0으로 만들어 더 이상의 지구 온난화를 막자는 것입니다. 결국 화석 연료를 대체할 수 있는 새로운 에너지원을 찾아야 합니다.

우리는 사실 인간이 처음 이 땅에 출현했을 때부터, 그리고 아마 사라질 때까지도 끊임없이 에너지를 공급할 수 있는 거대한 에너지원을 알고 있습니다. 아침에 동쪽에서 나타나 하늘을 가로질러 저녁 무렵에 서쪽으로 사라지는, 바로 '태양'입니다.

태양광 발전은 더는 낯선 용어가 아닙니다. 고속도로나 국도를 달리다 보면 자주 볼 수 있는 산비탈에 세워진 푸른색의 태양 패널은 건물 옥상에만 가도 볼 수 있고, 시계나 장난감 등에도 들어갑니다. 최신 기술도 아닙니다. 태양 빛을 전기로 변환하는 태양 전지는 1954년 벨Bell 연구소에서 개발했고, 1958년 미국의 뱅가드Vanguard 위성에 전기를 공급하는 장치로 실리기도 합니다. 지금도 여전히 인공위성에서 필요한 전력은 주로 태양광 발전으로 얻고 있습니다.

문제는 효율입니다. 지상에서 태양광으로 얻는 전력은 생각보다 크지 않습니다. 대기나 구름에 의한 산란이나 흡수로 지상에 직접 도달하는 태양 에너지는 원래의 25퍼센트 정도에 불과합니다. 게다가 낮과 밤이 있고 햇빛 쨍한 맑은 날만 있는 게 아니니, 사실 태양 에너지로 우리가 사용하는 전력을 모두 대체하는 건 거의 불가능해 보입니다.

'그렇다면 대기를 통과하기 전 우주에서 태양 에너지를 모아 지상으로 보내면 어떨까?' 이것이 바로 '우주 태양광 발전'이라 불리는 기술입니다.

거대한 태양 패널을 단 인공위성을 우주로 올립니다. 그리고

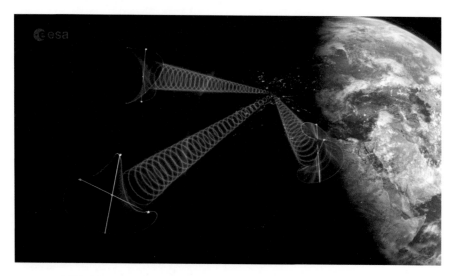

유럽우주국에서 추진 중인 솔라리스 프로젝트 소개 영상 중. (출처: ESA)

거기서 얻은 에너지를 마이크로파Microwave나 레이저Laser를 사용해 지상으로 보내는 기술이죠.

사실 이 개념은 아이작 아시모프Isaac Asimov의 SF 단편 소설 모음집《아이, 로봇》중 1941년에 발표한〈큐티-생각하는 로봇(원제: Reason)〉에 처음 등장했으며, 1970년대부터 기술을 검토하고 시험하려는 노력을 해왔지만 거대한 발전 시설을 우주로 보내는 일은 막대한 비용과 노력이 들기에 경제성이 떨어졌습니다. 그러나 재활용 로켓을 사용해 발사 비용을 대폭 낮추고 한 번에 수십 대의 위성을 발사하는 지금, 미국과 유럽, 일본, 중국을 비롯한 우주 개발 선진국들이 앞 다투어 우주 태양광 발전을 시도하고 있습니다. 얼마 전 중국에서는 2030년까지 무려 1기가와트, 즉 원자력 발전소 1기에서 생산하는 전력량을 우주에서 생산하겠다는 계획을 발표하기도 했습니다.

　영화 〈인터스텔라〉에서는 황폐해진 지구에서 살아남기 위해 우주 개발을 포기하고, 아이들이 더는 우주에 대한 꿈을 가지지 못하도록 거짓 교육을 합니다. 하지만 거꾸로 이 우주 기술이 지구인을 구합니다. 우주로 떠난 아버지의 도움을 받은 머피가 결국 중력 방정식을 풀어 지구 밖에 제2의 터전을 만들었기 때문이죠. 이처럼 우리도 우주 기술로 지구의 미래를 바꿀 수 있습니다._W

**우주를
더 가까이!**

유럽에서 추진하는 우주 태양광 발전 프로젝트 솔라리스solaris를 소개하는 영상입니다. 아직 기획 단계지만 요즘처럼 빠른 우주 기술 발전 속도를 생각하면 시스템을 완성할 날이 생각보다 멀지 않은 것 같습니다.

Day 56

# 우주 시대의 고민

#우주인터넷
#스타링크
#우주쓰레기

대한민국에 사는 우리는 인터넷을 통해 유튜브와 넷플릭스에서 제공하는 동영상 콘텐츠를 언제 어디서나 볼 수 있습니다. 집에서는 컴퓨터, 밖에서는 태블릿이나 휴대폰으로 인터넷에 접속해 원하는 정보를 빠르게 찾을 수 있죠. 인터넷이 우리 생활에 본격적으로 들어온 지 20여 년이 지난 지금, 인터넷 없는 생활은 상상하기 어렵습니다. 그러나 전 세계 인구 중 35퍼센트가 인터넷을 사용할 수 없다는 사실을 아시나요?

인터넷에 접속하기 위해서는 기본적으로 '선'이 연결되어 있어야 합니다. 나라와 나라 사이 통신망을 잇는 해저 케이블이나 통신사업자가 제공하는 전화선 등이 필요합니다. 이 때문에 선이 연결되지 않는 곳, 예를 들어 아프리카 초원이나 사막, 남태평양 한가운데 떠 있는 섬, 심지어 인도와 중국의 많은 곳에서도 인터넷을 사용할 수 없습니다. 물론 이런 곳에서는 위성통신으로 인터넷에 접속할 수 있습니다만 속도가 느리고 사용료가 비쌉니다. 위성을 만들고 발사하는 비용이 많이 들기 때문입니다.

과학자들도 같은 어려움을 겪고 있습니다. 관측 시설을 짓기 위해 전기와 통신 인프라가 잘 갖춰진 곳을 찾는 건 쉽지 않습니다. 특히 천문학이나 우주 과학 연구자들은 사람의 발길이 닿기 어려운 오지에 관측 시설을 짓는 경우가 많은데, 인터넷 속도가 느리고 끊겨 원하는 데이터를 제때 받지 못하기도 하고 해상도가 높은 사진 등 대용량 자료를 보내는 것은 쉽지 않은 일입니다.

하지만 드디어 위성통신, 다시 말하면 '인공위성을 이용한 인터넷 서비스' 가격을 낮출 수 있는 기회가 왔습니다. 뉴 스페이스 시대로 진입하며 위성 제작과 발사 비용이 획기적으로 낮아졌기 때문입니다. 이름하여 '우주 인터넷', 선이 없어도 안테나와 라우터Router만 있으면 어디서든 인터넷에 접속할 수 있습니다. 다만 사업자 입장에서 보면 우주 인터넷 서비스를 제공하기 위해서는 위성 한 대로는 부족합니다. 통신 속도를 높이기 위해 위성의 고도를 낮춰야 하는데, 이런 위성은 지상에서 보면 채 2분도 되지 않아 시야에서 사라져 통신이 끊기게 되므로 아주 많은 수의 위성이 필요합니다.

재활용 로켓 팰컨 9(Day 39. 참고)을 개발한 미국의 우주 기업 스페이스엑스는 낮아진 발사 비용을 바탕으로 우주 인터넷 서비스인 스타링크Starlink를 시작했습니다. 인터넷망 구축에 필요한 1만 2000대의 위성을 띄우기 위해 한 번에 수십 대의 위성을 팰컨 9으로 실어나르는 중입니다. 나중엔 4만 2000대까지 늘릴 수도 있다는데 지금까지 우주에 띄운 인공위성의 수가 채 1만 개가 되지 않는 걸 생각하면 무지막지한 수입니다. 다른 기업에서도 이 우주 인터넷 사업에 눈독을 들이는 중입니다. 영국의 원웹OneWeb은 우리나라 기업이 투자했고 아마존도 카이퍼Kuiper 프로젝트를 시작했습니다. 그러다 보니 슬슬 고민이 생깁니다.

2019년 11월 한 천문대에서 전 세계 천문학자들이 경악할 만한 한 장의 사진을 공개했습니다. 칠레 안데스산맥에 있는 세로 토롤로 천문대Cerro Tololo Inter-American Observatory; CTIO(이하 CTIO)에서 운영 중인 지름 4미터급 망원경으로 찍은 이 사진은 누구나 천체 사진에서 기대할 만한 별과 은하로 가득했습니다. 문제는 사진의 주인공인 천체보다 더 밝은 빛줄기들이 사진을 가로지른다는 사실입니다. 어떤 것들은 천체 한가운데를 지나기도 했습니다.

도대체 이 빛줄기의 정체는 무엇일까요? 바로 앞서 얘기한 스타링크를 구성하는 인공위성의 무리입니다. 기차처럼 줄지어 날아간 그들의 흔적이 고스란히 천체사진에 남은 것이죠. 천문학자들의 항의에 스페이스엑스는 스타링크 위성에 햇빛 반사를 줄이

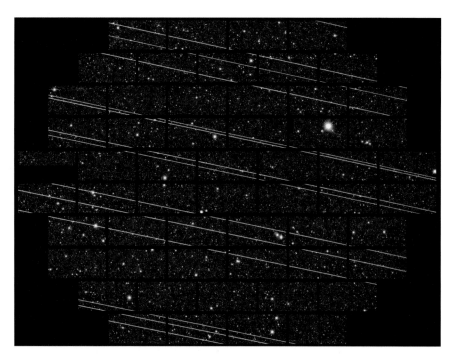

칠레 CTIO에서 공개한 천체사진. 별처럼 빛나는 줄이 스타링크 위성의 궤적이다. (출처: CTIO/NOIRLab/NSF/AURA/DECam DELVE Survey)

는 칠을 했지만 글쎄요, 아직 큰 효과는 없는 것 같습니다.

또 다른 문제는 바로 우주 쓰레기입니다. 물론 수명이 다한 인공위성의 고도를 낮추면 저절로 대기로 진입해 불타므로 우주 잔해를 줄일 수 있습니다. 우주 인터넷 입장에서는 고도를 낮출수록 전송률도 높아지고 우주 쓰레기 양산이라는 비난도 면할 수 있어 일거양득입니다. 하지만 무작정 낮출 수는 없습니다. 우주 폭풍으로 갑자기 대기 밀도가 증가한다면 위성은 강한 저항을 받아 결국 추락하기 때문입니다. 실제로 2022년 2월, 스타링크 위성 38대가 이런 이유로 발사한 지 며칠 만에 지구로 떨어졌습니다.

그렇다고 이 때문에 위성의 고도를 높인다면 우주에 잔해를 남길 가능성이 커집니다. 지금까지와 달리 수만 대의 위성이 지구 주위를 돈다고 생각하면 아찔합니다. 아무리 우주 공간이 넓다고 한들 위성이 서로 충돌할 확률이 있으므로 우주 교통사고를 방지할 필요가 있는 거죠. 실제로 유엔을 중심으로 우주 교통관리에 대해 논의 중입니다.

우리의 세상이 지구에서 우주로 넓어진 만큼 더 많은 고민이 필요한 때입니다. _W

### 우주를 더 가까이!

스페이스엑스는 2022년 러시아 침공으로 통신 시설이 파괴된 우크라이나에 긴급히 스타링크 서비스를 지원했습니다. 현재 미국과 캐나다, 유럽, 호주, 일본 등 상당수 국가에서 서비스를 제공 중인 스타링크를 우리나라에서도 곧 만나볼 수 있을 것 같습니다. 스페이스엑스 웹 사이트에서 스타링크 서비스 지역을 확인해보세요.

# 탐험하고 발견하고 확장하자,
# 인류를 위해

#우주기구
#NASA가뭐길래

✦ 당신이 무중력을 느끼도록 도와줍니다.

몇 해 전에 산 침대의 광고에는 위 카피와 함께 'NASA의 인증 기술'이라는 마크가 있습니다. 이사한 집에 식물을 들여놔볼까 싶어 찾아본 공기 정화 식물에는 'NASA가 선정한 공기 정화 식물'이라는 수식어가 붙습니다. 도대체 NASA가 뭐기에 침대도 인증하고 공기 정화 식물도 인정한단 말인가 싶은데, 곰곰이 따져보면 NASA의 어떤 기술이나 실험에서 파생된 것들에 상업적 이미지가 더해진 결과라는 것을 알 수 있습니다. 'NASA'라는 브랜드에 '과학적'이라는 의미가 입혀져 있는 것이죠.

제가 하는 일이 우주 분야 홍보이다 보니 우리 회사 홈페이지만큼 NASA 홈페이지에 자주 들어갑니다. NASA의 뉴스, 프로젝트, 사진과 동영상, 홍보 패턴, 디자인까지 그 내용과 만듦새 등을 자주 눈여겨보고 있습니다. 해외 전시서 NASA 부스라도 들르게되면 NASA 특유의 로고가 그려진 가방이나 배지Badge 같은 것들도 여럿 챙겨옵니다. 그런 것들을 주변에 나눠주면 인기가 좋더라고요. NASA와 공동 협력하는 국내 연구 내용은 홍보 효과도큰 편입니다.(물론 그 성과가 뛰어나기도 하지만.) 'NASA'가 붙으면일단 먹고 들어가는 분위기라 할까요.

그렇게 NASA를 인정하고 흠모하지만, 가끔 "우리나라는 왜 NASA처럼 못 하나"라고 동일 선상에서 비교하는 소리를 들으면발끈하는 마음이 들기도 합니다. NASA는 그 전신까지 포함하면 100여 년이 넘은 집단입니다. 한 해 예산이 2022년 기준 240억달러로, 미국 정부 소속 우주 기구로서 미국을 뒷받침하는 힘이며 전 세계 과학 공동체의 중심이라고도 할 수 있는 기구니까요.

NASA는 원래 전쟁 관련 프로젝트를 총괄하는 조직이었습니다. 1914년 1차 세계 대전 때 시작해 냉전을 거치면서 우주 개발선진 기구로 자리 잡은 것입니다. NASA의 사명은 "탐험하고 발견하고 지식을 확장하자, 인류의 혜택을 위해To explore, discover, and expand knowledge for the benefit of humanity"입니다. 마치 히어로 영화의 주제 같기도 하죠. 과거 소련보다 먼저 인간을 우주로 보내기 위해

1983년 10월 19일 NASA 25주년 기념식에서 로널드 레이건 미국 전 대통령이 연설하는 장면. (출처: NASA)

시작된 머큐리 계획, 첫 달 탐사 계획이던 아폴로 계획 등에서 발전해 인류 역사상 최초로 우주 왕복선을 개발했으며, 이제는 아르테미스 프로젝트 등으로 달, 화성 그리고 그 너머로의 확장을 꿈꾸고 있습니다.

그렇다면 다른 나라의 우주 기구들은 어떨까요? 중국은 1970년 창정 1호 로켓으로 동방홍 위성을 발사한 이래 군에서 담당하던 우주 기관을 민간으로 이관해 1993년 중국국가항천국China

National Space Administration; CNSA(이하 CNSA)을 만들었습니다. CNSA는 독자적인 우주 정거장 톈궁 완공을 앞두고 있으며, 러시아와 공동으로 2027년까지 달 유인기지를 건설하기 위해 박차를 가하고 있습니다.

유럽 대표로는 유럽우주국(이하 ESA)이 활동하고 있습니다. ESA는 2003년 9월 28일에 정식으로 설립돼 현재 유럽 22개 회원국이 참여하는 국제 우주 기구입니다. 유럽의 장기적인 우주 정책을 수립하고 위성 개발과 관련 프로그램을 조정하며 추진하고 있으며 NASA와 공동으로 HST를 개발해 운영하고 있지요.

또 다른 우주 기구를 하나 꼽으라면 로스코스모스Roscosmos가 있습니다. 로스코스모스는 소련 해체 후 그 기술과 설비를 이어받은 러시아의 항공 우주 기관으로 미국의 NASA, 유럽의 ESA, 중국의 CNSA와 함께 세계 주요 우주 기구로 꼽힙니다.

이 외에도 인도우주연구기구Indian Space Research Organisation; ISRO, 일본우주항공연구개발기구, 독일항공우주국Deutsches Zentrum fur Luft-und Raumfahrt; DLR, 프랑스우주국Centre national d'etudes spatiales; CNES 등이 활약하고 있습니다.

여기서 주목할 점은 중국 등을 제외한 대부분의 해외 우주 기구가 독립성을 갖췄다는 것입니다. 우리나라는 어떨까요? 우리나라는 오랫동안 별도의 독립적인 우주 기구가 존재하지 않았으나, 2024년 5월 27일 우주항공청을 개청해 발걸음을 떼기 시작했습니다. _J

우주를
더 가까이!

**NASA의 미션 속 다양한 우주의 소리를 들어보세요!**

역사적인 발사의 카운트다운, 닐 암스트롱이 인류 역사상 최초로 달에 발을 디디며 건넨 육성, 탐사선이 전해온 토성의 소리 등 NASA 미션 중에 나온 다양한 사운드를 생생하게 들을 수 있습니다.

**Day 58**

# 지구는 어떻게
# 찾으셨나요?

#외계행성찾기
#프록시마b

<u>^&*&$#&^%</u> 사회자 (…) 빛의 속도로 4년 거리인 가까운 행성, '지구'에도 높은 문명을 가진 외계인이 있다는 것을 발견한 지도 어느덧 100년이 지났습니다. 바로 오늘, 전 세계에서 선발한 100명의 사절단이 최초로 지구를 방문하기 위해 출발합니다. 앞으로 1시간 뒤, 사절단은 뒤에 보이시는 #$%^&&& 비행선을 타고 지구까지 4년이 걸리는 비행을 시작합니다. 사절단은 지구에 도착해서 10년간 지구인과 교류한 뒤, 다시 4년을 비행해 우리 프록시마 b*에 돌아올 예정입니다. 이번 사절단의 단장이자 지난 150년간 지구인 연구를 이끄신 $@*@#$)@

★ 태양계에서 가장 가까운 항성인 센타우루스자리 프록시마 주위를 도는 행성 중 하나. 지구와 유사한 환경을 가지고 있어 외계 생명체가 서식할 가능성이 높다고 알려져 있다.

교수님의 인터뷰를 다시 들어보겠습니다.

$@*@#$)@ 교수  오늘 우리는 인류의 역사에 길이 남을 한 발을 내딛게 됩니다. 우리 프록시마 b 바깥에도 외계인이 있을지 모른다는 상상이 없었더라면, 오늘과 같은 날은 없었을 겁니다. 그리고 지난 150년간 외계인을 찾기 위해 수많은 동료 과학자가 연구하지 않았다면, 역시 오늘과 같은 날은 오지 않았겠지요.

150년 전, 제가 막 교수가 되었을 때 우리가 사는 프록시마계 너머 다른 별에는 어떤 행성이 있는지 궁금했습니다. 지금이야 기술이 발전해 우리은하 안에 있는 행성은 모두 조금만 시간을 쓰면 고해상도 사진을 찍을 수 있지요. 하지만 제가 연구를 막 시작할 때만 해도 망원경이 그리 좋지는 않았어요. 그래서 처음에는 아주 가까이 있는 별부터 연구할 수밖에 없었지요.

동료들과 밤을 새워가면서 고민했던 일이 떠오릅니다. 별보다 더 작은 행성은 대체 어떻게 찾아낼 수 있을까? 이런저런 고민 끝에, 그때 기술로도 충분히 쓸 수 있는 두 가지 방법이 떠올랐습니다.

첫 번째 방법은 행성이 별 앞으로 지나가려면 행성이 별을 가릴 수밖에 없기 때문에 별의 밝기가 달라지는 것을 보는 겁니다. 이때 별이 얼마나 어두워지는지를 측정하면 별의 크기에 비해 행성이 얼마나 큰지를 알 수 있어요. 또 얼마나 오랫동안 어두워지는지를 측정하면 이 행

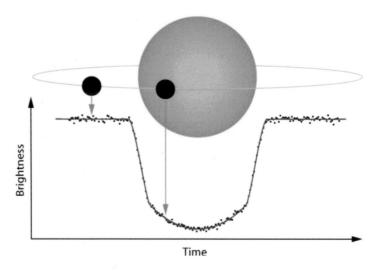

외계 행성을 찾기 위해 사용하는 주요 방법 1. 외계 행성이 항성 앞으로 지나갈 때, 행성이 항성을 가리면서 밝기가 약간 어두워진다. (출처: NASA)

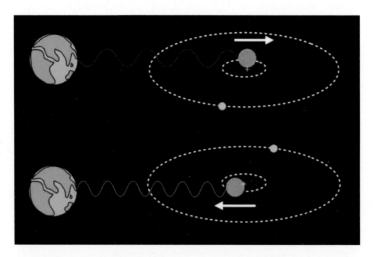

외계 행성을 찾기 위해 사용하는 주요 방법 2. 외계 행성이 항성 주변을 공전할 때, 항성역시 조금씩 움직인다. (출처: Elizabeth Tasker)

성이 한 번 공전하는 데 얼마나 걸리는지를 알 수 있지요.

두 번째 방법은 별이 우리가 보는 방향 앞뒤로 조금씩 움직이는 것을 보는 겁니다. 행성이 별에 의한 중력을 받는 것처럼, 별도 행성에 의한 중력의 영향을 받거든요. 그래서 행성이 별의 주위를 공전할 때, 별도 아주 약간 움직입니다. 별의 스펙트럼을 찍어서 앞뒤로 움직이는 정도를 보면, 행성의 질량이나 공전하는 형태를 이해할 수 있습니다.

하지만 지구라는 외계 행성을 발견하는 일은 여전히 쉽지 않았습니다. 지구가 태양이라는 별에 비해 크기가 너무 작기 때문이지요. 지구는 우리 프록시마 b와 크기가 비슷합니다만, 태양이 우리 별보다 다섯 배나 더 크거든요. 그래서 지구가 태양의 밝기나 움직임에 큰 영향을 주지 않습니다. 게다가 태양계에는 지구보다 훨씬 더 큰 행성이 4개나 있습니다. 사실 태양계에서 외계 행성을 발견하는 일은 어렵지 않았습니다. 하지만 태양계에 커다란 외계 행성이 4개나 더 있다는 것을 알아내기는 쉽지 않았죠.

이런 어려움을 이겨내고 마침내 100년 전, 우리는 지구에 외계인이 있음을, 그리고 지구인도 우리가 있음을 알게 되었습니다. 이후 저희와 지구인은 서로를 이해하기 위해 많은 연락을 주고받았지요. 비록 지구인은 우리보다 수명이 짧아 도중에 몇 번이고 교류가 어려워진 적도 있었지만, 끝까지 포기하지 않은 관계자 여러분께 깊이 감사드립니다.

이제 100년 동안 자료 화면으로만 보던 지구에 직접 발을 디딜 수 있다고 생각하니 가슴이 뜨겁습니다. 지구인들과 좋은 만남을 갖고 여러분께 좋은 소식을 들려드리도록 하겠습니다. 성원해주신 여러분, 정말 감사합니다. _H

**우주를 더 가까이!**

2023년 6월 현재 알려진 외계 행성의 수는 5400개가 넘습니다. 한국천문연구원도 외계 행성 탐색 시스템인 KMTNet이라는 3개의 망원경을 호주, 칠레, 남아프리카 세 곳에 설치해 외계 행성을 열심히 찾고 있습니다. 영상으로 더 자세히 만나보세요.

Day 59

# 외계인을 위한
# 부동산 특강

#외계생명
#골디락스영역
#물

<u>홍야홍야</u> 외계인 여러분 안녕하세요. 이 먼 지구의 대한민국까지 오시느라 정말 고생 많으셨어요. 저는 오늘 여러분에게 부동산 투자가 무엇인지 설명해줄 지구 대한민국의 투자 전문가 홍야홍야라고 합니다! 안녕하세요.

제가 사는 지구 대한민국에서는 요즘 성별과 나이를 가리지 않고 돈을 잘 굴리는 방법에 관심이 아주 많습니다. 주식, 비트코인, 금 투자 등 이것저것 많지만, 저는 뭐니 뭐니 해도 땅과 건물의 가치를 보는 부동산 투자가 가장 현명한 방법이라고 생각한답니다.^^ 여러분도 그렇게 생각하시죠? 여러분도 그래서 이 머나먼 지구까지 이 특강을 들으러 오신 거겠죠?

(수강생이 손을 들었다.) 네, 질문 들어왔습니다.

수많은 땅 중 어떤 땅에 투자해야 할지 모르시겠다고요? 아주 좋은 질문이에요. 물론 부동산은 여러 가지 요소를 보아야 하지만 가장 먼저 그 땅이 '어디에' 있는지를 봐야 해요. 땅이 도시에 있나요, 강이나 바다와 가까운 곳에 있나요? 근처에 도로나 기찻길 같은 교통이 잘되어 있나요? 근처에 학교나 쇼핑몰, 회사, 병원 같은 시설이 있나요? 이런 질문을 많이 던져보면 그 땅에 사람들이 살고 싶을지를 알 수 있을 거예요. 사람들이 살고 싶은 땅이라면 가치가 높은 땅이라고 생각하면 됩니다!

실은 여러분들이 태어난 고향 행성도 부동산 투자와 비슷하게 생각해볼 수 있어요. 이 우주에는 수많은 행성이 있지만, 저나 여러분과 같은 복잡한 생명은 아무 행성에서나 나오지는 않는다고 해요. 마치 부동산 투자를 할 때 위치와 여러 조건을 갖추어야 가치가 높은 땅이라고 보는 것처럼, 행성도 위치와 여러 조건을 갖추어야만 그곳에서 생명이 태어날 수 있는 것이지요. (웅성웅성)

좀 어렵다고요? 음~ 혹시 여러분, 고향 행성에 물이 있나요?

(거의 모든 참가자가 고개를 끄덕인다.)

네, 거의 모두 고향에 물이 있군요. 좋아요. 물$H_2O$을 이루는 수소$H$나 산소$O$ 원자 모두 우주에서는 나름대로 흔한 편이니까요.

한 가지만 더 물어볼게요. 고향 행성에서 액체 상태의 물을 쉽게 볼 수 있나요? 있다면 손을 들어주세요.

(거의 모든 참가자가 손을 든다.)

정말 운이 좋으시네요. 여러분도 보셨겠지만, 이곳 지구에도 액체 상태의 물이 아주 많답니다! 액체 상태의 물은 저나 여러분과 같은 복잡한 생명에서 일어나는 다양한 화학적, 생물학적 현상에 꼭 필요하다고 해요.

그런데 여러분, 우주 어디서나 액체 상태의 물을 쉽게 볼 수 있을까요? 아니에요. 물은 섭씨 0도에서 100도 사이에서만 액체이지, 그보다 온도가 높거나 낮으면 수증기나 얼음이 되어버리니까요.

만약 여러분의 고향 행성이 지금보다 훨씬 더, 고향 행성의 항성에 가까워지면 어떻게 될까요? 햇빛을 지금보다 더 많이 받아 점점 더 뜨거워지다가 결국에는 물이 모두 수증기가 되어 증발할 거예요. 반대로 지금보다 훨씬 더 항성에서 멀어지면요? 그렇죠. 햇빛을 더 적게 받게 되어 점점 차가워지다가 결국 모든 물이 얼음이 되어 굳어버리겠죠. 그래서 행성 표면에서 물이 액체 상태로 있을 만한 곳을 조사해보면, 항성을 중심으로 속이 빈 고리 모양이 나옵니다. 지구에서는 이 고리 모양의 영역을 옛날이야기 속 주인공의 이름을 딴, 일반적으로 너무 뜨겁지도 너무 차갑지도 않은, 딱 적당한 상태를 가리키는 용어인 골디락스Goldilocks★ 영역이라고 불러요.

이곳 태양계에서 골디락스 영역을 그려보면, 지구를 중심으로 한 아

---

★ 사전적 의미는 '황금색 머릿결'이며, 영국 전래동화 속 금발의 주인공 소녀 이름이다. 주인공이 뜨겁지도 차갑지도 않은 적당한 온도의 수프를 먹었다고 하여, 경제나 과학 영역에서 극단적이지 않은 이상적인 상황을 '골디락스'라고 표현하곤 한다.

복잡한 생명체가 살기에 적당한 골디락스 영역. 행성 표면 온도가 액체 상태의 물에 적당한 0~100도가 되는 거리로 정한다. (출처: ESO)

주 얇은 띠가 나온답니다. 그런데 안타깝게도 태양계에 있는 8개의 행성 중 골디락스 영역에 들어오는 행성은 지구밖에 없어요. 하지만 여러분이 사는 곳은 좀 다를 수도 있겠네요. 가운데 있는 항성의 온도가 다르면, 골디락스 영역의 위치나 크기도 그에 따라 달라질 테니까요.

Space

자, 이야기가 조금 옆으로 샜네요. 그래도 여러분 고향 행성을 부동산 투자자의 관점으로 볼 수 있는 좋은 기회였죠? 그러면 이제 본론으로 들어가서, 부동산 투자에 대해 더 자세히 알아보도록 하겠습니다! (…). _H

우주를
더 가까이!

Day 58. 〈지구는 어떻게 찾으셨나요?〉에 나오는 프록시마 b 행성에 외계 생명체가 서식할 가능성이 높다고 한 것도, 바로 프록시마 b 행성이 골디락스 영역에 들어오기 때문입니다. 이렇게 지구와 비슷하고 골디락스 영역에 들어오는 외계 행성은 2023년 6월 현재 약 60개입니다.

# MOS

## 코 스 모 스

**이론 속 우주 그리고 천문학자**

이론으로서의 우주 이야기를 듣다 보면 4차원의 세계로 빠질지 모릅니다.
우주에 대해 질문을 던지고 답을 찾아가는 천문학자들을 따라가봅니다.

Day 60

# 우주의 팽창과
# 끌어당김

#빅뱅
#우주팽창

✦ 무릇 있는 자는 받아 넉넉하게 되되 없는 자는 그 있는 것도 빼

앗기리라.

마태복음의 한 구절입니다. 부자는 더 부자가 되고, 가난한 자
는 더 가난해지는 '마태 현상'이 유래된 구절이기도 하지요. 이러
한 양극화 현상은 우주에서도 찾아볼 수 있습니다. 텅 빈 우주 공
간에 덩그러니 놓인 별의 모습만 봐도 그렇지요. 대부분의 물질
은 높은 밀도로 뭉쳐져 천체를 구성하고, 천체를 제외한 우주 대
부분의 공간은 텅 비어 있으니까요.

우주가 처음부터 이런 모습이었던 것은 아닙니다. 태초에는 물

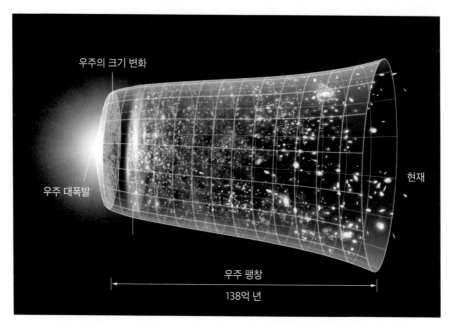

빅뱅 우주론에 따른 138억 년 우주 역사의 개략도. (출처: NASA/WMAP Science Team)

질이 우주의 전 영역에 고르게 분포되어 있었지요. '고르다'라는 표현에 평화로운 모습을 연상하게 되지만, 실은 그 반대입니다. 태초의 순간에는 만물이 아주 작은 공간에 빽빽하게 들어 있었기 때문입니다. 빅뱅Big Bang(대폭발) 우주론에 따르면, 우주는 손톱보다 작은 한 점에서 대폭발과 함께 시작됐고, 138억 년에 걸쳐 팽창을 지속한 결과 지금과 같은 크기에 이르렀다고 합니다.

　태초에 물질이 고르게 분포되어 있었다지만, 그 속엔 미세한 불균일성이 도사리고 있었습니다. 물질들의 미세한 떨림으로 인

Cosmos

해 물질이 살짝 더 몰려 있거나 덜 몰려 있는 부분이 존재하고 있었던 것이지요. 매끈하게 보이는 유리판에도 오돌토돌한 미세 굴곡이 나 있듯이 말이에요. 만약 이러한 불균일성이 없었다면, 우주에는 그 어떤 천체도 만들어지지 않았을 것입니다. 이 미세한 불균일성은 만물의 형태를 싹틔울 씨앗과 같지요.

시간이 흘러 우주의 크기가 커짐에 따라, 물질은 극강의 온도와 압력에서 벗어나 형태를 갖추기 시작합니다. 물질이 살짝 더 몰려 있었던 영역은 중력으로 주변의 물질을 끌어당겨 덩치를 키워가고, 덩치가 커질수록 더 많은 물질을 끌어당길 수 있게 되지요. 반대로 물질이 살짝 덜 몰려 있던 영역은 원래 갖고 있던 물질마저 주변에 빼앗깁니다. 태초에 뿌려진 불균일성의 씨앗에 따라, 물질을 잡아당기는 중력에 의해 우주에는 크고 작은 규모의 천체와 공간이 자라나게 되지요.

천체 사이를 메우고 있는 광막한 공간은 천체가 일생의 대부분을 고립된 개체로 살아가게 합니다. 외따로이 떨어진 천체들은 우주의 팽창으로 더더욱 고독해지지요. 우주가 팽창함에 따라 천체들이 서로에게서 점점 더 멀어지는 방향으로 움직이기 때문입니다. 한때 손톱만 한 공간에서 복작복작 몸을 맞대고 있던 물질들도, 서로 다른 천체에 자리 잡게 되는 순간부터는 좀처럼 다시 만날 수 없게 되지요.

하지만 제법 가까이에서 형성된 천체들은 우주의 팽창이라는

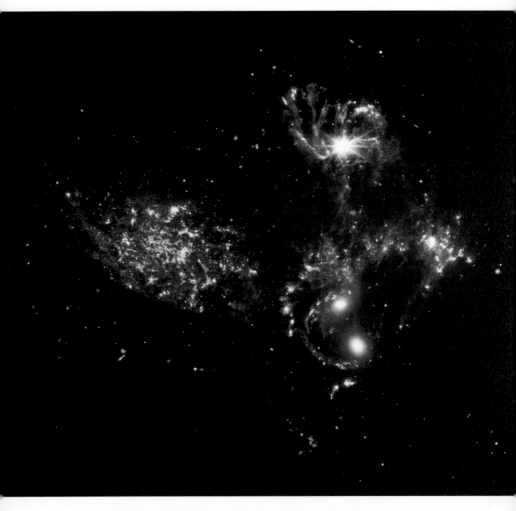

네다섯 개의 은하가 서로를 끌어당겨 충돌하고 있는 모습. (출처: NASA/ESA/CSA/STScI)

거대한 흐름을 극복하고 서로를 중력으로 끌어당겨 인연을 만들어 나갑니다. 이들은 주어진 조건에 따라 서로를 그냥 스쳐 지나가기도, 중력으로 서로를 결박해 하나로 합쳐지기도, 적당히 떨어진 채 서로를 맴돌기도 하지요.

어떤 인연을 맺었는지에 따라 이들의 특성이 사뭇 달라지기도 합니다. 인연의 흔적이 남듯이 말이에요. 이렇듯 중력은 물질을 끌어당겨 만물의 형태를 빚어낼 뿐만 아니라, '멀어짐'의 흐름을 거슬러 인연을 만들어냅니다.

이들에겐 그 어떤 의지도 목적도 없었겠지만, 중력에 의해 맺어지는 인연과 천체들의 일생을 생각하다 보면 이내 우리의 삶을 투영하게 됩니다. 아무렴 어떤가요. 커튼 사이로 밤하늘을 내다보며 잠시 이런저런 상상을 즐겨봅니다. 까마득한 공간을 지나 마주하는 인연에 대해 생각하면서 말이에요. _S

우주를 더 가까이!

온 우주가 팽창하고 있으니, 우리도 같은 이유로 팽창하고 있을까요? 우주의 팽창은 우리 신체에 그 어떤 영향도 끼치지 못한답니다. 지구가 중력으로 우리를 잡아당기는 힘이 훨씬 우세하기 때문이지요. 중력보다 더 우세한 것은 우리 몸을 구성하는 세포들의 결합력, 즉 전자기력이 가장 우세합니다. 그 때문에 우리는 우주 팽창에도 불구하고, 지구가 잡아당기는 중력에도 불구하고 온전한 형체를 유지할 수 있는 것이지요.

# 10억 광년을 가로지르는 세계수世界樹

#우주거대구조
#수억광년

✦ 당신들의 조상은 마법이라고 불렀죠. 당신은 과학이라고 부르고
요. 나는 그 둘이 하나이자 같은 땅에서 왔습니다.

한밤중 네바다주 사막 한가운데서, 고대 북유럽의 신이자 외
계 행성 아스가르드의 왕자인 토르가 젊은 천문학자 제인 포스
터에게 한 말입니다. 2011년에 개봉한 영화 〈토르: 천둥의 신〉에
나오는 한 장면으로, 그다음 그는 제인에게 지구와 아스가르드를
포함한 9개의 세계(또는 외계 행성)가 북유럽 신화에 등장하는 세
계수, 즉 위그드라실Yggdrasil로 연결되어 있다고 공책에 그림을 그
리며 설명합니다.

하지만 영화를 처음 본 사람이라면 이 장면이 너무 빨리 지나가서, 그리고 저처럼 북유럽 신화에 익숙한 사람이라면 아주 잘 알고 있는 내용이라서, 토르의 설명이 그다지 인상적이지 않았을 겁니다. 그러나 영화가 끝난 후 엔딩 크레딧이 올라갈 때, 화면은 갑자기 우리은하의 어딘가에서 시작해 우주의 여러 장소를 비춥니다. 카메라가 지금까지 거쳐온 장소를 한 번에 보여주기 위해 줌 아웃할 때, 우주에 넓게 퍼져 있던 가스 구름이 마치 하나의 거대한 나무와 같은 모습을 보여줍니다. 토르가 그린 세계수가 단순한 비유가 아니라 실제로 존재하는 구조라는 것을 직접 볼 수 있습니다.

실은 이 부분이 제가 이 영화에서 가장 인상 깊게 본 장면이었습니다. 영화의 하이라이트인 토르와 동생 로키의 싸움보다 말이죠. 가장 큰 이유는 그 세계수의 모습이 제가 천문학을 연구하면서 가장 관심 있게 보는 우주 거대 구조Large-scale Structure of the Universe와 매우 닮았기 때문입니다.

352쪽 사진은 '슬로운 디지털 천구 측량Sloan Digital Sky Survey; SDSS'이라고 하는, 온 하늘에 있는 은하의 위치를 정확히 측정하는 관측 프로젝트를 통해 얻어낸 우주의 지도입니다. 점 하나가 우리은하와 비슷한 은하 하나를 뜻하지요. 한눈에 보더라도 이 은하들이 우주에 마구잡이로 흩뿌려지지 않고, 그물이나 나뭇가지와 비슷한 모양으로 늘어서 있다는 것을 알 수 있습니다. 이 나뭇가

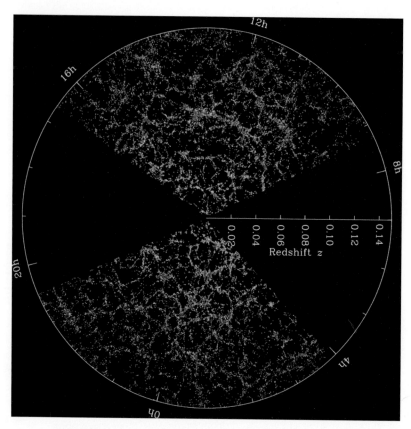

슬로운 디지털 천구 측량(SDSS)이 관측한 우주 지도. (출처: SDSS)

지처럼 생긴 모양을 가리켜 우주 거대 구조라고 합니다. 우주 거대 구조를 최초로 직접 본 것은 1982년에 이루어진 CfA라는 탐사에서였습니다. 그런데 그 모양이 마치 거대한 사람 같았다고 하네요.(무슨 말인지 궁금하시다면, 구글에서 'CfA stick man'을 검색해보세요.)

물론 영화 속 세계수와 실제 우주 거대 구조와의 차이점도 있습니다. 영화에 나오는 세계수보다 이 우주에 실제로 존재하는 우주 거대 구조가 훨씬 더 크다는 것이지요. 영화에는 세계수가 얼마나 큰지 자세히 나오지 않지만, 인터넷 커뮤니티 등에서 활동하는 영화 마니아들은 지구에서 안드로메다 은하까지의 거리보다 약간 더 클 것이라고 주장합니다. 그러면 세계수가 대략 300만 광년 크기라는 뜻인데, 물론 이것도 아주 크지만 저와 같은 천문학자가 바라보는 우주 거대 구조는 대체로 수억 광년 이상이며, 크게는 10억 광년 크기의 우주 거대 구조도 있습니다.

네. 가끔은 현실이 영화보다 더 놀랍고 멋지답니다. 우리 우주의 세계수는 영화보다 더 클 뿐 아니라, 영화처럼 우리와 우주 전체를 연결하는 다리 역할을 해주고 있습니다.

이 우주 거대 구조의 모양은 우주가 시간에 따라 어떻게 팽창해왔는지, 우주 물질이나 다른 에너지원이 어떻게 분포되어 있는지에 따라 조금씩 달라집니다. 그래서 천문학자들은 관측 프로젝트와 컴퓨터 시뮬레이션을 비교해서 우주 거대 구조의 모양으로부터 우리 우주의 성질을 알아내는 연구를 하고 있습니다. _H

**우주를 더 가까이!**

SDSS에서 구한 최신의 우주 거대 구조 모습을 직접 영상으로 확인해보세요.

# 우리의 고향을 천문학적으로
# 말씀드리자면……

#핵합성
#초신성

우리 몸은 세포로 이루어져 있습니다. 수명을 다한 세포들은 조각조각 분해되어 주변의 세포에 흡수되고, 그중 일부는 다시 새로운 세포를 만들어내는 데 쓰입니다. 세포를 이루는 분자들은 화학작용을 통해 덩치를 키우거나 줄이며, 새로운 성질의 분자가 되지요. 우리 몸속에서 세포와 분자가 끊임없이 형태와 성질을 바꾸는 동안, 변하지 않는 것이 한 가지 있습니다. 바로 이들을 구성하고 있는 가장 작은 입자, 원자들이지요.

원자는 중심부에 자리한 원자핵과 그 주변을 돌고 있는 전자로 이루어져 있습니다. 원자핵은 자연 상태에서는 좀처럼 깨지거나 새로 만들어지지 않습니다. 원자핵이 만들어지기 위해서는 1억도 이상의 온도, 혹은 그에 버금가는 엄청난 압력이 필요하기 때문입니다. 다시 말해 우리 몸속의 원자핵은 모두 몸 밖 어딘가에서 만들어져 흡수, 소화, 호흡 등을 통해 우리 몸에 자리 잡은 뒤, 몸 밖으로 배출될 때까지 다양한 분자와 세포를 구성하는 데 끊임없이 재활용됩니다. 그렇다면 우리 몸에 자리 잡게 된 수천조 개의 원자는 어디서 만들어진 걸까요?

우리 몸을 비롯해 지구상에 존재하는 대부분의 원자핵은 아주 아주 오래전에 만들어졌습니다. 생명체가 만들어지기도 전, 지구가 생겨나기도 전, 심지어 태양이 만들어지기도 전에 만들어졌지요. 자연에 존재하는 대부분의 원자핵은 다음과 같은 격변적인 '우주적 사건들'에 의해 만들어졌습니다.

우주가 대폭발과 함께 시작된 순간, 그러니까 지금으로부터 약 138억 년 전, 당시의 엄청난 온도와 압력은 가장 단순한 형태의 원자핵인 수소와 헬륨을 전방위적으로 만들어냅니다. 우리 몸속에서 가장 많은 개수를 차지하는 수소 원자가 바로 이때 만들어진 것이지요. 대폭발과 함께 가열하게 돌아가던 '거대한 핵융합 공장'은 우주 온도가 식어감에 따라 어느새 가동을 멈추게 됩니다.

새로운 원자핵은 그 이후 약 1억 년이 지나야 만들어지기 시작하지요. 우주에 떠다니던 거대한 가스 구름 덩어리가 우주 곳곳에서 단단하게 뭉치면서 원자핵을 만들어낼 수 있는 고온·고

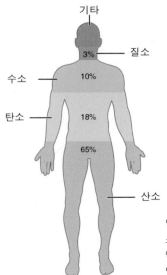

인체를 구성하는 원소의 질량 비율. 원소 개수는 수소가 가장 많지만, 산소 원자의 질량이 수소에 비해 약 16배 무겁기 때문에 질량 비율로 따지면 산소가 인체에서 가장 큰 비율을 차지함. (출처: Wikipedia)

압의 조건이 다시 만들어지기 때문입니다. 원자핵을 만들며 에너지와 빛을 발산하는 천체, 바로 별이 탄생한 것입니다.

별의 중심에선 태초에 만들어졌던 수소와 헬륨 원자핵들을 재료로 색다른 원자핵들이 만들어집니다. 수소 다음으로 우리 몸속의 대부분을 차지하는 산소, 탄소, 질소, 칼슘, 인이 모두 별의 중심에서 만들어지는 원자들이지요. 그렇다면 별의 중심에서 만들어진 원자핵들이 어떻게 우리 몸속까지 들어오게 된 걸까요?

별이 수명을 다하면, 내부에 단단히 품고 있던 대부분의 원자를 주변 공간에 흩뿌리며 죽음을 맞이합니다. 몇몇 무거운 별들은 '초신성 폭발'이라는 격변적인 이벤트로 원자들을 훨씬 멀리

초신성 폭발의 잔해. (출처: NASA/ESA)

까지 밀어내고, 이 폭발 과정에서 새로운 원자핵이 만들어지기도 합니다. 이때 만들어지는 원자 중에서 니켈, 구리, 아연 등은 우리 몸의 특정 효소를 활성화하는 데, 요오드와 셀레늄은 갑상샘과 뇌 기능에 필수적인 원자들이지요.

　태초에 만들어진 원자, 별의 내부에서 태어나 흩뿌려진 원자, 초신성 폭발에 의해 만들어진 원자들이 한데 뒤섞여 우주 어딘가를 유영하고 있습니다. 이 덩어리가 모종의 사건에 의해 단단히 뭉쳐져 별, 그리고 그 주변을 맴도는 여러 행성을 만들고, 그 별의 세 번째 행성(지구)에 안착한 원자들은 수많은 기적과 우연을 거쳐 생명의 씨앗을 발아합니다. 우리는 그렇게 만들어졌지요.

인체를 구성하는 모든 원자는 우주 대폭발, 별의 중심, 혹은 초신성 폭발에 의해 만들어졌다고 볼 수 있습니다. 우주 먼지로 떠돌던 다양한 원자들이 태양계가 형성될 당시 지구에 뭉쳐져 지금의 우리 몸속까지 들어오게 된 것이죠.

이처럼 우리 몸속 수천조 개의 원자는 저마다 다른 이야기를 갖고 있습니다. 다양한 분자와의 셀 수 없는 만남과 헤어짐을 거쳐 우리 몸에 자리 잡게 되었죠. 원자에게 기억이 있다면, 과연 우리에게 어떤 모험담을 들려줄까요?_s

> **우주를 더 가까이!**
>
> 드라마 〈별에서 온 그대〉를 아시나요? 외계남 도민준과 톱스타 천송이의 달콤발랄 로맨스를 그린 10여 년 전의 인기 드라마입니다. 다른 별에서 온 외계인과의 사랑이라니, 설정이 독특하지요. 하지만 실로 우리는 모두 외계에서 왔습니다. 비록 인간으로 태어난 것은 수십 년 전의 일이지만, 우리를 구성하고 있는 모든 원자는 수십억 년 전 생을 마감한 별들의 잔해이니까요.

**Day 63**

# 다 같이 돌자
# 태양 한 바퀴

#태양계
#SolarSystem
#돌고돌고돌고

태양과 같은 별이 처음 만들어지는 장면을 한번 상상해봅시다. 별은 우주 공간에서 깨끗하고 깔끔한 곳에서 생기지 않아요. 아마도 당신의 침대 아래처럼 먼지가 많은 지저분한 곳에서 만들어질 가능성이 크지요. 왜냐면 아무것도 없는 진공 상태의 우주에서 먼지는 별을 만드는 귀중한 씨앗이 되거든요.

Day 05. 〈쌍안경으로 바라본 별들의 고향〉편에서 말씀드린 것처럼 가스와 먼지로 이루어진 구름 덩어리에서 별이 만들어지기 시작할 때, 그 별의 주변에는 별이 되지 못한 찌꺼기 같은 것들이 원반 형태로 남아 있게 됩니다. 바로 이것이 원시 태양계의 모습입니다.

태양계가 처음 만들어지고 있는 모습(상상도). (출처: Wikipedia)

이것(찌꺼기)들은 가만히 멈춰 있는 것이 아니라 별(태양) 주변을 계속해서 돌고 돌고 돕니다. 그렇게 돌면서 서로서로 부딪쳐 점점 커지면 비로소 태양계 행성으로 성장하는 거지요. 설령 처음에 반대 방향으로 역주행하는 물질이 있었다 하더라도 결국에는 대세에 따라 일방통행 길을 가게 됩니다. 모두가 같은 방향으로 돌 수밖에 없는 거죠.

이 때문에 태양계의 8개 행성 모두 공전 방향이 똑같습니다. 태양계의 위에서 바라본다면 반시계 방향으로 돌고 있죠. 태양에서 가까울수록 빨리, 태양에서 멀어질수록 천천히 돌고 있다는 점이 다를 뿐입니다. 행성이 태양을 한 바퀴 도는 데 걸리는 시간을 1년이라고 하는데, 태양에서 가장 가까운 수성의 1년은 지구 기준으로 88일인 데 비해, 태양계 가장 외곽에 있는 해왕성은 태양 주위를 한 바퀴 도는 데 무려 165년이나 걸립니다.

해왕성은 태양으로부터 30천문단위Astronomical Unit; AU, 즉 태양과 지구 사이 거리의 30배나 먼 45억 킬로미터 떨어진 곳에서 태양을 돌고 있습니다. 빛의 속도가 초속 30만 킬로미터이므로 태양 표면에서 출발한 빛이 해왕성을 비추기 위해 달려가는 시간은 45억 나누기 30만을 하면 됩니다. 대략 1만 5000초, 4시간 조금 넘게 걸리겠네요.

태양계 크기는 태양에서 해왕성(태양과 가장 멀리 떨어진 태양계 행성)까지의 거리보다 훨씬 큽니다. 보이저 1호와 2호가 도달한, 태양풍이 영향을 미치지 못하는 태양계 끝은 빛의 속도로 20시간 가까이 걸리는 140천문단위 정도 멀리 있습니다. 만일 혜성의 기원이 되는 오르트 구름Oort cloud까지를 태양계로 본다면 이는 무려 2000~20만 천문단위로 상상도 하기 힘든 거리입니다. 이 먼 곳까지 태양이 가운데에서 가장 든든하게 중심을 잡아주며 태양계의 수많은 천체에게 힘을 주고 있으니 다시금 참 고마운 존재라는 생각이 드네요.

그런데 상상하기도 싫지만, 만일 태양계에 태양이 없으면 어떻게 될까요? 낮은 컴컴한 어두움이 지배할 것이고 밤에는 행성은 물론 달도 보이지 않을 겁니다. 또한 지구에 적당한 온도와 에너지를 공급해주는 근원이 사라지면 생명체가 살아가기는 쉽지 않겠지요. 아니 그보다 먼저 태양을 포함해 태양을 중심으로 돌고 도는 천체의 집합, 우리가 '태양계'라고 부르는 이 공간이 존재할 일도 없을 것입니다. _M

**우주를 더 가까이!**

나의 사랑이 멀어지네 나의 어제는 사라지네

태양을 따라 도는 저 별들처럼 난 돌고 돌고 돌고

가수 성시경이 부른 '태양계'라는 제목의 노래는 이렇게 시작합니다. 하지만 이 가사에는 '천문학적' 오류가 있습니다. 무엇일까요? Day 04. 〈스타는 스타★〉 편을 잘 읽어봤다면 바로 아실 겁니다. 지구나 목성 등 태양을 따라 도는 천체들은 '별'이 아니라 행성입니다. 태양계의 천체들은 스스로 빛을 내는 것이 아니라, 태양 빛을 반사해서 우리에게 자기 모습을 드러내고 있답니다.(아, 감미로운 노래 가사를 가지고 너무 과학으로 반응해버렸네요.)

# 상상 속의 검은 별

#블랙홀
#일반상대성이론
#사건의지평선

만약 태양이 블랙홀이 된다면 우리 지구는 어떻게 될까요? 지구가 블랙홀이 된 태양으로 빨려 들어가 인류는 종말을 맞이하게 될까요?

강력한 중력으로 빛조차 빠져나올 수 없게 만든다고 알려진 블랙홀Black Hole(검은 구멍)은 우리에게 매우 친숙한 단어지만, 천문학자들에게는 블랙홀이 무엇인지 설명하는 일이 매우 난해하고도 어렵게 여겨집니다.

18세기 영국의 자연 철학자였던 존 미첼John Michell은 17세기에 뉴턴이 만유인력의 법칙을 발견한 이후, 지구에서 사과가 땅으로 떨어지듯이, 밀도가 엄청나게 큰 별이 있다면(지구는 별이 아니지만) 그 별에서 나오는 빛은 별의 바깥으로 빠져나오지 못할 것이라 생각했습니다. 그래서 이 별을 밖에서 본다면 빛이 나오지 않아서 보이지 않는, 검은 상상 속의 별이라 하여 '검은 별Dark Star'이라 이름 지었고 이때부터 지금의 블랙홀이란 개념이 자리 잡기 시작했습니다.

당시까지만 하더라도 빛이 질량을 가진 매우 작은 입자(미립자)들로 이뤄져 있다고 믿었기 때문에, 만유인력의 법칙에 따라 매우 큰 질량을 가진 물체의 중력에 의해 빛이 휘어질 수 있다고 생각한 것입니다. 더 나아가 극단적인 경우에는 빛이 빠져나올 수 없는 별도 있을 거라는 생각에 이르게 되었죠.

그러다 1915년 아인슈타인Albert Einstein의 '일반 상대성 이론'이 발표되었고, 독일의 물리학자이자 천문학자였던 카를 슈바르츠실트Karl Schwarzschild는 일반 상대성 이론의 방정식을 풀어 어떤 물체가 블랙홀이 되는 데 필요한 반지름을 계산했습니다.

'슈바르츠실트의 반지름Schwarzschild radius' 또는 블랙홀의 내부와 외부의 경계를 뜻하는 '사건 지평선Event Horizon 반지름'이라고 불리는 이 블랙홀 반지름 계산법에 따르면, 태양이 지금의 질량(약 $2 \times 10^{30}$킬로그램)을 그대로 보존한 채 약 70만 킬로미터인 지금의 반지름이 3킬로미터로 줄어들면 블랙홀이 될 수 있습니다. 비슷하게 우리가 사는 지구(질량 약 $2 \times 10^{24}$킬로그램, 반지름 6400킬로미터)도 반지름이 1센티미터로 줄어든다면 블랙홀이 될 수 있죠.

존 미첼의 '검은 별'.

하지만 태양이 블랙홀이 된다 하더라도 지구가 태양 블랙홀로 빨려 들어가는 일은 일어나지 않습니다. 왜냐하면 지구는 태양의 사건 지평선(3킬로미터)에서 충분히 멀리(무려 1억 5000만 킬로미터) 떨어져 있기 때문입니다.

그리고 시간이 많이 흐른 2019년, 지구에서 5500만 광년 떨어진 M87 은하 중심에 있는 블랙홀의 존재를 입증하는 관측에 성공한 'EHT(Event Horizon Telescope; 사건 지평선 망원경) 국제 공동 연구 팀'은 과학계의 오스카상으로 불리는 브레이크스루 Breakthrough상을 받았습니다. M87 블랙홀은 질량이 무려 태양의 65억 배, 그 크기는 약 400억 킬로미터에 이르는 가장 큰 블랙홀

가운데 하나입니다.

이듬해인 2020년에는 우리은하 중심에 있는 블랙홀의 존재를 입증하는 데 공헌한 세 명의 과학자(로저 펜로즈Roger Penrose, 라인하르트 겐첼Reinhard Genzel, 안드레아 게즈Andrea M. Ghez)가 노벨물리학상을 받았습니다. 발표에 따르면, 우리은하 중심 블랙홀의 질량은 태양의 400만 배, 크기는 2400만 킬로미터로 M87에 비해 크기와 질량이 약 1600배 작습니다. 두 블랙홀의 질량과 크기는 매우 큰 차이를 보이지만, EHT 국제 공동 연구 팀이 관측한 결과는 1900년대 초 아인슈타인이 일반 상대성 이론에서 예측한 결과와 일치하고 있죠. 아인슈타인의 천재성에 다시 한번 놀라고 있다고 해야 할까요?_T

우주를
더 가까이!

2022년, 가수 윤하의 '사건의 지평선'이라는 노래가 차트를 역주행하면서 많은 사랑을 받았습니다. 노래뿐만 아니라 블랙홀은 영화나 다큐멘터리 프로그램의 소재로도 종종 쓰이고 있죠. 우리나라에서 큰 인기를 끌었던 영화 〈인터스텔라〉를 비롯해 EBS의 창사 특집 다큐 2부작 〈아인슈타인과 블랙홀〉을 감상해보면 좋을 것 같아요.

**Day 65**

# 블랙홀의
# 그림자를 보다!

#EHT
#사건지평선망원경

✦ 볼 수 없는 것을 보다! Seeing the Unseeable!

_ 셰퍼드 돌먼Sheperd S. Doeleman(EHT 국제 공동 연구 팀 총괄 단장)


2019년 4월 EHT로 촬영한 블랙홀의 모습이 처음으로 공개되었습니다. 1919년 영국의 천문학자 아서 스탠리 에딩턴Arthur Stanley Eddington이 아인슈타인의 일반 상대성 이론을 처음으로 검증한 역사적인 실험이 이루어진 지 꼭 100주년이 되는 해, 불가능할 것으로만 생각했던 블랙홀의 모습을 직접 관측하는 데 성공한 것입니다.

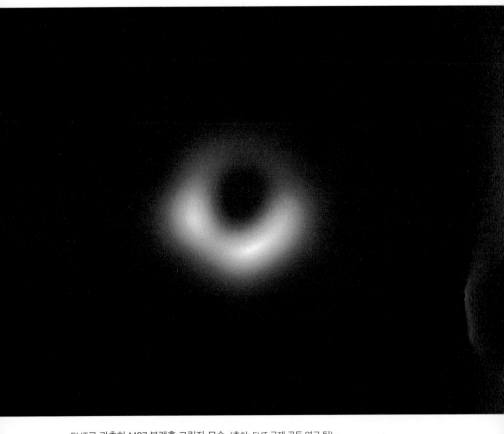

EHT로 관측한 M87 블랙홀 그림자 모습. (출처: EHT 국제 공동 연구 팀)

북미와 유럽, 아시아 등 전 세계 200명이 넘는 연구자들은 지구 크기만큼 큰 가상의 전파 망원경을 만들어 블랙홀의 사건 지평선을 관측하기 위한 'EHT 국제 공동 연구 팀'을 결성했습니다. 여기서 '사건 지평선'은 물질이 빨려 들어가는 블랙홀의 경계면인데, 이 경계를 넘어가면 어떤 정보나 빛조차 밖으로 나오지 않아 우리는 블랙홀 내부에서 발생하는 일(사건)을 알 수 없습니다. 대신 사건 지평선 바깥쪽 가까이에서는 물질들이 뜨거운 플라스마Plasma 상태로 이 주변을 빠르게 회전하며 '싱크로트론 복사Synchrotron Emission'라고 불리는 강한 빛을 내기 때문에 관측이 가능합니다.

아인슈타인의 상대성 이론에 따르면, 심지어 블랙홀 뒤편에서 빠르게 회전하는 물질들이 내는 빛조차도 휘어진 시공간을 따라 나와 중심부가 어두운 반지 모양의 빛을 관측할 수 있을 것으로 예측되었습니다. 마치 손전등으로 검은 공(블랙홀)의 뒤편에서 빛을 비추면 중앙에 위치한 블랙홀은 그림자같이 검게 보이고 주변만 밝게 보이는 것처럼 말이지요. 그래서 사건 지평선 주변의 반지 모양 빛 가운데 어두운 부분을 '블랙홀 그림자Black Hole Shadow'라고 부릅니다.

EHT 국제 공동 연구 팀은 지난 10여 년 동안 전 세계 6개 지역(하와이, 칠레, 애리조나, 멕시코, 스페인, 남극)에 있는 전파 망원경 8기를 하나의 네트워크로 연결해 가상의 큰 망원경을 만들고, 블랙홀 그림자를 관측하는 데 필요한 분해능과 민감도를 갖는 EHT를 구축했습니다.

HST보다 2500배 높은 분해능을 갖는 1.3밀리미터(관측 주파수 230기가헤르츠에 해당) 파장의 전파 신호를 관측할 수 있는 초장기선 전파 간섭계Very Long Baseline Interferometry; VLBI(이하 VLBI)를 구

EHT 전파 망원경 8기(왼쪽 위에서부터 시계 방향으로 APEX, IRAM, LMT, JCMT, ALMA, SMT, SMA, SPT 전파 망원경). (출처: APEX/IRAM, G. Narayanan/J. McMahon/JCMT/JAC, S. Hostler/D. Harvey/ ESO/C. Malin)

현해낸 것입니다. VLBI는 멀리 떨어져 있는 전파 망원경들을 이용해 같은 천체를 동시에 관측하고, 이 데이터를 하나로 합성함으로써 망원경들이 떨어져 있는 거리에 필적하는 거대한 가상의 전파 망원경을 구현할 수 있는 기술입니다. 참고로 1974년 영국의 전파 천문학자 마틴 라일Martin Ryle은 이를 개발한 공로로 노벨

물리학상을 수상했습니다.

EHT 연구진은 칠레에 있는 직경 12미터 알마<sub>Atacama Large</sub> Millimeter/submillimeter Array; ALMA 전파 망원경 37기에서 관측되는 전파 신호를 하나로 합치는 기술을 개발했습니다. 그래서 작은 전파 망원경 37개의 신호를 합쳐 직경 70미터에 이르는 대형 전파 망원경과 유사한 민감도를 달성할 수 있었고, 이는 전체 EHT 관측의 민감도를 10배까지 향상시킬 수 있었습니다.

또한 각 전파 망원경에 100만 년에 1초 정도의 오차를 갖는 초정밀 수소원자시계를 도입하고, 이로부터 나오는 매우 정밀한 시각과 주파수를 이용해 망원경 시스템을 동기화시켰습니다. 또한 블랙홀 주변에서 나오는 빛(전파)을 최대한 손실 없이 저장할 수 있도록 망원경에 수신되는 전파를 1초에 4기가바이트 속도로 기록할 수 있게 특수 제작한 초고속 데이터 기록기를 설치했죠.

그뿐만 아니라 각 망원경이 최고의 관측 조건에서 고품질의 데이터를 얻을 수 있도록 날씨를 비롯한 여러 관측 조건을 실시간으로 모니터링하는 시스템을 구축했습니다. 블랙홀 관측이 가능할 것으로 예상되는 거대 타원 은하 M87과 우리은하 중심 궁수자리 블랙홀인 궁수자리 A*<sub>Sagittarius A*; Sgr A*</sub>(이하 Sgr A*)에 대한 이론적 연구와 함께 신뢰도 높은 이미지를 얻기 위한 다양한 영상 알고리즘도 개발했습니다.

드디어 지난 2017년 4월, 블랙홀의 첫 모습을 촬영하기 위한 다섯 번의 EHT 관측이 성공적으로 진행되었습니다. 각 전파 망원경에서 관측된 데이터(약 4페타바이트)는 미국 MIT 헤이스택Haystack 천문대와 독일 본에 있는 막스 플랑크 전파 연구소Max-Planck Institute for Radio Astronomy의 슈퍼컴퓨터에서 지구 크기만 한, 하나의 거대한 망원경으로 관측한 데이터로 합성되었습니다. 2년에 걸친 정밀한 관측 자료 처리와 영상화 작업, 그리고 엄격한 상호 교차 검증을 마친 끝에 거대 타원 은하 M87의 블랙홀 그림자를 최초로 포착할 수 있었죠. 그리고 2022년에는 우리은하 중심 궁수자리에 위치한 Sgr A*의 블랙홀 그림자도 확인했습니다.

EHT 연구진은 블랙홀의 질량이 태양의 65억 배나 되는 M87과 400만 배 정도인 Sgr A* EHT 관측 결과에서 모두 반지 모양의 빛과 가운데 부분이 어두운 블랙홀 그림자의 모습을 확인할 수 있었습니다.

이 과정에서 우리나라 연구진도 EHT 관측과 자료 처리, 영상화 등 역사적인 EHT 연구 성과에 크게 기여했습니다. 특히 우리나라의 한국우주전파관측망KVN으로 관측한 M87과 Sgr A* 연구 결과는 EHT 블랙홀 그림자의 존재를 증명하는 주요한 근거로 활용됐지요.

이제 우리는 5500만 광년이나 멀리 떨어진 블랙홀조차 직접 관측할 수 있는 시대를 살고 있습니다. 그리고 머지않은 미래에는 사건 지평선 주변에 있는 물질들이 블랙홀로 빨려 들어가는 생생한 모습을 동영상으로 볼 수 있을 것이라 기대합니다. _T

✦ 우리는 불과 한 세대 전만 해도 불가능할 것으로 여겨졌던 일을 이루어냈다. 지난 수십 년간 기술적인 한계를 극복하고, 세계 최고 성능의 전파 망원경들을 서로 연결해 블랙홀과 사건의 지평선에 관한 새로운 장을 함께 열었다. 이 결과는 천문학 역사상 매우 중요한 발견이며, 200명이 넘는 과학자의 협력으로 이뤄낸 이례적인 과학적 성과다.

_ 셰퍼드 돌먼

우주를
더 가까이!

EHT 국제 공동 연구 팀은 매년 3~4월에 전 세계에 있는 EHT 전파 망원경들을 이용해 5일 정도 블랙홀을 관측합니다. 2017년 첫 관측에는 전파 망원경 8기가 참여했고, 이후 북극에 위치한 그린란드 전파 망원경(GLT), 프랑스의 노에마NOEMA 전파 망원경 등 참여 망원경이 점점 늘어나고 있습니다. 우리나라도 2023년 평창에 건설되는 한국우주전파관측망(KVN) 4호기가 완성되면, EHT 관측에 직접 참여해 블랙홀의 비밀을 밝히는 데 중요한 역할을 할 예정입니다.

 사상 최초 M87 블랙홀 관측 영상

 우리은하 중심에 위치한 블랙홀 최초 포착 영상

**Day 66**

# 블랙홀과
# 와이파이

#실패한
#관측
#WIFI

우리의 일상에 깊숙이 자리 잡은 무선 인터넷 표준 '와이파이 Wifi'와 우주에서 가장 신비로운 천체 '블랙홀', 전혀 무관해 보이는 이 두 단어는 사실 밀접한 연관성이 있습니다. 둘의 상관관계를 알아보기 위해 1974년으로 거슬러 올라가 봅니다.

영국의 물리학자 스티븐 호킹Stephen Hawking은 "질량은 에베레스트산보다 무겁지만, 크기는 원자보다 작은 '미니 블랙홀'이 존재할 수 있다"라는 이론을 제시했습니다. 호킹은 특정한 조건에서 이 작은 블랙홀이 증발하거나 폭발하면서 전파 신호를 방출할 것으로 예측했고, 만약 이 신호를 관측할 수 있다면 빅뱅 당시의 초기 우주 상태와 블랙홀 연구에 큰 진전이 있을 것이라 기대했습니다.

얼마 지나지 않아 호주의 전파 천문학자이자 전자공학자인 존 오설리번John O'Sullivan 박사는 이런 호킹의 이론에 흥미를 느끼고 미니 블랙홀이 폭발할 때 나오는 전파 신호를 관측하고자 했습니다. 그는 미니 블랙홀에서 나오는 매우 약한 전파 신호가 우리에게 도달하는 과정에서 더해지는 잡음을 제거하고, 신호가 왜곡되는 현상을 해결하기 위해 '고속 푸리에 변환Fast Fourier Transform; FFT'이라고 불리는 수학적 방법을 이용했습니다. 그는 이 방법으로 전파 신호를 여러 개의 주파수 성분으로 나누어 특정 주파수 대역의 잡음과 왜곡된 신호를 걸러낼 수 있었습니다.

그럼에도 오설리번 박사의 미니 블랙홀 관측은 실패했습니다. 우주에서 오는 미약한 전파 신호를 왜곡시키고 더해지는 잡음을 걸러낼 수 있는 방법은 개발했지만, 미니 블랙홀의 전파 관측은 지금까지도 성공하지 못하고 있습니다. 감도가 더욱 좋은 전파 망원경이 나오는 미래에는 가능할까요?

비록 미니 블랙홀 관측에는 실패했으나, 오설리번 박사는 이 방법이 컴퓨터 사이의 무선 네트워크 통신에 적용될 수 있으리라 생각했습니다. 컴퓨터와 네트워크 관련 기술이 급격히 발전하고 있던 1980년대에 전선을 끊고 휴대용 컴퓨터를 이용해 무선으로 데이터를 빠르게 전송할 수 있다면, 엄청난 일들이 벌어질 것임을 짐작했던 것이죠. 당시 전 세계 주요 통신 회사들은 무선

네트워킹 기술을 도입하려고 했지만, 전파가 가구나 벽과 같은 표면에 반사되어 원래의 신호가 왜곡되는 현상을 해결하지 못해 고전하고 있었습니다.

오설리번 박사와 동료들은 큰 데이터를 하나의 전파 신호로 보내는 방식이 아니라, 여러 개의 작은 신호 조각으로 나누고 이를 여러 번 복제해서 병렬로 전송하는 방법을 시도했습니다. 작은 신호는 큰 신호보다 상대적으로 간섭을 적게 받을 뿐 아니라 신호가 여러 번 복제되었기 때문에, 전송하고자 하는 목적지에 다다를 확률도 훨씬 높아져 대용량의 데이터를 효율적으로 전송할 수 있었습니다. 전파가 수신되는 목적지에서는 여러 개로 나뉘어 들어오는 신호를 빠르게 연결하고 동기화시켜서 원래의 신호를 재조합하는 기술을 구현했습니다. 이 기술은 오늘날 무선 통신 표준 기술인 와이파이가 되었죠.

1970년대에 호킹 박사가 제안한 '미니 블랙홀' 이론을 호주의 오설리번 박사와 전파 천문학자, 공학자가 이어받아 미니 블랙홀에서 나오는 전파 신호 관측을 시도했고, 비록 블랙홀 관측에는 실패했지만, 이런 연구 과정에서 나온 결과는 전 세계 50억 개 이 상의 무선 장치에 적용된 것이죠. 그뿐만 아니라, 이 기술은 천문 학을 비롯해 신호의 왜곡을 제거하고 선명한 영상을 얻기 위한 초음파 및 컴퓨터 단층 촬영(CT) 같은 의료 영상 분야에서도 널 리 활용되고 있습니다.

오설리번 박사가 소속된 호주연방과학산업연구기구The Commonwealth Scientific and Industrial Research Organisation; CSIRO는 와이파이에 대한 특허 사 용료로 수억 달러에 이르는 엄청난 수익을 냈습니다. 이렇게 특허로 벌어들인 수익의 상당 부분이 미래 연구를 위한 기금으로 재투자되 어 또 다른 과학 기술 혁신을 이끌고 있습니다._T

### 우주를 더 가까이!

와이파이뿐만 아니라 일상에서 우리가 누리는 많은 기술이 인류 가 우주를 탐구하는 과정에서 파생되었습니다. 병원에서 널리 쓰 이는 MRI(자기 공명 영상) 기술은 1974년 노벨상을 받은 영국의  전파 천문학자 마틴 라일이 개발한 영상 합성 기법에서 파생되었고, 스마트폰 이나 디지털카메라에 활용되는 CCD(전하 결합 소자 장치)는 천문 관측을 위해 최 초로 사용되었습니다. 또한 지구 밖 문명 탐사를 위한 외계 지적 생명체 탐사 Search for Extra-Terrestrial Intelligence; SETI 프로젝트는 '시민 참여형 과학 프로젝트' 라는 새로운 형태의 과학 문화를 선도하고 있습니다. '의학에서 와이파이까지' 이르는 다양한 사례를 IAU 발행물을 통해 확인해보세요.

# 당신이 느끼지 못한
# 우주 최강의 파동권, 중력파

#블랙홀
#충돌
#아도겐

위는 하얀색, 아래는 짙은 회색 페인트가 울퉁불퉁하게 칠해진 벽면. 어른 한 명이 겨우 지나갈 만한 좁은 계단을 내려가 문을 통과하면 넓은 공간이 나타납니다. 옅은 담배 냄새보다 먼저 반기는 것은 시끄러운 소리입니다. 이곳저곳에서 유치하게 뽕뽕거리는 8비트 음색, 조이스틱과 버튼을 열심히 움직이느라 달그락거리는 소음, 그리고 흥분해서 가끔 욕설도 내뱉는 동네 아이들의 소리. 제가 한창 초등학교에 다닐 때인 1990년대 오락실 모습입니다. 요즘 혈기 왕성한 사춘기 청소년은 이제 PC방에 모여 스트레스를 풀지만, 이때만 하더라도 오락실이 그런 곳이었죠.

오락실에 있던 수많은 게임 중 저는 1991년에 나온 〈스트리트

파이터 2〉가 가장 기억에 남습니다. 여러 캐릭터 중 하나를 골라 다양한 기술을 이용해 상대방과 싸우는 게임인데, 주인공인 류와 켄이 사용하는 '파동권'이라는 기술이 있습니다. 자신의 기$_氣$를 손바닥에 모은 뒤, 손을 쭉 뻗어 그 기를 몸 바깥으로 멀리 발사하는 기술이죠. 이 기술이 얼마나 유명했던지, 초등학교 때 쉬는 시간만 되면 교실 뒤에서 아이들이 서로 오락실에서 나오는 소리를 따라 "아도겐"이라고 외치면서 놀았던 기억이 납니다.

그런데 대체 류와 켄이 발사하는 '기'는 무엇일까요? 게임을 만든 회사에서도 그 원리를 자세히 설명해주지는 않습니다만, 저는 조심스럽게 시공간이 심하게 찌그러져서 움직이는 것이 아닐까 상상해봅니다.

아인슈타인의 상대성 이론에 따르면, 우리가 사는 4차원 시공간은 영원히 그대로 고정된 것이 아니라, 거기 존재하는 물질이나 에너지에 따라서 크기가 바뀌거나 찌그러질 수 있습니다. 특히 한 곳에 물질이 많이 몰려 있다면(밀도가 높다면) 주변 공간이 심하게 휘어지는데, 이게 너무 심해지면 공간에 구멍이 뚫리게 되죠. 이것이 바로 앞에서 설명한 블랙홀입니다.

만약 2개의 블랙홀이 서로 가까운 곳에 있다면 어떻게 될까요? 거리가 충분히 가깝다면, 두 블랙홀은 중력에 의해 서로 끌어당기는데, 이때 보통 두 블랙홀은 가까이 다가갈 뿐 아니라 적당한 속도로 서로 주변을 돌게 됩니다. 블랙홀 사이의 거리가 가까워질수록 주변을 도는 속도도 더 빨라지고, 결국 두 블랙홀이 충돌하면서 하나의 블랙홀로 합쳐집니다.

회전 속도가 왜 빨라지는지는 김연아 선수의 트리플 악셀을 떠올려보면 쉽게 이해됩니다. 김연아 선수가 처음에는 팔을 쭉 펴고 천천히 회전하다 팔을 몸 가까이 모으면서 빠르게 회전하는 것을 보셨죠? 회전하는 물체는 중심에서의 거리와 회전 속도를 곱한 값이 보존되는데, 이를 '각운동량 보존 법칙'이라고 합니다. 그래서 김연아 선수가 팔을 모아 중심에서의 거리가 줄어들면, 반대로 회전 속도는 더 빨라지는 것입니다. 이와 마찬가지로 두 블랙홀이 충돌하기 직전, 거리가 아주 가까울 때는 엄청나게 빠른 속도로 주변을 돌게 됩니다.

이때 블랙홀 주변의 공간은 블랙홀의 움직임을 따라 물결 모양으로 휘어지고, 마치 호수에 돌멩이를 던지면 물결이 주위로 퍼져나가는 것처럼 블랙홀에서 멀리 떨어진 곳의 공간도 서서히 찌그러집니다. 이렇듯 강력한 중력 때문에 생긴 공간의 찌그러짐이 멀리 퍼져나가는 것, 이것이 바로 중력파Gravitational Wave입니다.

이런 중력파를 최초로 발견한 것은 2015년 9월, 미국에 있는 라이고 관측기기를 통해서였습니다. 라이고에는 4킬로미터 떨어져 있는 물체가 가로세로 두 쌍으로 있는데, 중력파가 지구에 도착하면 공간이 찌그러지기 때문에 물체 사이의 거리가 약간 바뀌게 됩니다. 바로 이 거리를 재서 중력파를 관측할 수 있는 것 블랙홀처럼 시공간을 심하게 찌그러뜨리는 천체가 서로 충돌할 때 주로 생기는 중력파.
(출처: ESO/L. Calçada/M. Kornmesser)

이지요.

연구에 따르면, 이때 관측한 중력파는 13억 년 전, 먼 곳에서 두 블랙홀이 충돌해서 만들어졌습니다. 이때 우리 우주 전체에서 빛으로 방출되는 에너지보다 50배나 더 큰 에너지가 중력파로 방출되었다고 합니다. 류나 켄의 파동권과는 아마 비교조차 할 수 없는 강력한 에너지겠지요. 그 중력파가 13억 년 후 지구에 도착한 것인데, 라이고에 있는 4킬로미터 떨어진 물체 사이의 거리는 겨우 100,000,000,000,000(100조)분의 1밀리미터 정도만 바뀌었다고 합니다. 원자핵 안에 있는 양성자 하나의 크기보다 더 작은 크기입니다. 새삼스럽지만, 이런 걸 찾아냈다는 것도 참 대단하네요.

　지금도 우주 어디선가는 블랙홀과 블랙홀이 부딪치면서 수많은 파동권을 만들어내고 있습니다. 그 에너지는 상상을 초월할 정도로 엄청나지만, 다행히 우리는 너무나도 멀리 떨어져 있어 아무것도 느낄 수 없지요. 하지만 이 미약한 파동권은 우리에게 아인슈타인의 상대성 이론이 옳다는 것도, 우주에 있는 블랙홀에 대해서도 많은 것을 알려주고 있습니다. _H

**우주를 더 가까이!**

2017년 노벨물리학상은 라이고 검출기 및 중력파 관찰에 대한 결정적 기여를 한 세 명의 과학자에게 주어졌습니다. 중력파와 라이고 실험에 대해 더 궁금하신 분은 《중력파, 아인슈타인의 마지막 선물》(오정근, 동아시아, 2016)을 살펴보세요.

# Day 68

# 중력 네트워크로 연결된 만물

#중력
#관계

우리는 타인과의 관계를 통해 정서적 유대를 맺고 살아갑니다. 사방팔방으로 이어진 인적 네트워크는 새로 생기기도 하고 견고해지기도 하며, 때로는 끊기기도 하지요. 우리가 맺는 사회적 관계의 수는 한계가 있기 마련이지만, 단 하나, 존재하는 모든 것과 관계를 맺는 것이 있습니다. 바로 중력입니다.

중력은 질량을 가진 만물 사이사이에 맺어진 관계로서, 쉴 새 없이 상대방을 자기 쪽으로 끌어당깁니다. 이 책을 읽고 있는 지금도 지구는 우리를 당기고 있습니다. 우리뿐만 아니라 이 책도, 책상도, 의자도 끌어당김 당하고 있지요. 이처럼 지구의 중력은 지구상의 모든 사물을 지구 중심 방향으로 끌어당깁니다. 이보다

지구의 만유인력이 만물을 잡아당기는 방향. (출처: NASA/Goddard Space Flight Center)

훨씬 멀리 있는 달이나 우리가 쏘아 올린 인공위성도 끌어당기고 있지요.

그런데 왜 달이나 위성은 지구로 떨어지지 않을까요? 그 이유는 이들이 지구를 중심으로 빙글빙글 돌고 있기 때문입니다. 원모양의 레일을 질주하는 롤러코스터가 거꾸로 뒤집힌 순간에도 땅으로 떨어지지 않는 것과 같은 원리지요.

중력은 대상을 제한하지 않습니다. 존재하는 모든 것이 끌어당김의 대상입니다. 우주에 떠도는 티끌도, 우주 어딘가에 존재하리라 여겨지는 외계 생명체도 중력으로 관계를 맺고 있지요. 중력은 우리가 미처 다 인식할 수조차 없는 만물과 '끌어당김'으로 소통하고 있습니다. 멀어질수록 그 세기가 약해지다가 어느새 다른 힘에 묻혀버리지만요.

전혀 생각해본 적 없겠지만, 사실 우리 몸도 지구의 중력권에서 생존에 유리한 방향으로 진화해왔습니다. 몸의 무게를 지탱하기 위한 뼈와 근육, 피가 역류하는 것을 방지하기 위한 다리 정맥의 판막, 균형을 잡기 위한 전정기관 등이 그러하지요. 우리는 환경에 너무나도 잘 적응한 나머지 평소에는 특별히 중력을 의식하지 않고 살아갑니다.

중력의 다른 이름은 '만유인력萬有引力'입니다. '질량을 가진 만물 사이에 작용하는, 서로를 끌어당기는 힘'이라는 뜻이지요. 지구의 중력은 지구라는 질량 덩어리가 행사하고 있는 만유인력인 셈입니다. 질량을 지닌 우리도 지구를 엄연히 끌어당기고 있지요. 다만 지구가 우리를 끌어당기는 힘의 세기가 압도적으로 클 뿐입니다. 물론 질량이 크건 작건, 끌어당김과 끌어당겨짐의 상호 관계는 만물의 권리와도 같습니다.

일상에서 접하는 물체들이 행사하는 만유인력은 매우 약합니다. 우리가 다루는 사물의 질량으로는 티끌도 끌어당기지 못하지요. 이 힘은 '천체' 정도의 질량이 되어야 두드러지기 시작합니다. 즉, 우주로 무대를 확장한 순간 중력은 만물을 지배하는 가장 강력한 힘이 됩니다.

지구 역시 수많은 천체로부터 끌어당겨지고 있습니다. 가장

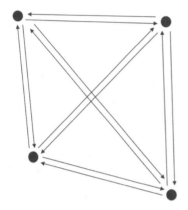

세상에 4개의 물질이 있다면, 이 물질 사이에 오가는 중력의 방향.

강력하게 지구를 끌어당기고 있는 것은 태양입니다. 지구는 지금도 태양 주변을 회전함으로써 태양의 끌어당김에 저항하고 있지요. 태양뿐만 아니라 크건 작건, 다양한 규모의 천체가 다양한 방향에서 지구를 끌어당기고 있습니다. 보이지 않고 만져지지 않을 뿐, 우주의 모든 천체 사이엔 중력의 네트워크가 무수히 연결되어 있으니까요.

이렇게 모든 천체는 주어진 역학 관계에 따라 부지런히 이동하는 중입니다. 중력의 지휘에 따라 이동하며 별, 블랙홀, 성단, 은하, 우주 거대 구조 등의 우주 구조물을 만들어나가지요.

천체들이 제자리에 고정된 채 움직이지 않는 것처럼 보이지만, 사실 이들은 부단히 어디론가 나아가고 있습니다. 천체의 움직임에는 영겁의 시간이 걸리기에 우리 눈에는 보이지 않는 것뿐입니다. 문득 천체에 반해 우리는 찰나의 순간을 살고 있는 존

재라는 생각이 듭니다. 더군다나 만유인력으로는 티끌 하나 잡아
당길 수 없는 무척 가벼운 존재이기도 하지요.

하지만 우리는 중력이 만들어낸 우주의 형성과 진화를 이해하
고, 더 먼 우주를 탐사하기 위해 행성의 중력을 이용하기도 합니
다. 계단을 오르다 미세하게 떨리는 다리 근육으로 지구의 중력
을 새삼스레 느껴봅니다. 우주의 구조를 만들어내는 힘, 중력을
우린 마음만 먹으면 이렇게 쉽게 느낄 수 있지요. _s

**우주를 더 가까이!**

중력을 없애는 일이 가능할까요? 질량을 가진 만물이 행사하는 중력을 없애는
방법은 그 누구도 알지 못합니다. 만유인력의 법칙에 따르면 영원히 불가능하
지요. 하지만 중력과 반대 방향의 힘이 존재해 서로 상쇄된다면, 중력이 없는
것처럼 보이는 무중력 상태를 만들 수 있지요. 잠수 풀장에 깊이 들어가면 중
력과 부력이 상쇄되어 더 이상 중력이 느껴지지 않는 것처럼 말이에요.

**Day 69**

# 우주의 어두움

우리는 형체를 갖춘 것, 보이는 것을 논하는 데 익숙합니다. 우주에 대해서도 마찬가지입니다. 빛나는 별, 회오리 모양의 은하, 오색찬란한 성운에 시선이 머무르지요. 하지만 '우주' 하면 가장 먼저 떠오르는 것은 너무도 당연해서 잘 의식하지 못했던 '어두움'이 아닐까요?

우주의 어두움을 생각하다 보면 어쩐지 아늑한 느낌마저 듭니다. 엄마의 자궁이 이와 비슷할까 싶지요. 두 곳은 격변적인 것으로부터 아득히 떨어져 있습니다. 웬만해선 그 평온함이 깨지지 않습니다. 빛을 발하는 별이 탄생하거나 생명이 세상 밖으로 나설 때까지 말이지요. 오늘도 우주의 어두움은 수많은 가능성을 빚어내는 중입니다.

　지구에 사는 우리는 하루에 한 번씩 '밤'이라는 이름으로 우주의 어두움을 직면합니다. 인류가 문명의 이기로 어두움을 극복한 지는 꽤 오래되었습니다. 밤에 활동하고 낮에 자는 것이 가능한 세상이지요. 그럼에도 불구하고 밤은 여전히 어둡습니다.

　밤이 선사하는 우주의 어두움을 만끽하기는 참으로 쉽습니다. 어두움을 있는 그대로 느끼면 되니까요. 최첨단 관측기기나 전문 지식도 필요 없지요. 비단 밤에만 깊은 어두움을 느낄 수 있는 것은 아닙니다. 우리는 빛을 차단함으로써 어두움을 만들어낼 수 있지요. 깊은 동굴 속, 연극 무대의 암전, 때에 따라선 두 눈을 감아도 쉽게 어두움을 만들어낼 수 있습니다. 잔상마저 사라진 완벽한 어두움을 마주한 순간, 우리는 공간을 초월하는 듯한 신비로움을 경험하게 됩니다. 우주의 어두움과 하나로 이어지는 듯 말이에요.

까마득히 오래전, 우주는 어두움 그 자체였습니다. 별이 탄생하자 비로소 암흑천지와 같았던 우주에 하나둘씩 등불이 켜지기 시작했지요. 그리고 지금, 우주에는 바닷가의 모래알 수에 필적하는 수많은 별이 존재하고 있습니다. 하지만 이 정도의 등불로는 광막한 우주를 밝히기엔 역부족인가 봅니다. 우주가 여전히 어두운 것을 보면요.

우주 대부분이 어두움이라지만, 이 어두움의 공간이 결코 텅비어 있는 것은 아닙니다. 우주에는 빛나지 않는 '암흑 물질'이 빛나는 별보다 더 많이, 더 넓게 분포하기 때문이지요(Day 70. 참고). 눈에 보이는 것이 전부가 아니듯, 어두움의 공간에는 정체불명의 암흑 물질이 드리워져 있습니다.

무심코 올려다본 밤하늘에서 반짝이는 빛을 보셨다면, 그것은 별에서 출발해 어두움의 공간을 가로질러 온 하나의 빛줄기에 해당합니다. 짧게는 수십 년, 길게는 수천 년가량 우리를 향해 돌진해온 참으로 인연이 깊은 별빛이지요. 관측기기를 사용하면 검게 보이는 밤하늘에 숨어 있는 더 어두운 빛, 더 멀리서 더 오랫

Cosmos

동안 달려온 빛을 마주할 수 있습니다.

반대로 밤하늘을 등질 때, 우린 '낮'이라는 이름으로 빛의 세례를 받습니다. 수많은 별로도 밝힐 수 없었던 어두움이 태양 빛 하나로 환해지지요. 지구를 향해 돌진해오던 태양 빛의 일부는 지구를 감싼 대기층의 공기 입자와 부딪쳐 대기 중으로 흩어집니다. 이 흩어진 태양 빛 덕분에 온 하늘이 밝게 빛나죠. 지구에 대기가 없었다면, 눈부신 태양과 어두운 하늘을 동시에 볼 수 있었을 것입니다.

지구에 올라탄 우리는 하루에 한 번씩 빛과 어두움의 세계를 오갑니다. 어두움의 세계에선 선명함은 사라지고 형체만 어슴푸레 남습니다. 이 너그러움에 우리는 몸과 마음의 긴장을 내려놓고, 더 깊은 어두움을 향해 잠자리에 들지요. 불을 끄고 침대에 누울 때마다, 우리는 우주의 어두움과 이어집니다. 매일 밤 우리는 우주의 어두움을 무대로 꿈을 꿉니다. _s

우주를
더 가까이!

인간의 눈은 빛의 세기에 따라 동공의 크기를 바꾸어 망막에 맺히는 상의 감도를 조절합니다. 어두운 곳에서는 동공을 최대한 넓게 확장해 가능한 한 많은 빛을 받아들이지요. 밤의 어두움을 밝히는 조명이 꺼지면 순간적으로는 아무것도 보이지 않지만, 동공이 확장되어 어두움에 적응하는 시간(몇 초에서 몇 분)이 지나면 저조도 조건에 맞게 사물의 형체가 어스름히 보이지요.

**Day 70**

# 우주를 지배하는,
# 나쁘지는 않은 어두움

#암흑물질
#암흑에너지

2000년대 중반까지만 해도 SF 영화 속 영웅담의 대표는 '스타워즈' 시리즈였습니다. 저항군과 제국군 그리고 질서를 추구하는 제다이 기사단과, 분노와 폭력적인 힘을 숭배하는 시스 군주 간의 싸움이 은하계에서 펼쳐지는 내용이지요. 그중 가장 유명한 캐릭터는 암흑의 길, 즉 다크 사이드에 빠지게 된 시스 군주, 다스 베이더입니다. 그가 누구인지는 모르더라도, 그가 말한 "I am your father"만큼은 누구나 한 번쯤 들어봤을 거예요. 그 다스 베이더가 다크 사이드에 왜 빠지게 되었는지를 다룬 영화 〈스타워즈 에피소드 3-시스의 복수〉의 개봉은 전 세계 스타워즈 팬들이 기다리던 사건이었습니다.

2005년, 이 영화가 개봉되던 주에 저는 서울에서 열린 물리·천문학 국제학회에 참석했는데, 학회 이름이 'The Dark Side of the Universe(우주의 어두운 면)'이었습니다. 학회 내 높은 분들께서 영화 개봉을 염두에 두고 학회 이름을 그렇게 지은 것인지는 알 수 없지만, 학회에 참가한 대부분의 물리·천문학자들은 '스타워즈'에 나오는 다크 사이드를 생각한 모양이에요. 덕분에 학회 내내 거의 모든 강연에서 다스 베이더를 볼 수 있었습니다.

그러면 왜 하필 학회 제목이 '우주의 어두운 면'이었을까요? 그건 실제로 우리 우주의 역사를 지배하는 것이 바로 암흑이기 때문입니다. 아, 종교나 철학에 나오는 악이나 마피아 같은 흑막을 말하는 것이 아니니 오해하진 마세요. 천문학자들은 눈에 직접 보이지 않거나 성질을 정확히 알 수 없는 것을 '암흑'이라고 표현한답니다.

아인슈타인의 상대성 이론에 따르면, 우주의 크기는 시간이 지날수록 계속 커집니다. 그리고 우주의 크기가 커지는 속도는 우주를 구성하는 성분에 따라 달라집니다. 그런데 현재 우주를 구성하는 성분 중 우리에게 익숙한 물질, 그러니까 원자나 전자, 분자로 이루어진 물질은 5퍼센트밖에 안 됩니다. 나머지 95퍼센트는 우리가 잘 모르는 무언가로 이루어졌다는 말인데, 천문학자의 표현에 따르면 이것이 바로 '암흑'입니다. 그러니 우주의 역사를 암흑이 지배한다고 해도 과언이 아니겠죠!

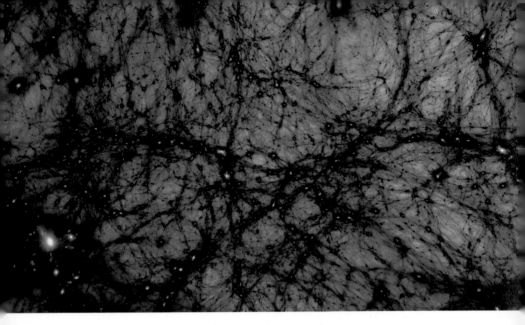

우주의 암흑 물질 분포를 시뮬레이션한 모습. [출처: Ralf Kähler(SLAC/Stanford)]

　신기하게도 이 알 수 없는 95퍼센트의 암흑은 최소한 두 종류의 서로 다른 암흑으로 나눌 수 있습니다. 그중 25퍼센트는 눈에 보이지는 않지만, '물질'입니다. 아주 질긴 풍선에 가스를 넣고 묶은 다음, 바깥에서 풍선을 잡아당겨 부피를 두 배로 키워봅시다. 그러면 풍선 안에 있는 가스의 밀도는 절반으로 줄어들겠지요. 마찬가지로 암흑 물질의 밀도도 부피에 반비례하기 때문에 '물질'이라고 부릅니다.

　결국 이 암흑 물질이 눈에 보이는 물질보다 다섯 배나 양이 많으므로 별, 은하 등의 천체는 암흑 물질이 중력으로 만든 구조 위에 놓이게 됩니다. 눈에 보이는 천체를 영화의 주연 배우라고 한다면, 암흑 물질은 그 영화 전체를 지휘하는 영화감독이라고 할 수 있겠네요.

그리고 나머지 70퍼센트는 암흑 에너지라고 하는데, 암흑 물질과 달리 이 녀석은 부피가 늘어나도 전혀 밀도가 줄지 않습니다. 그래서 도저히 '물질'이라 부를 수 없어 '에너지'라는 의뭉스러운 이름을 붙였습니다.

우주에 이런 암흑 에너지가 있음을 알게 된 것은, 우리 우주가 커지는 속도를 알게 되면서부터입니다. 아인슈타인의 상대성 이론에 따르면, 우주에 빛과 물질만 있다면 우주는 시간이 지날수록 커지지만, 그 속도는 시간이 지남에 따라 점점 느려져야 합니다. 그런데 이상하게도 실제 우주가 커지는 속도는 오히려 시간이 지나면서 점점 빨라지고 있는 것이었지요! 이런 현상은 암흑 에너지를 쓰지 않고는 설명이 어렵습니다. 이렇게 수천억 년간 우주의 성장 속도가 점차 빨라지면, 지금 지구에서 망원경으로 볼 수 있는 은하 중 대부분은 더 이상 어떤 방법으로도 관측할 수 없을 정도로 빠르게 멀어질 것입니다.

아직 우리가 암흑 물질과 암흑 에너지를 실험실에서 본 적이 없으니, 이것의 실체는 이론 물리학자의 칠판 어딘가에만 숨어 있을지 모릅니다. 그렇지만 우주를 더 넓게 볼수록(수십억 광년 이상), 더 오랜 시간 볼수록(수십억 년 이상) 암흑이 우주에 끼친 영향을 더 자세히 볼 수 있습니다. 그래서 천문학자들은 우주를 더 넓고 더 깊게 보기 위해 새로운 망원경과 관측 프로젝트를 계속 만들고 있습니다.

눈에는 보이지 않지만, 더 넓게 볼수록 그 영향력이 큰 암흑 물질과 암흑 에너지. 정말로 우리 우주를 지배하는, 나쁘지는 않은 어두움이라고 할 수 있겠습니다. _H

**우주를 더 가까이!**

마블 영화 시리즈에도 '암흑 에너지'가 나왔다는 것, 알고 계셨나요? 영화 〈어벤저스〉에서 인피니티 스톤 중 하나인 테서랙트Tesseract를 '암흑 에너지 연구소'라는 곳에서 연구하는데, 설정상 NASA와 어벤저스 팀을 불러 모은 실드 S.H.I.E.L.D가 공동으로 만든 곳이지요.

# 부서진 텔레비전은
# 왜 저절로 고쳐지지 않을까

#시간
#방향
#과거와미래

아내가 보낸 문자 메시지를 보는 순간, 좋지 않은 예감이 들었습니다. 아들이 비디오 게임기를 꺼내다 실수로 텔레비전 뒤에 있는 복잡한 전선을 잡아당겼고, 결국 3년 전에 거금을 들여 산 텔레비전이 바닥에 떨어져 부서지고 말았습니다. 그러자 아들이 엉엉 울면서 텔레비전을 되돌릴 수 있느냐고 물었다고 합니다.

10년 전쯤 일본 애니메이션 〈시간을 달리는 소녀〉가 우리나라에서도 개봉했습니다. 주인공 소녀가 우연히 과거로 갈 수 있는 능력을 얻게 되자, 학교에 지각한 일이나 시험 문제를 제대로 못 푼 것과 같은 과거의 실수를 고치는 데 그 능력을 쓰게 되죠. 살면서 실수 한번 저질러보지 않은 사람이 있을까요? 살면서 피하고 싶었던 일, 아쉬웠던 일이 하나도 없는 사람이 있을까요? 그래서 불가능한 줄 알면서도, 과거로 시간을 돌리는 상상이 소설에서나 만화, 영화에서 그렇게 많이 등장하는지도 모르겠습니다.

그런데 과거로 시간을 돌리는 것은 '왜' 불가능할까요? 당연한 이야기 아니냐고요? 글쎄요. 물론 우리는 지금까지의 경험을 통해 시간은 항상 과거에서 미래로 흘러간다는 것을 당연하게 받아들이고 있죠. 하지만 놀랍게도 시간이 왜 과거에서 미래로만, 즉 한 방향으로만 흘러가는지에 대해 현대 물리학은 아직 뾰족한 답을 내놓지 못하고 있습니다.

텔레비전이 부서지던 안타까운 상황으로 돌아가서, 누군가가 이 모든 상황을 몰래 촬영했고, 촬영한 동영상을 거꾸로 재생한다고 가정해봅시다. 부서졌던 텔레비전 부품이 다시 제자리에 달라붙고, 텔레비전이 바닥에서 위로 올라옵니다. 이상하죠. 누가 봐도 거꾸로 재생했다는 것을 알 수 있을 겁니다. 물리학자의 눈으로 보면 어떨까요? 텔레비전이 부서지는 상황을 설명하는 물리 법칙이나, 부서진 텔레비전이 원래대로 돌아오는 상황을 설명하는 물리 법칙이나, 본질적으로 전혀 다르지 않습니다. 즉, 상식적으로는 이상하지만 물리 법칙만 놓고 보면, 부서진 텔레비전이 원래대로 돌아가는 일이 이상할 이유가 하나도 없는 셈입니다.

시간을 '공간'과 비교해보는 것도 이 문제를 이해하는 데 도움이 됩니다. 특별한 장애물만 없으면 우리는 앞으로 뒤로, 왼쪽으로 오른쪽으로 자유롭게 갈 수 있습니다. 무중력 상태에서는 위로도 아래로도 자유롭게 갈 수 있죠. 사실 앞뒤와 같은 방향은 우리가 그때그때 기준을 정해서 만드는 것일 뿐, 우주 공간 전체로 보면 절대적인 의미를 갖는 '앞'과 '뒤' 같은 것은 없습니다. 또한 물리 법칙도 우리가 앞뒤를 정하는 방식과 상관없이 잘 들어맞습니다.

왜 시간과 별 상관없는 공간 이야기를 하느냐고요? 아인슈타인의 상대성 이론에 따르면, 시간은 공간과 전혀 상관없는 실체가 아니기 때문입니다. 오히려 관찰자가 어떻게 운동하는가에 따라 시간과 공간의 방향이 조금씩 달라집니다. 공간에서 관찰자가 앞뒤 방향을 마음대로 정할 수 있는 것과 비슷하게 말이죠. 공간에서는 앞으로도 갈 수 있고 뒤로도 갈 수 있는데, 왜 공간과 깊은 관련을 맺고 있는 시간은 항상 과거에서 미래로만 갈 수 있는 걸까요?

몇 년 전에 돌아가신 유명한 이론 물리학자 스티븐 호킹은《시

공간에서는 여러 방향으로 자유롭게 이동할 수 있는 반면 시간은 그럴 수 없다.

간의 역사 A Brief History of Time》에서, 우리가 알고 있는 시간에 허수 $i$ 를 곱한 허수 시간은 공간처럼 자유롭게 방향을 바꿀 수 있을 것이라고 제안합니다. 이 $i$는 자연과학에서 꽤 많이 쓰이는 수인데, 제곱하면 −1이 됩니다. 물론 우리가 일상생활에서 이런 수를 만날 일은 없으니, 허수 시간이 어떤 것인지 경험으로 알기는 어렵습니다. 그렇다 보니 호킹의 제안이 맞는지 실험으로 증명할 방법도 없어 보이고요. 답답한 궁금증이 풀리진 않은 것 같네요.

혹시 우주 어떤 곳에서는 시간과 공간의 성질이 같아 과거로도 미래로도 자유롭게 갈 수 있지 않을까요? 어쩌면 공간이 3차원인 것처럼, 시간도 2개 이상의 차원을 가진 우주도 있지 않을까요? 그러거나 말거나, 저는 새 텔레비전을 사기 위해 열심히 카드 할부를 알아봐야 하지만요. _H

> **우주를 더 가까이!**
>
> 앞서 언급한 스티븐 호킹의 《시간의 역사》는 전 세계적으로도 엄청난 인기를 얻은 베스트셀러입니다. 스티븐 호킹은 책을 쓸 때, 수학식이 나올 때마다 책 판매량이 줄어들 것을 걱정해 수학식은 아인슈타인의 상대성 이론에 나오는 것 하나($E=mc^2$)만 썼다고 합니다. 다행히 의도에 맞게 책은 아주 많이 팔렸지만, 읽어본 독자로서 말씀드리자면 그의 노력에도 불구하고 내용은 결코 간단하거나 친절하지 않습니다.

# Day 72

## 미래를 향한 편도 티켓

#시간여행
#타키온
#웜홀
#상대성이론

앞에서 우리 집 텔레비전이 부서져 새로 사야 한다고 했습니다. 시간을 되돌려 텔레비전이 부서지기 전으로 돌아갈 수 있다면 참 좋겠지만, 시간은 항상 과거에서 미래, 한 방향으로만 흘러간다고 말씀드렸죠. 그리고 현대 물리학에서 아직 왜 그렇게 되는지 뾰족한 답을 주지 못하고 있다는 말씀도요.

그런데 여러분, SF 영화나 만화, 소설을 보면 과거와 미래를 자유롭게 오가는 타임머신이 많이 나오지 않나요? 저는 옛날 영화 '백 투 더 퓨처' 시리즈에 나오는 스포츠카 드로리안이 가장 기억에 남습니다. 빠른 속도로 달리다 보면 어느 순간 주인공과 스포츠카는 사라지고, 바퀴에서 나온 불꽃만이 바닥에 긴 흔적을 남기는 모습이 멋졌지요. 최근 작 중에서는 〈어벤져스 : 엔드게임〉에 나온, 양자 터널을 이용해 과거에 있는 인피니티 스톤을 찾으러 떠난 시간 여행이 기억에 남았습니다.

어떤 SF 미디어에 나온 시간 여행을 보더라도, 대체로 과거로 갔다가 현재로 돌아오고, 아니면 미래로 갔다가 현재로 돌아오는 모습일 겁니다. 이것이 가능하려면, '원하는 시점의 미래로 가는 것'과 '원하는 시점의 과거로 가는 것' 모두 가능해야 합니다.

하지만 앞서 말씀드렸다시피 현대 물리학에서는 과거로 가는 확실한 방법을 아직 찾지 못했습니다. 상대성 이론에 따르면, 질량을 갖는 모든 물질은 빛보다 빨리 움직일 수 없는데, 과거로 간다는 것은 빛보다 빨리 움직여야만 가능하기 때문이죠.

어떤 학자는 허수의 질량을 갖는 타키온Tachyon이라는 물질이 있다면, 이 물질은 항상 빛보다 빨리 움직인다고 생각했습니다.(허수에 대해 알고 싶으시면 Day 71.을 참조하세요.) 또는 영화 〈인터스텔라〉에 나오는 것처럼 어떤 공간의 양쪽에 뚫린 구멍, 즉 블랙홀이 이어진 웜홀Wormhole 같은 지름길이 있고, 이를 이용하면 웜홀 없는 공간을 빛의 속도보다 더 빨리 목적지에 도착해 시간 여행을 할 수 있다고 생각합니다. 하지만 타키온도 웜홀도 실험으로 밝혀진 것은 아무것도 없습니다. 게다가 웜홀이 있다 해도, 중력의 차이 때문에 입구 블랙홀에 들어가면서 사람도 산산조각이 날 테니, 안전하게 과거로 가기는 어렵겠네요.

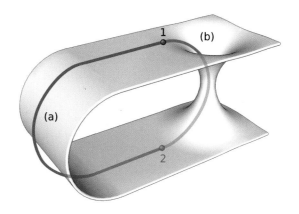

웜홀의 개념을 그린 그림. (출처: Wikipedia)

반대로 원하는 시점의 미래로 가는 확실한 방법은 이미 잘 알려져 있습니다. 아주 간단해요! 빛의 속도(30만 킬로미터/초)에 가깝게 움직이면, 움직이는 사람이 보기에는 이동하는 거리가 원래보다 줄어드는 것처럼 보이고, 가만히 있는 사람이 보기에는 빛의 속도에 가깝게 움직이는 사람의 시간이 매우 느리게 흐르는 것처럼 보입니다. 따라서 어떤 사람이 빛의 속도에 가깝게 10초동안 움직였다면, 그동안 바깥세상에서는 10초 이상, 속도가 정말 빠르면 1년 이상의 세월이 흐를 수 있다는 것이지요. 그러면그 사람은 미래로 갈 수 있는 겁니다.

예를 들어볼까요? 우리로부터 가장 가까운 은하 중 하나인 안드로메다 은하는 지구에서 약 300만 광년 떨어져 있습니다. 이제거의 빛의 속도에 가깝게 움직이는 로켓에 사람을 태워 지구에서 안드로메다 은하까지 보낸다고 가정합시다. 그러면 지구인이 볼 때 로켓은 약 300만 년 뒤에 도착할 겁니다. 반대로 로켓에 타고 있는 사람이 볼 때는 어떨까요? 만약 로켓이 빛의 속도의 99퍼센트로 움직인다면, 로켓에 탄 사람의 입장에서는 지구에서 안드로메다 은하까지의 거리가 300만 광년이 아니라 42만 광년처럼 보이고, 약 43만 년이 지나면 안드로메다 은하에 도착합니다. 좀 더 빨리 움직여 빛의 속도의 99.9999999999퍼센트로 움직인다면 거리가 더 심하게 줄어, 로켓에 탄 사람은 4년 만에 도착하는 겁니다! 물론 지구인이 볼 때는 300만 년이 걸리지만요.

자, 시간 여행은 환상이 아닙니다. 지금이라도 매우 빠른 로켓을 만들 수 있는 기술과 돈만 있다면, 여러분은 언제든지 미래를 향해 시간 여행을 할 수 있습니다. 단, 그 시간 여행 티켓은 왕복 티켓이 아니라 편도 티켓이라는 점을 기억하세요. 여러분은 미래로 갈 수는 있지만, 다시 지금 이 시각으로 돌아올 수는 없습니다. 과거로 오는 방법은 아직 밝혀지지 않았으니까요. 그래도 미래로 가고 싶은 여러분, 행운을 빕니다! 저는 사양할게요. _H

우주를
더 가까이!

빠르게 움직일수록 시간이 더 느리게 가는, 상대성 이론의 효과를 잘 나타내는 것이 바로 쌍둥이 역설입니다. 영화 〈인터스텔라〉 마지막 장면을 확인해보세요!

# 세종이 발명한 첨단 시계

#일성정시의
#별시계
#시각교정

✦ 햇볕으로 시간을 아는 기기는 있으나 밤에도 살피는 기기를 만들도록 지시하였다. (《세종실록》, 1437년 4월 15일.)

세종은 중국 문헌에 별시계에 대한 기록만 있을 뿐 상세한 내용이 없자 일성정시의日星定時儀를 개발하라고 지시했습니다. 세종이 직접 작성한 새로운 별시계의 구조와 사용법을 검토하는 과정에서는 "시각을 정하는 제도를 서술한 글이 간결하고 상세해 손바닥을 가리킴과 같이 명백하기에…"라며 신하들은 더 이상 추가할 내용이 없었다고 합니다. 세종의 천문학 지식이 높았음을 짐작해볼 수 있는 대목입니다.

일성정시의는 그 이름에서 알 수 있듯이 해日와 별星을 이용해 시간을 측정하는 기기입니다. 시간 측정의 용도와 더불어 당시 국가의 표준 시계였던 보루각루의 시각 교정에 사용했습니다. 물시계가 아무리 정확하다 하더라도 물의 온도에 따라 유속의 변화가 생기고, 물속의 이물질 등이 정상적인 흐름을 방해하기도 합니다. 따라서 시각을 교정할 때 일성정시의는 매우 중요했습니다.

시간을 측정하는 일성정시의 시각 판은 해시계와 별시계 용도로 구분합니다. 하지만 여기에 새겨진 눈금은 같습니다. 시각 판에는 하루를 12시진과 100등분(100각 눈금)으로 나눈 당시의 시각 눈금이 새겨져 있습니다.

해시계로 사용하는 방법은 비교적 간단합니다. 2개의 실을 이용해 태양을 정렬시켜 맞춘 후 고정된 시각 판에 맺힌 실 그림자로 시간을 읽었습니다.

반면 별시계는 별들이 북극을 중심으로 규칙적으로 운행하는 원리를 적용합니다. 사용 방법이 복잡해 보일 수 있지만, 생각보다 간단합니다. 밤하늘을 한번 올려다보세요. 별들은 북극을 중심으로 1시간에 15도씩 반시계 방향으로 움직입니다. 2시간이 지나면 30도, 3시간이 지나면 45도를 운행하죠. 이러한 규칙적인 운동으로 별의 운행은 시간의 각도, 즉 별의 운행 도수로 표현할 수 있습니다.

그런데 별시계는 한 가지 더 고려할 것이 있습니다. 지구의 공

세종 시대 일성정시의 복원 모델. (출처: KASI)

전과 자전으로 인해 계절에 따라 별자리가 달라지거나 같은 시간에 관측하는 별자리의 위치가 조금씩 변한다는 것입니다. 실제로 매일 밤 동쪽 하늘에서 떠오른 별이 서쪽 하늘로 지는데, 하루에 약 4분씩 빨라집니다. 일성정시의 별시계는 이러한 별의 운행 원리도 이용합니다. 다이얼을 돌리듯이 별시계용 시각 판을 하루에 1도(당시는 365.25도 눈금을 적용, 1도는 약 4분에 해당함)씩 돌려줍니다. 매일 밤 조금씩 빨리 뜨는 별과 일치하도록 맞추기 위해서죠. 자, 이제 별이 움직인 운행 도수를 따라가면서 시간을 알 수 있을 거예요.

오늘날 1년의 길이는 대략 365.24일이라서 4년에 한 번씩 윤년(2월이 29일까지인 해)이 발생합니다. 또한 지구의 자전축은 미세하게 변해 북극에 해당하는 별이 시대에 따라 달라지기도 합니다. 이를 세차 운동이라고 부르는데, 대략 2만 6000년이 지나야 원래의 위치로 오게 됩니다. 놀랍게도 일성정시의는 윤년과 세차 운동을 고려한 기능까지 탑재되어 있습니다. 여기에 북극 주변의 별자리를 활용해 북극을 정확히 맞출 수 있는 기능이 포함되어 있죠. 오늘날의 북극 방향을 맞추는 극축 망원경처럼 말입니다.

세종 때 만든 일성정시의는 모두 4개입니다. 그중 용으로 장식한 것은 궁궐에 두고, 나머지 3개 중 하나는 서운관에 보내 시간 측정에 사용했으며, 남은 2개는 함길도와 평안도인 국경지대로 보내 군대에서 활용했다고 합니다.

일시정시의에 대한 최초 기록이 쓰인 지 584년이 지난 2021년 여름, 아주 놀라운 일이 일어났습니다. 서울 한복판인 인사동에서 일성정시의 부품이 발굴된 것입니다.

이 부품은 궁궐이나 서운관에서 사용한 일성정시의 중 하나

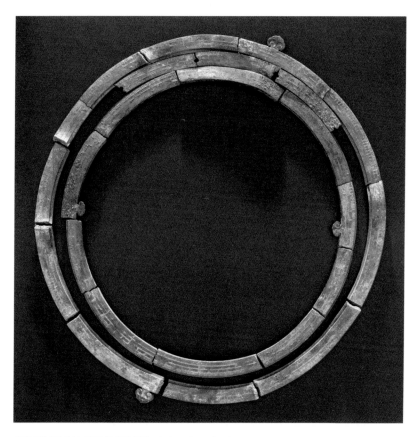

서울 인사동 출토 유물 일성정시의. (출처: 국립고궁박물관)

로 알려졌습니다. 시각 측정을 담당하는 3개의 환(링)이 고스란히 남아 있어 눈금의 세부 모습을 살펴볼 수 있고, 링을 회전시키는 부품의 문양을 확인할 수 있습니다. 당시 일성정시의는 새로운 발명품이자 첨단 시계의 역할을 했습니다.

　흔히 천문학은 인류 보편적 과학의 가치를 담고 있다고 합니

다. 그렇기에 우리나라의 일성정시의에 대한 가치를 세계 과학사 학계에서도 주목하고 있습니다. _K

우주를
더 가까이!

세종은 어린 시절 아버지인 태종과 함께 물시계 실험을 했을 만큼 천문에 관한 관심이 남달랐습니다. 왕이 되어서는 집현전의 학자들이 자유롭게 연구할 수 있도록 지원을 아끼지 않았죠. 세종은 조선의 독자적인 천문역법 제정을 위한 국가 프로젝트를 진행했으며, 공중용 해시계를 설치해 백성들의 삶에 도움을 주었습니다. 조선 시대 역서인《칠정산》편찬에 큰 역할을 했던 정인지가 죽자, 천문의상과 천문역산에 대해 논의할 자가 없다고 탄식했을 만큼 높은 천문학 지식을 갖춘 임금이었습니다.

**Day 74**

# 근대 유럽의
# 시간 측정을 위한 도전

#폴리오트
#진자시계

　지금과 같은 최첨단 시계가 없던 옛날에는 시간을 측정하는 가장 간단한 도구가 해시계였습니다. 해가 없는 동안에도 시간을 알기 위해 물시계와 별시계를 고안했고, 이후 천문 관측을 통해 얻은 시간의 정보는 점차 우리가 잘 아는 기계식 시계로 전환되기 시작했죠.

　14세기 유럽에서 폴리오트Foliot(무게추의 낙하 속도가 일정하도록 고안한 수평봉과 2개의 작은 추를 결합한 흔들이 장치)를 장치한 기계식 시계가 등장하면서 기계식 시계는 큰 전환점을 맞이했으며, 진자시계 제작 이후 시간의 정확성은 획기적으로 개선되었습니다.

유럽에서는 기계식 시계가 등장하자 하루의 길이를 24시간으로 균등하게 사용했습니다. 1344년 이탈리아에서는 24시간이 모두 표시된 문자판이 처음 등장했고, 이 방식은 온 유럽으로 전파되었습니다. 이때부터 유럽 대부분의 지역 도시인들은 종소리만 들어도 몇 시인지 알 수 있었습니다. 하지만 추를 이용해 만든 기계 시계도 물시계와 같이 시간을 자주 조정해야 했습니다. 당시의 기계 시계 역시 기술 수준이 초보 단계에 머무르고 있었기 때문입니다. 1370년에는 프랑스 왕이 파리의 시계 종소리를 24시간으로 통일시키라는 명령을 내리기도 합니다. 이는 한 도시에 시계의 종류가 많고 작동 방법이 서로 달라서 생기는 혼란을 막기 위해서였죠.

시간이 흘러 1600년대에 들어선 후 기계식 소형 시계인 괘종시계(시간마다 종이 울리는 시계)와 휴대용 시계가 등장했습니다. 시간 측정의 정확성은 오차 범위가 약 1~2분이었으나, 그래도 매일 시각을 조정해주어야 했습니다. 이에 유럽 각국은 정부 차원에서 더 정밀한 시계 개발에 착수합니다.

이후 시계 제작에 큰 진전이 있었습니다. 그동안 시계 작동에 추를 이용했던 폴리오트를 대체해 진자 장치(흔들이)를 사용했다는 점입니다. 갈릴레오는 미사 도중 교회 안에 설치된 등불이 흔들리는 것을 보고 진자 주기가 일정하다는 것을 알아냈습니다. 폴리오트와는 달리 그 자체가 자연적으로 진동하는 힘을 가지고 있으며, 흔들리는 힘이 아무리 강해도 흔들리는 주기는 항상 동일하다는 점을 간파한 것입니다.

최초의 진자시계는 1657년 네덜란드의 천문학자 크리스티안 하위헌스Christiaan Huygens가 개발했습니다. 그는 1660년까지 자신의 원리를 바탕으로 항해에서 사용할 수 있는 여러 개의 시계를 완성했습니다. 한 가지 놀라운 사실은 이 무렵 개발된 진자시계의 한 종류가 멀리 조선의 학자들에게도 전달되었던 것 같습니다. 1669년 송이영의 혼천시계에 적용된 동력 장치가 하위헌스의 진자시계 모델과 매우 유사한 형태를 보이고 있습니다(Day 75. 참고).

이후 서양에서 가정용 진자시계의 수요는 엄청나게 증가합니다. 가정용 괘종시계의 하루 평균 오차는 15분에서 15초로 급격히 줄어들었습니다. 가장 정밀한 시계는 추로 작동하는 '롱케이스'라는 괘종시계였습니다. 몇 주일 동안이나 시각을 조정하지 않아도 되었죠.

기계식 진자시계가 정밀해짐에 따라 해시계의 시각 측정도 더 정밀해져야 했습니다. 기계식 시계의 오차는 해시계를 통해 보정했기 때문입니다. 이처럼 진자시계가 개발된 이래 시간의 정밀성은 계속 향상되었습니다. 진자 주기를 더욱 정밀하게 해주는 탈진 장치가 개량되었고, 온도를 보정하고 마찰력을 감소시키는 노력도 이루어졌습니다.

17세기 유럽의 진자시계. (출처: 오스트리아 시계박물관)

특히 1950년대 전후로 수정 시계(수정 발진기의 주파수를 이용한 시계)를 거쳐 세슘원자시계(세슘 원자의 진동을 이용해서 만든 시계)로 이어지며 상상도 할 수 없는 정밀한 시계 장치가 만들어졌죠. 하지만 아무리 정밀한 시계라고 하더라도 하루의 시간을 나타낼 때는 불규칙한 지구의 자전 속도를 감안해야만 했습니다. 이를 측정하기 위해 고성능 망원경이 사용되며, 몇 년마다 한 번씩 1초의 시간을 더해줍니다. 이것을 윤초라고 부르는데, 오늘날 초고속 정보화 세상에서 윤초의 적용은 지구인의 삶에 커다란 영향을 끼치므로 매우 중요한 일이 되었습니다. _K

우주를
더 가까이!

18세기 근대 유럽에서 이처럼 정밀한 시계가 필요했던 주된 이유는 항해 때문이었습니다. 망망대해인 해상에서 선박의 위치를 파악하고자 할 때, 위도는 북극의 위치를 통해 어렵지 않게 측정할 수 있었지만, 동서 방향인 경도를 알기는 매우 어려웠으니까요. 경도를 측정하기 위해서는 출발지와 현재 위치에서 태양이 자오선을 지나는 시간의 차이를 측정해야 했습니다. 이를 위해 유럽의 국가에서는 엄청난 상금을 걸고 보다 정밀한 해상 시계 개발에 집중했습니다.

**Day 75**

# 동서양의 기계 시계 기술을
# 융합하다

#우주모델
#문페이즈
#혼천시계

✦ 세계 유명 과학박물관들이 반드시 복제품을 만들어 소장해야 할
 인류의 위대한 과학 문화재.

영국의 세계적인 과학사학자인 조지프 니덤Joseph Needham이 혼
천시계에 대해 극찬하며 한 말입니다. 그를 포함한 세계 각 분야
전문가가 주목하고 있는 혼천시계, 우주의 시계라고도 불리는 혼
천시계는 과연 무엇이기에 이토록 전 세계가 극찬하는 걸까요?

혼천시계에 대해 알아보기 위해서는 먼저 혼천의가 무엇인지
알아야 합니다. 하늘을 관측하기 위해 오래전부터 사용한 기기가
혼천의입니다. 혼천의는 해, 달, 별 등 천체의 위치를 살피거나,

태양과 달 그리고 다섯 행성(수성, 금성, 화성, 목성, 토성)의 운행 원리를 이해하기 위한 천구 모델로 사용되었습니다.

우리나라에서는 1433년(세종 15)에 처음으로 혼천의에 대한 문헌 기록이 나옵니다. 당시의 혼천의는 천문 관측을 위해 제작했지만, 동시에 시계 장치와 결합해 자동으로 운행하는 기술을 적용하기도 했습니다. 이렇게 자동화 형식으로 개발한 혼천의를 혼천시계라고 부릅니다. 초기에는 물을 동력으로 사용했고, 조선 중기를 거쳐 추동력 혼천시계가 등장합니다. 우리에게 잘 알려진 추동력 혼천시계는 1669년(현종 10)에 천문학자 송이영이 제작한 것입니다.

송이영의 혼천시계는 혼천의 부분에 태양과 달의 세부 움직임을 나타냈는데, 달의 모습이 초승달, 상현달, 보름달, 하현달, 그믐 등으로 표현되도록 장치를 만들어 음력 날짜를 알게 했습니다. 오늘날 고급 시계에 적용되는 문페이즈Moon Phase(시계 문자판 안의 작은 창에 하루마다 변하는 달과 해의 형태를 표시해줌) 기능을 오래전부터 사용했다는 사실이 그저 놀랍기만 합니다.

혼천시계를 만든 송이영은 당시 시행된 새로운 역법 시헌력의 안정화에 이바지한 인물로 알려져 있으며, 혜성 관측 분야 전문가로 임금의 총애를 받았습니다. 1668년 혜성의 출현으로 국가가 불안에 처했을 때, 영의정 정태화가 관직에서 물러나 있던 송이영으로부터 혜성 관측 내용을 듣고 임금께 직접 보고를 드릴

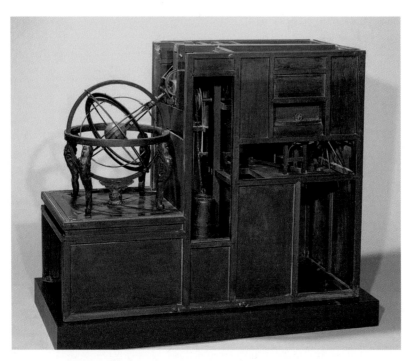

고려대학교박물관에 전시된 국보 혼천의 및 혼천시계. [출처: 국립민속박물관, 〈천문: 하늘의 이치 · 땅의 이상(2014)〉 전]

정도였습니다. 여기서 더 놀라운 점은, 송이영이 관측한 이 혜성에 대해 유럽의 천문학자 카시니Jean Dominique Cassini가 "천상의 이벤트"라고 표현했을 정도로 관측하기가 매우 어려웠던 천체라는 것입니다.

한편 서양에서는 14세기부터 17세기까지 톱니 기어를 갖춘 추동력 기계식 시계를 사용했습니다. 시간의 정밀성을 높이기 위해 추의 낙하 속도를 일정하게 유지해 동력을 일정하게 전달할 수 있는 기술이 필요했습니다. 당시 사용하던 폴리오트 방식(오차 범위 3분 내외)의 시계 장치를 획기적으로 개선한 사람이 하위헌스입니다. 그는 1657년 세계 최초로 진자 장치(오차 범위 10초 내외)를 이용해 정밀한 시계를 제작했습니다. 그런데 놀랍게도 이 진자 장치가 1669년 조선으로 건너와 혼천시계의 동력 장치로 사용되었고, 혼천시계는 조선에서 발전시킨 혼천의 제작 기술과 서양식 자명종의 동력을 융합해 제작한 독창적인 천문 시계로 재탄생했습니다.

송이영의 혼천시계에는 장영실이 제작한 물시계, 보루각루(Day 32. 참고)의 십이지신 시패(둥근 판에 십이지 시간을 적어놓은 막대)로 시간을 알려주거나 구슬을 이용해 종소리를 들려주는 기능이 그대로 담겨 있습니다. 온종일 타종 신호를 발생하기 위해 보루각루에 사용된 작은 구슬과 큰 구슬은 총 74개인데, 혼천시계에서는 단 4개의 구슬만 사용되었습니다. 4개의 구슬이 무한 순환하도록 구조를 개량한 덕분입니다. 훗날 송이영은 15세기 장영실을 계승해 기술 혁신을 이뤄낸 인물로 평가받고 있습니다.

조선 후기에도 혼천시계 제작 전통은 이어졌습니다. 1762년 홍대용은 나경적, 안처인 등과 함께 혼천의와 자명종을 결합해 혼천시계를 제작했고, 19세기 초에는 강이중과 강이오가 혼천시계를 만들었습니다. 진산 강씨 집안에서는 꾸준히 해시계를 제작한 것으로 유명합니다.

현재 고려대학교박물관에는 송이영이 제작한 혼천시계 유물이 남아 있는데, 비록 일부 부품이 유실되거나 훼손되는 등 정상적인 운행은 어렵지만 온전한 모습을 유지하고 있습니다.

혼천시계 제작 기술은 그 후로도 계속 이어져 오늘날의 연구자에게 계승되었습니다. 2005년 이후 국내외 학자들의 축적된 연구 성과로 실제 움직일 수 있는 혼천시계 작동 모델을 완성했습니다.

혼천시계는 세계 시계 제작사 측면에서 매우 희귀하고 중요한 유물이자 동서양의 시계 기술을 융합한, 과학적 창의성이 뛰어난 천문 시계입니다. _K

**우주를 더 가까이!**

서양 과학이 우리 사회에 들어온 것은 언제부터일까요? 조선 시대 말기나 일제 강점기라 생각하는 사람들도 있겠습니다만, 조선의 전통 과학과 대비되는 서양 과학은 대체로 17세기 초부터 조선으로 유입되었습니다. 1603년 마테오 리치Matteo Ricci가 그린 세계지도인 양의현람도 도입, 1631년 정두원이 명으로부터 들여온 망원경과 자명종, 1654년 서양식 천문 역법인 시헌력 시행 등 조선으로 들어온 서양 과학은 전통 과학 경쟁 대상이 아닌 수용의 차원으로 전개되었습니다. 천문학에서 동서양의 융합은 아주 자연스러운 현상이었습니다.

# 불변의 시간을 찾아서

#시계
#기준계
#시간이어떻게변하니

쨰 오래전 영화 〈봄날은 간다〉는 이제 영화 내용보다 영화 속 대사로 많이 기억됩니다. "라면 먹고 갈래요?", "사랑이 어떻게 변하니"라는 대사 말이에요. 라면 이야기는 공감을 많이 받았지만, 사랑의 가변성은 호르몬의 변화를 기준으로 하면 수명이 겨우 3개월이라는 사실이 알려지며 많은 사람에게 실망을 주기도 했습니다.

우리는 변치 않는 것을 찾습니다. 진시황이 불로장생을 꿈꾸고, 동화《백설 공주》속 왕비가 변치 않는 미모를 찾는 것처럼 말입니다. 시간은 어떨까요. 예전부터 인류도 변치 않는 시간의 기준을 찾아 헤맸습니다.

일상에서 찾은 첫 번째 후보는 바로 태양이었습니다. 태양은 단 한 번도 거르지 않고 아침에 동쪽에서 떠서 저녁에 서쪽으로 졌습니다. 지구의 자전 때문인데, 계절에 따라 태양이 뜨고 지는 시간은 변하지만 그 계절에 따른 변화 양상도 항상 같습니다. 그러니 변치 않는 시간의 기준으로 태양을 선택한 것은 당연한 일입니다.

12진법을 사용하던 이집트 사람들이 낮과 밤을 12등분해서 사용하던 것이 현재 우리가 쓰는 24시간의 유래가 되었습니다. 이것을 60진법을 쓰던 바빌로니아 사람들이 60등분으로 나눈 것이 '나누다', '아주 작은'이라는 뜻의 라틴어인 미니트Minute, 분이 되었고, 다시 60등분한 것을 '두 번째'로 나누었다고 해서 초는 세컨드Second라고 불렀습니다.

오랫동안 이 방법은 꽤 괜찮은 선택이었습니다. 하지만 문제는 하루 길이의 기준인 지구의 자전 속도가 변한다는 것이었죠. 우리가 정한 1초라는 시간의 기준이 하루, 즉 자전이었는데 자전의 속도가 변하니 기준 자체가 신뢰를 잃은 셈입니다.

1967년, 결국 시간의 기준은 원자로 변경됩니다. 세슘 원자의 고유 진동수를 이용해서 1초를 정의하기로 합니다. 인류가 선택한 두 번째 불변의 시간입니다. 누군가는 이를 "영원한 우주의 심장 박동"이라고 부르기도 했습니다.

현재 1초의 정의는 세슘 원자가 약 90억(정확히는 9,192,631,770)

윤초가 더해졌을 때의 시계. (출처 B. Hayes/NIST)

번 진동할 때 걸리는 시간입니다. 원래 사용하던 1초와 가장 유사한 크기입니다. 그래야 지구의 자전에 맞춰온 '태양이 중천에 있을 때'가 한낮이라는 일상을 유지할 수 있으니까요.

그런데 문제가 하나 있습니다. 이제 시간은 불변인데, 우리의 일상이 맞춰진 겉보기 시계, 즉 지구의 자전 속도가 변한다는 것을 알게 되었습니다. 극단적으로 생각하면 미래의 어느 날 시간은 자정인데 지구는 느리게 자전해서, 혹은 사람이 보기에는 태양이 느리게 움직여서 아직 해가 중천에 떠 있을 수 있습니다. 어떻게 해야 할까요.

국제사회는 원자시계와 겉보기 시계의 차이가 벌어지면 출발점을 다시 맞추는 방법을 선택했습니다. 지구의 자전 속도가 빨라지거나 느려지면 자정에 1초를 추가하거나 빼서, 1분이 60초가 아닌 61초 또는 59초가 되는 것입니다. 이렇게 다시 하루의 시작을 맞추는데, 이를 '윤초'라고 합니다.

세슘원자시계로 1초를 정의한 지 약 50년이 지났고, 지금 과학계는 다시 차세대 '불변'의 시간 정의를 찾고 있습니다. 아직까지 세슘원자시계의 9,192,631,770분의 1초보다 작은 시간은 측정할 수 없습니다. 아마도 2030년쯤에 새로운 1초의 기준이 정의될 수 있을 것으로 예상합니다.

원자시계가 원자가 가지는 고유의 진동수를 이용하는 방법이라는 점을 고려하면, 더 정확한 시계는 더 빨리 진동하는 물질과 그 진동을 관측할 방법이 동시에 필요합니다. 현재는 세슘보다 더 높은 진동수를 가지는 원자인 이터븀, 스트론튬, 수은, 알루미늄 등을 이용한 광시계를 개발 중이고, 이 진동수를 측정하는 '펨토초 레이저 광주파수 빗'이라는 기술이 주목받고 있습니다.

그렇다면 우리는 왜 이렇게 정확한 시간을 필요로 할까요. 이는 시간이 사실상 대부분의 물리량을 결정하는 근본이기 때문입니다. 우선 길이의 단위인 미터는 빛이 1초에 이동하는 거리를 이용해서 정의합니다. 실제 달까지의 거리를 재는 방법도 지구에서 쏜 레이저가 달에서 반사되어 다시 지구에 도착한 시간으로 결정합니다. 정확한 시간이 바로 정확한 거리인 것입니다.

그나저나 제 배꼽시계도 꽤나 정확하게 밥때를 알려주네요.

밥 주러 가야겠습니다. _R

우주를
더 가까이!

가장 최근에 윤초를 적용한 것은 2017년이었습니다. 벌써 꽤 오래 전이라 그런 일이 있었나 싶지요. 하지만 윤초로 인해 생기는 불편함 때문에 국제기구는 윤초를 없애려 하고 있습니다. 궁금하신 분은 아래 기사를 읽어보기 바랍니다.

- Harry Gunness, 〈The leap second's time will be up in 2035—and tech companies are thrilled〉, 《Popular Science》, 2022.11.26.
- 박정연 기자, 〈1년에 1초씩 증감 '윤초'⋯2035년까지 폐지된다〉, 《동아사이언스》, 2022.11.20.

# 3차원 공간이라서
# 행복해요

#공간
#3차원
#중력

　방콕의 야시장. 그리 넓지 않은 골목길에 빼곡히 들어선 가게들과 주황색의 밝은 조명, 그 아래에서 피어나는 연회색 연기. 백종원 씨가 능숙한 현지 언어로 음식을 주문하면, 노점 주인이 이국적인 향신료를 섞으면서 요리를 만듭니다. 백종원 씨는 그 음식을 맛있게 먹고, 그 향과 맛을 화면 너머에 있는 시청자도 느낄 수 있도록 재치 있게 소개해주죠.

　퇴근 후 제가 자주 시청한 〈스트리트 푸드 파이터〉라는 프로그램의 한 장면입니다. 저는 외국의 신기한 음식에 관심이 많습니다. 특히 코로나19로 해외여행을 오랫동안 못 가다 보니, 이런 프로그램에서 보여주는 이국적인 음식을 바라볼 때마다 침이 꼴

깍 넘어가곤 합니다. 저뿐만 아니라, 잘 먹는 것은 누구에게나 참 중요한 일이지요. 그런데 우리가 이런 맛있는 음식을 즐길 수 있는 것도, 우리가 사는 공간이 3차원이기 때문이랍니다.

아시다시피 우리가 사는 공간은 앞과 뒤, 왼쪽과 오른쪽, 위와 아래로 방향을 정할 수 있습니다. 다른 모든 방향은 앞서 소개한 방향을 적절히 섞으면 만들 수 있고요. 그리고 뒤/오른쪽/아래는 각각 앞/왼쪽/위의 반대이니, 결국 앞/왼쪽/위라는 3개의 방향만 있으면 우리가 사는 공간을 잘 설명할 수 있습니다. 그래서 우리가 사는 공간을 3차원이라고 부르는 것이지요.

신기하게도 현대 물리학에서는 아직 왜 우리가 사는 공간 차원이 3차원인지에 대한 뾰족한 해답을 내놓지 못하고 있습니다. 꼭 답이 있어야 하냐고요? 사실 그럴 필요는 없어요. 단지 어떤 '궁극의 이론'이 있으면, 왜 공간이 3차원인지를 포함한 모든 문제에 대답을 줄 수 있으리라는 이론 물리학자들의 기대라고나 할까요?

아무튼 20여 년 전만 하더라도, 끈 이론이라는 입자 물리학 이론을 이용하면 우주가 왜 3차원 공간을 갖는지도 해결할 수 있을 줄 알았습니다. 하지만 아직도 특별한 소식이 들려오지 않는 것을 보니, 물리 법칙에서부터 자연스럽게 3차원 공간을 얻어낼 수 있으리란 기대는 당분간 접어야 할 듯합니다.

대신 공간 차원이 3차원이 아닌 경우 어떤 일이 일어나는지를 상상해보는 것은 어떨까요? 놀랍게도 이미 140여 년 전에 서로 다른 공간 차원을 갖는 세계에서 일어나는 일을 상상한《플랫랜드Flatland》라는 소설이 나왔습니다. 이 소설에서는 2차원 평면에 사는 정사각형 모양의 사람이 주인공입니다. 어느 날 주인공은 1차원에 사는 사람을 만나는 꿈을 꾸는데, 이 사람이 주인공을 직선으로밖에 보지 못하는 모습에 답답해합니다. 반면 3차원에 사는 공 모양의 사람을 만나는 꿈을 꾸는데, 꿈에서는 이 사람의 크기와 모양이 이리저리 바뀌는 모습에 깜짝 놀라기도 하죠.

소설뿐 아니라 적지 않은 과학자들이 3차원이 아닌 공간에서 어떤 물리·화학·생물학적 현상이 일어날지 예측해보기도 했습니다. 우선 공간이 3차원보다 적으면 어떻게 될까요? 만약 공간이 1차원이라면, 저를 포함한 모든 존재가 끝없이 펼쳐진 하나의 긴 선 위에 놓인 길고 짧은 선이 됩니다. 다른 사람이 서 있는 곳 너머로 가고 싶어도, 그 사람을 피해서 넘어갈 방법이 없습니다. 얼마나 답답할까요.

공간이 2차원으로 늘어나면 답답함은 좀 줄어들지만, 여전히 문제가 있지요. 우선 3차원 인간이 갖는, 입에서부터 항문으로 이어지는 소화 기관은 2차원 인간은 가질 수 없습니다. 그렇게 소화기관을 이으면 바로 몸이 두 갈래로 찢어질 테니까요. 어쩌면 말미잘처럼 2차원 인간도 음식을 먹는 곳으로 찌꺼기도 내보

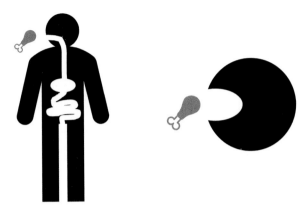

공간 차원이 3차원보다 적을 때 밥 먹는 모습. 입에서 항문으로 이어지는 소화기관은 몸을 둘로 나눈다(왼쪽). 몸을 둘로 나누지 않으려면 입과 항문이 같아야 한다(오른쪽).

내야 할지 모릅니다(웩).

천문학적으로 보면 어떨까요? 아인슈타인의 상대성 이론에 따르면, 중력은 공간이 휘어져서 일어납니다. 그런데 2차원 종잇장 공간에서는, 공간을 반듯하게 접을 수는 있지만 부드럽게 휘게 할 수는 없습니다. 마치 종이 한 장으로는 지구본을 완벽하게 덮을 수 없는 것처럼요. 그래서 2차원 공간에는 중력이 없다고 합니다. 별과 은하처럼 우주에 있는 모든 것은 먼 과거로 거슬러 올라가면 중력이 물질을 서로 끌어당겨서 만들어졌는데, 2차원 공간에는 그런 중력이 없으니 은하도, 태양계도, 지구도, 우리도 만들어지지 않습니다.

반대로 공간 차원이 3차원보다 많으면 어떻게 될까요? 지구가 태양의 주위를 공전할 때, 지구는 태양 외에 달이나 다른 행성 등 작은 천체로부터도 힘을 받습니다. 3차원에서의 중력은 마치 좋은 침대 안에 있는 스프링과 같아서, 공전 궤도가 조금 바뀌더라도 금방 원래의 궤도로 돌아올 수 있습니다. 그런데 공간 차원이 3차원보다 많아지면, 중력의 크기가 거리에 따라 지금보다 훨씬 심하게 바뀌게 됩니다. 즉, 조금만 원래 궤도에서 벗어나도 지구는 태양에서 영원히 벗어나거나, 반대로 금방 태양에 부딪칠 겁니다. 어떤 경우에도 지구가 오랫동안 태양 주위를 공전할 수는 없죠.

왜 우리 우주의 공간이 3차원인지는 모르겠지만, 덕분에 우리는 오늘 하루도 살아갈 수 있습니다. 맛있는 음식도 먹을 수 있고요. 오늘도 백종원 씨가 소개하는 새로운 음식을 보면서, 3차원 공간이라 행복하다고 생각해 보렵니다. _H

**우주를 더 가까이!**

높은 공간 차원에서 일어나는 일은 낮은 공간 차원에서는 제대로 이해하기 어렵습니다. 3차원 공간에서의 정육면체 주사위와 비슷한 개념이 4차원에서는 테서랙트인데, 영화 〈인터스텔라〉에서 블랙홀 안쪽을 묘사할 때도 나오죠. 테서랙트를 3차원 공간에서 보면 어떨지 궁금하지 않나요?

**Day 78**

# 우주의 '천문학적' 스케일

#우주의크기
#와닿지않는
#거대함

 

우리는 상상하기 힘들 정도로 어마어마하게 큰 수를 표현할 때 '천문학적'이라는 관형사를 자주 사용합니다. 우주의 크기가 대략 $10^{27}$(0이 27개 붙은 수)미터라니, 과연 우주의 방대함이 어느 정도인지 짐작하기도 힘들지요. 가히 '천문학적'인 규모라고 표현할 수밖에 없을 것 같습니다.

일상에서 10개 남짓한 개수는 손가락을 꼽으면 쉽게 경험할 수 있습니다. 그런데 1000개, 1만 개가 되면 어떤가요? 1000원, 1만 원은 우리가 늘 마주하는 금액이지만, 1원짜리 동전으로 모으면 어느 정도의 양이 될지 단숨에 짐작하기가 어렵습니다. 일상에서 자주 경험할 수 없는 큰 수는 관념적으로 다뤄지기 때문이지요.

수의 크기를 단계적으로 쌓아 올리면, 큰 수의 규모를 상상하기가 좀 더 수월합니다. 1원짜리 동전 10개 묶음을 상상한 뒤, 그 묶음이 10개 있는 덩어리를 상상하면 100원이 됩니다. 그리고 100원에 해당하는 묶음이 10개 있다고 상상하면, 1000원의 덩어리를 헤아릴 수 있게 되는 것이지요.

우주의 크기를 상상할 때도 마찬가지입니다. 우리에게 친숙한 크기부터 단계적으로 규모를 확장해나가면 우주의 방대한 규모를 상상하는 데 도움이 됩니다. 우리가 살아가고 있는 지구의 규모도 와 닿지 않는 것은 매한가지지만, 오늘은 시선을 지구 밖으로 돌려 우주의 크기를 실감하는 데 집중해보겠습니다.

태양은 지구로부터 1억 5000만 킬로미터 떨어져 있습니다. 일상에서는 킬로미터가 꽤 큰 길이 단위지만, 지구 밖으로 벗어난 순간부터는 킬로미터가 턱없이 작은 단위가 되어버립니다. 지구와 태양 사이의 거리를 1천문단위로 정의하면, 태양계 식구들의 상대적인 거리를 셈하기가 훨씬 쉬워집니다. 수성은 태양으로부터 0.3천문단위, 지구는 1천문단위, 해왕성은 30천문단위 정도 떨어져 있지요. 보이저 1호는 태양으로부터 약 120천문단위의 거리를 지남으로써 태양계의 경계를 처음으로 넘어선 탐사선이 되었습니다. 태양에서 가장 가까운 별인 센타우루스자리 프록시마별은 태양으로부터 약 26만 8400천문단위 떨어져 있습니다.

천문학자는 별과 같이 멀리 떨어진 천체의 거리를 좀 더 편하게 다루기 위해, 빛이 1년 동안 이동하는 거리인 '6만 3241 천문단위'를 1광년(ly)으로 정의해서 사용합니다. 서울에서 부산까지의 거리가 400킬로미터일 때, 이것을 시속 100킬로미터의 자동차로 4시간 걸리는 거리라고 표현하면 좀 더 실용적인 것과 같은 이유이지요. 프록시마 켄타우리는 4.24광년 떨어져 있으므로 빛의 속도로 가더라도 4.24년이 걸리는 엄청난 거리에 있습니다. 가까운 미래에 우주선을 타고 다녀오기엔 쉽지 않은 거리로 보입니다.

태양으로부터 약 16광년 반경 안에는 50개 정도의 별이 있습니다. 우리은하에는 수천억 개의 별이 거주하며, 태양은 우리은하 중심으로부터 약 3만 광년 떨어진 곳에 있습니다(Day 02. 참고). 별과 가스는 은하 중심으로부터 약 20만 광년까지 뻗어나가지만, 눈에 보이지 않는 정체불명의 암흑 물질은 약 200만 광년까지 뻗어나간다고 합니다.

우리은하를 포함한 크고 작은 40여 개의 은하가 한데 모여 5000만 광년 크기의 국부은하군을 이루고 있습니다. 여러모로 우리은하와 비슷한 특성을 지녔으며, 가장 가까이 위치한 안드로메다 은하는 지구로부터 약 300만 광년 떨어져 있습니다. 가장 가까운 이웃 은하라 하지만, 한쪽 은하에서 초신성이 폭발하더라도 약 300만 년이 지나야 그 빛이 다른 쪽 은하에 도달하게 되지요.

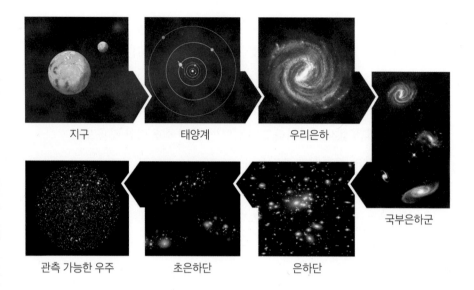

지구  태양계  우리은하

국부은하군

관측 가능한 우주  초은하단  은하단

지구에서부터 관측 가능한 우주까지의 스케일 변화. (출처: Siyavula Education)

국부은하군은 다시 수백 개의 은하단(1000여 개의 은하가 모인 집단)과 무리를 지어 직경 5억 광년의 초은하단을 이룹니다. 약 10만 개의 은하를 지닌 초은하단은 우주의 가장 거대한 구조에 해당합니다. 이보다 더 큰 우주 구조물은 더 이상 존재하지 않는 것이지요. 본래 끝이 없는 무한한 우주지만, 빛의 유한한 속도 때문에 관측 가능한 우주의 크기 역시 유한해집니다. 관측할 수 있는 우주는 직경이 약 1000억 광년이며, 이 영역 내에 초은하단이 1000만 개 존재하고 있으리라 추정합니다. 그 너머는 우리와 인과적으로 단절된 영역이라 할 수 있습니다.

관측 가능한 우주의 크기에 다다르기 위해, 태양계에서부터 다양한 규모의 천체 및 구조물을 대상으로 징검돌을 놓아보았습니다. 우주의 규모를 온전히 상상하고 실감한다는 것은 처음부터 불가능한 도전이었는지도 모르겠습니다. 하지만 천체의 규모와 그들이 모여 만들어내는 상위 구조를 단편적으로나마 시각화할 수 있다면, '$10^{27}$미터의 우주'보다는 좀 더 실감나게 우주의 방대함을 상상해볼 수 있지 않을까요?_s

> **우주를
> 더 가까이!**
>
> 백문이 불여일견이라지요. 유튜브에서 'cosmic eye'를 검색해보세요. 동영상은 잔디밭에 누워 있는 사람의 눈으로부터 시작됩니다. 화면의 스케일을 점차 넓혀나가는 과정에서 공원, 도시, 지구, 태양계, 은하계, 우주 거대 구조의 상대적인 크기를 실감할 수 있지요. 무수한 우주 거대 구조를 담은 화면은 다시 스케일을 좁히며 잔디밭에 누워 있는 사람에게 돌아옵니다.

Day 79

# 컴퓨터 알고리즘으로
# 구현하는 가상 우주의 진화

#시뮬레이션
#슈퍼컴퓨터

얼마 전, 거실에 둘 새 책장을 알아보는 과정에서 가구 배치 시뮬레이션 프로그램을 사용해보았습니다. 집 거실과 비슷하게 설정한 가상의 공간에 사고 싶은 책장을 이리저리 배치하며, 함께 잘 어우러지는지 가늠해보았지요. 시뮬레이션으로 미리 체험해본 덕분에 구매했다면 애물단지가 되었을 책장 몇 개를 잘 걸러낼 수 있었답니다.

이처럼 실제 상황을 가상으로 구현해 행동이나 의사결정에 도움을 얻는 것을 '시뮬레이션'이라고 합니다. 실제 상황으로 구현하기 어렵거나, 곤란하거나, 심지어 불가능한 경우 시뮬레이션의 힘을 빌리면 경제적·시간적으로 엄청난 이득을 얻게 되지요.

학문에서의 시뮬레이션 활용 목적도 가구 배치 시뮬레이션의 존재 이유와 비슷합니다. 사람이 풀기 어려운 문제, 혹은 수행하기 힘들거나 불가능한 실험을 컴퓨터로 대신하기 위함이지요. 특히 천체들을 대상으로 하는 실제적인 실험이 불가능한 천문학 분야에서는 시뮬레이션이 유일한 실험 방법이기도 합니다.

아무리 복잡한 시뮬레이션이라도, 컴퓨터는 시간과 전기가 허락하는 한 주어진 일을 끝까지 해냅니다. 다만 시뮬레이션에 쓰일 알고리즘에 논리적 오류가 없어야겠지요. 하지만 이 기준을 맞추기가 말처럼 쉬운 것은 아닙니다. 때로는 시뮬레이션에 쓰일 알고리즘을 만드는 프로그래밍Programming보다 그 속에 잠재된 논리적 오류를 찾는 디버깅Debugging에 더 오랜 시간과 노력이 필요하기도 하지요.

천문학 연구에 활용되는 시뮬레이션의 계산량은 어느 정도일까요? 어떤 가설을 검증하고 싶은지, 어떤 현상을 가상 구현하고 싶은지에 따라 시뮬레이션의 계산량도 천차만별입니다. 개인용 컴퓨터를 사용한다고 가정할 경우 간단한 시뮬레이션은 한두 시간, 복잡한 시뮬레이션은 수백 년이 걸리기도 합니다. 너무 오래 걸리는 시뮬레이션은 우리의 생애 주기와 맞지 않지요. 근본적인 대책이 필요한 일입니다.

시뮬레이션의 계산 시간을 획기적으로 단축시킬 수 있는 방법은 여러 개의 CPUCentral Processing Unit(중앙 처리 장치)를 동시에

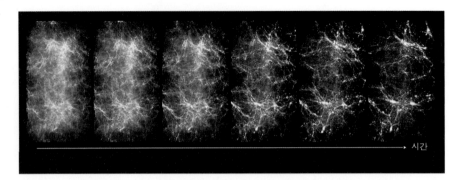

시간

시간에 따른 우주 거대 구조물의 중력 진화를 컴퓨터 시뮬레이션으로 구현한 결과. (출처: Katrin Heitmmann)

사용하는 것입니다. 계산을 여러 개로 쪼개서 각각의 CPU에 분산시키면, 빨리 계산을 마칠 수 있습니다. CPU 하나를 이용하면 10년이 걸리는 시뮬레이션을 3650개의 CPU를 동시에 사용하면 하루 만에 끝낼 수 있게 되지요.

규모가 큰 연산을 초고속으로 처리할 수 있도록 수천, 수만 개의 CPU를 한데 묶어놓은 것을 슈퍼컴퓨터라고 합니다. 중앙 관제 컴퓨터에 수천, 수만 대의 컴퓨터가 연결되어 있는 형태지요. 영화에 슈퍼컴퓨터가 등장할 때도 있습니다. 컴퓨터 고수가 고요하고 어두운 전산실에 몰래 침입해 일급 기밀을 빼내는 장면이 그려지곤 하지요. 실제로 수천, 수만 대의 컴퓨터가 모여 있는 전산실은 가열하게 돌고 있는 냉각팬 소리 때문에 영화 속 '고요'와는 거리가 매우 멉니다. 바로 옆 사람에게도 소리쳐 말해야 겨우

Cosmos

한국과학기술정보연구원에서 운용하고 있는 슈퍼컴퓨터 누리온. (출처: KISTI)

알아들을 수 있는 극한의 환경이지요.

우리나라의 슈퍼컴퓨터는 여러 연구소, 대학, 산업 분야에서 사용 목적에 따라 구축해서 사용하고 있습니다. 세계적 규모에 이르는 초고성능 슈퍼컴퓨터는 기상청과 한국과학기술정보연구원Korea Institute of Science and Technology Information; KISTI에서 운용하고 있지요. 기상청의 슈퍼컴퓨터는 주로 수치 예보 모델로 더 정확한 일기 예보를 위해, 한국과학기술정보연구원의 슈퍼컴퓨터는 천문학을 포함한 다양한 과학 기술 문제를 해결하기 위해 쓰이고 있습니다.

우주에 대한 모든 정보는 어두운 빛을 타고 지구에 도달합니다. 이 실낱같은 빛을 잘 받아내는 것에서부터 우주에 대한 이해가 시작되지요. 그러나 이 정보를 제대로 해석하지 않는다면, 이 정보는 한낱 아름다운 우주 사진에 불과하게 됩니다. 우주에 대한 이해를 넓혀나가기 위해서는, 관측된 정보와 실험 결과를 함께 비교하며 다양한 가설을 검증해나가야 하지요.

천문대에서 관측을 하며 우주를 연구하는 천문학자가 있듯이, 슈퍼컴퓨터를 활용한 시뮬레이션에 온 힘을 쏟는 천문학자도 있습니다. 이들은 서로 다른 곳에서, 서로 다른 방식으로 같은 우주의 퍼즐을 하나씩 하나씩 맞추어나가고 있지요. _S

우주를
더 가까이!

컴퓨터 알고리즘으로 '머신러닝Machine Learning'을 빼놓을 수 없지요. 머신러닝은 방대한 데이터를 컴퓨터 알고리즘에 학습시켜 인간의 인지, 판단과 추론 능력을 대체할 수 있는 '인공지능'을 만드는 방법론을 일컫습니다. 방대한 데이터를 다루는 천문학 연구에서 머신러닝 역시 활발히 활용되고 있답니다.

**Day 80**

# 당신은 지금 이 책을
# 읽고 있지 않다

#다중우주
#인플레이션
#양자역학

2022년 3월 어느 날, 저는 사무실에서 컴퓨터 화면을 바라보며 이 책《90일 밤의 우주》에 들어갈 원고를 쓰고 있습니다. 무슨 글이나 마찬가지겠지만, 이야기의 시작이 흥미로워야 글을 읽을 맛이 나겠지요. 연구 논문은 몇 번 써봤지만, 대중들이 가볍게 읽을 만한 글은 많이 써보지 않았기에 이야기를 어떻게 시작해야 할지 고민이 참 많습니다.

그러다 문득 너무 고민을 많이 한 나머지 이런 잡생각이 들기 시작합니다. '차라리 다른 주제로 글을 쓴다고 했으면 좀 더 수월하지 않았을까?', '아니, 그냥 차라리 처음부터 이 책을 쓰지 말걸 그랬나?', '아예 이 책이 기획 단계에서 엎어졌으면?' 더 나아가 이런 생각도 듭니다. '이 세계의 나야 어떻게든 원고를 쓰고 있지만, 다른 어딘가에는 원고를 쓰지 않는 나도 있지 않을까?'

비슷하게, 이 세계의 여러분은 이 책을 읽고 있지만, 다른 어딘가에는 이 책을 한 번도 본 적 없는 여러분도 있지 않을까요?

이런 생각은 SF 만화책에나 나오는 줄 알았는데 〈스파이더맨: 노 웨이 홈〉 같은 마블 히어로 영화에도 나오네요.(마블 히어로 영화도 SF 만화에서 시작했지만요.) 아마 여러분도 멀티버스Multiverse에 관해 들어보셨을 겁니다. 흔히 다중 우주라고 번역하는데, 우주Universe가 하나Uni-가 아니라 여럿Multi-이라는 것이지요.

놀랍게도 이런 다중 우주에 관해 진지하게 연구하는 천문학자도 있습니다. 요즘은 인공지능 전도사로 더 유명한 천문학자 맥스 테그마크Max Tegmark에 따르면, 다중 우주의 가능성은 최소 네 단계로 나눌 수 있습니다. 그중 마지막 단계는 상상의 나래를 너무 펼친 것이라서, 우리는 앞의 세 단계만 알아봐도 충분합니다.

우선 테그마크가 말하는 제1단계 다중 우주는 현재 우리가 볼 수 있는 우주의 범위를 벗어난 시공간을 뜻합니다. 아주 먼 옛날 우리가 볼 수 있는 우주는 어디를 보나 매우 비슷했는데, 많은 천문학자는 이것이 우주가 아주 먼 옛날에 급격한 가속 팽창, 즉 인플레이션Inflation을 거쳤고, 우리가 현재 볼 수 있는 우주는 그중 아주 일부일 뿐이기 때문이라고 생각합니다. 이 이론이 맞는다면, 우리가 볼 수 있는 우주 범위 바깥에도 비슷한 시공간이 있다는 뜻이고, 그러면 제1단계 다중 우주는 실제로 존재하겠지요. 하지만 우리 눈에 보이지 않을 뿐 SF 만화에 나올 만한 신기한 일은 여기서는 딱히 일어나지 않을 겁니다.

우리의 상상력을 자극할 만한 내용은 제2단계나 제3단계 다중 우주에서 주로 일어납니다. 먼저 제2단계 다중 우주는 인플레이션 거품 우주Bubble Universe라고 합니다. 아까 설명한 것처럼 보통 우리 우주는 인플레이션에서 시작되었다고 하는데, 그 인플레이션이 처음에 어떻게 일어났는지는 천문학자들도 아직 잘 모릅니다. 만약 우리 우주의 인플레이션이 어떤 다른 우주의 공간에서 자연스럽게 일어났다면, 다른 곳에서도 충분히 다른 성질을 지닌 우주가 많이 만들어질 수 있겠지요. 이런 일이 정말로 일어난다면, 우리 우주에서는 절대 일어날 수 없는 일도 다른 우주에서는 일어날지 모릅니다.

이와는 조금 비슷하면서도 다른 제3단계 다중 우주는 '양자 다중 세계Quantum Many World'라고 합니다. 여러분도 아마 슈뢰딩거의 고양이Schrodinger's cat에 대해 들어보셨을 거예요. 독극물이 들어 있는 상자 속 고양이의 생존 여부를 이용해 양자역학의 원리를 설명한 것으로, 관찰하면 고양이가 살아 있는지 죽었는지 상태가 확실히 정해지지만, 관찰하고 있지 않으면 상태가 하나로 정해지지 않는다는 그 사고 실험 말입니다. 이처럼 양자 다중 세계는 매 순간 조금씩 다른 시나리오로 흘러가는 세계가 모두 다중 우주로서 존재한다고 보는 겁니다. 예를 들면 제가 지금 이 글을 쓸지 말지 고

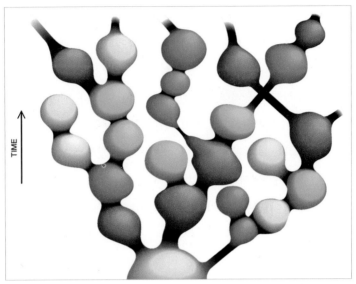

다중 우주의 여러 가지 가능성. 인플레이션 거품 우주(위)와 양자 다중 세계(아래). (출처: Andrei Linde/Philipp Wehrli.)

민하고 있을 때, 글을 쓰고 있는 다중 우주(지금 여러분이 보는 세계)와 글을 쓰지 않는 다중 우주가 나뉘어졌다는 것이지요.

그런데 지금까지 살펴본 다중 우주 모두 허구가 아니라 현재 우리가 알고 있는 물리 법칙에서 끄집어낸 개념입니다. 그렇다면 다중 우주가 정말 있을까요? 우리는 이것을 확인할 방법이 없습니다. 불행인지 다행인지, 저런 다중 우주의 존재를 실험으로 밝히는 일이 이론상 불가능하기 때문이지요. 말 그대로 '믿거나 말거나'. 그러면 이걸 과학이라고 부를 수 있을까요? 글쎄요, 그 답은 이 책을 읽고 있는 여러분께 맡깁니다. _用

그런데 여러분

이 책을 읽고 있는 건 확실한가요?

**우주를 더 가까이!**

마블이나 DC와 같은 미국 히어로 만화 시리즈에는 다중 우주 개념이 꽤 오래전부터 도입되었습니다. 이런 시리즈에서는 같은 슈퍼히어로가 등장하는 서로 다른 이야기를 여러 작가가 수십 년 동안 만드는데, 결국엔 이야기 간의 설정이 맞지 않게 되었습니다. 이것을 극복하기 위해 서로 다른 시대에 만든 이야기는 서로 다른 다중 우주에서 일어났다고 간주한 것이지요.
과학 서적 중 다중 우주를 다룬 유명한 책으로 《평행우주》(미치오 카쿠 지음, 박병철 옮김, 김영사, 2006)가 있으니 관심이 있다면 한번 읽어보시기를 권합니다.

Day 81

# 사람 사는 이야기,
# 그리고 우주

#SF만화
#SF영화

우리나라에도 물리학자, 천문학자, 인문학자가 함께 모여서 연구하는 프로그램이 가끔 열리는데, 거기서 주최한 한 소규모 세미나에 참석한 적이 있습니다. 그날의 주제는 SF, 즉 과학 소설에 관한 것이었지요. 연사의 발표가 끝난 후 질의응답 시간에 제 은사이신 교수님이 이런 질문을 하셨습니다. "혹시 선생님은 우주를 연구하는 과학자들과 같이 SF 소설을 써보실 생각이 있으신가요? 저희 물리학자와 천문학자들은 우주에 대해서 매우 재미있는 현상을 많이 알고 있는데, 그런 것이 새로운 SF 소설을 쓰는 데 영감이 되지 않을까요?"

저도 평소 비슷한 생각을 한 터라 객석에서 조용히 교수님의 질문에 고개를 끄덕였습니다. 잠시 후 연사가 조용히 미소 지으면서 답변했는데, 그 내용이 제게는 신선한 충격이었습니다.

"아니요. 저희 SF 소설가는 사실 과학자들이 발견하는 우주의 새로운 현상에는 그렇게 큰 관심이 없습니다. SF는 과학이 아니라 사람에 관한 이야기거든요. 과학은 단지 사람 이야기를 하기 위한 배경, 단서일 뿐입니다. 과학 현상보다는 과학자들이 사는 삶의 이야기가 오히려 저희에게는 더 큰 영감을 준답니다."

여러분은 어릴 때 어떤 SF 만화와 영화를 보셨나요? 제 머리에서 맨 처음 떠오르는 기억은 〈메칸더 V〉와 〈독수리 오형제〉, 〈지구방위대 후뢰시맨〉입니다. 모두 일본 애니메이션이네요. 이 영화들은 멀리 떨어진 우주에서 온 사악한 외계인 군단과 맞서 싸우는 영웅들의 이야기로, 세월이 지나 보게 된 '스타워즈'나 최근의 '어벤져스' 시리즈도 넓은 관점에서는 비슷한 주제라 할 수 있겠습니다.

우주를 다루는 SF 만화나 영화라면 십중팔구 외계인이 나오기 마련입니다. 심지어 최초의 SF 만화와 영화인 〈화성에서 온 스카이객〉이나 〈달세계 여행〉 모두 외계인이 등장하니까요. 그 외계인들은 〈에어리언〉에 나오는 괴물처럼 흉포할 수도, 〈드래곤볼〉에 나오는 나메크인처럼 평화를 사랑하는 존재일 수도 있지요. 〈프로메테우스〉에 나오는 고대 외계인처럼 인간 따위에게는 관심이 없을지도 모르고요.

SF 만화나 영화에서 보는 우주는 외계인이 사는 곳이
거나, 인간이 이해할 수 없을 정도로 넓고 조용한 곳이
다. 1907년에 만든 최초의 SF 만화 〈화성에서 온
스카이객〉의 한 장면(왼쪽). 1968년에 개봉한 SF 영화
〈2001: 스페이스 오딧세이〉의 한 장면(오른쪽). (출처:
A.D. Condo/Stanley Kubrick)

SF 소설가의 말처럼 결국 SF가 사람에 관한 이야기라면, SF에
서 다루는 우주도 사람의 이야기를 다루기 위한 소재겠지요. 그
래서 우리와는 비슷하고도 다른 미지의 존재, 외계인이 그리도
많이 등장하나 봅니다.

물론 우주를 다루지만, 외계인은 거의 나오지 않는 SF 만화나
영화도 있습니다. 좀 헷갈리긴 하지만, 제 머릿속에는 옛날 영화
〈2001: 스페이스 오딧세이〉나 〈딥 임팩트〉, 좀 더 가까이는 〈인
터스텔라〉나 〈그래비티〉, 〈마션〉, 최근의 〈돈 룩 업〉 같은 영화가
생각나네요. 이런 영화에서 보여주는 우주는 인류 스스로 극복하

기 어려운, 높은 장벽 같은 느낌을 줍니다. 그 자체로는 주인공에게 아무런 악감정이 없지만, 언제라도 주의를 늦추면 주인공의 생명을 앗아갈 수 있는 존재 말이에요.

SF 만화와 영화를 볼 때 느껴지는 미지의 존재에 대한 호기심, 그리고 자연에 대한 막연한 두려움과 경외심. 이것은 모두 인류가 인류로서 존재하기 시작할 때부터 갖고 있던 원초적 감정의 연속일 것입니다. 앞으로 100년 뒤, 인류가 우주에 대해 지금보다 더 많이 알게 되었을 때, 우리가 SF 만화와 영화에서 보게 될 우주의 모습은 지금과 어떻게 달라져 있을까요?_H

**우주를 더 가까이!**

할리우드에서는 여러 종류의 SF 영화가 끊임없이 나오지만, 한국에서는 SF 영화가 오랫동안 잘 만들어지지 않았습니다. 하지만 요즘은 한국 영화가 세계적으로 인지도를 높여가면서 SF 영화에 도전하는 일이 많아졌습니다. 심지어 2021년 넷플릭스에 공개된 〈승리호〉는 80여 개 나라의 '오늘의 TOP 10' 순위에 오를 정도였지요.

**Day 82**

# 지구인의 무한 발상

#SF소설
#과학소설
#상상력

테드 창Ted Chiang의 단편 SF 소설 《당신 인생의 이야기》는 주인공이 외계 지적 생명체를 만나 그들의 언어를 익히며 내면의 변화를 겪는 내용입니다. 저는 이 책을 읽으며, 다리가 7개인 외계 생명체 헵타포드를 처음 조우하는 장면에서부터 머릿속에 헵타포드를 키웠습니다. 그로부터 몇 년 뒤, 이 소설을 원작으로 한 영화 〈컨택트〉2017가 개봉되었는데, 영상화된 헵타포드를 보고는 제가 상상했던 모습과 살짝 달라 또 다른 흥미를 느꼈던 기억이 납니다. 테드 창이 상상했던 헵타포드, 그의 글을 읽고 제가 상상했던 헵타포드, 영화감독이 대본을 읽고 상상한 헵타포드는 어딘가 조금씩 다른 모습이겠죠. 개인의 상상은 복사가 불가능하니까요.

소설, 더 넓게는 문학과 예술, 그리고 과학도 모두 이런 개인적인 상상력에서 비롯합니다. 그래서 SF 소설은 '과학 기술' 그리고 '인간'에 관한 주제에 상상력을 더해 풀어낸 이야기라 할 수 있습니다. 우리가 미래를 배경으로 한 SF 소설을 구상한다고 가정해봅시다. 미래는 어떤 세상이며, 어떤 기술들이 쓰이고, 주인공은 그 속에서 무엇을 추구할지, 그럴듯한 세계를 만들기 위해 골몰하겠죠. SF 소설가들도 마찬가지입니다. 작품 속 세계를 직조할 때 사회 배경이나 사람의 욕망, 과학 기술 수준 등을 고민하는 과정을 거치는데, 그 과정은 미래를 예측하는 방법론과도 닮은 구석이 있습니다.

SF 소설의 거장 아서 C. 클라크는 미래학자로도 꼽힙니다. 그가 상상해낸 아이디어들이 이후 현실에 실제로 재현되었기 때문입니다. 대표적으로 그는 2차 세계 대전 때 공군에 복무하며 지구상의 특정 궤도에 지구 자전 속도와 같은 속도로 인공위성을 올려두면 지상에서는 정지해 떠 있는 것처럼 보일 것이라는 아이디어를 낸 바 있습니다. 이 발상은 10여 년 뒤 정지 궤도 인공위성으로 실현됐습니다(Day 47. 참고). 그래서 정지 위성 궤도에 '클라크 궤도'라는 별명이 붙게 되었고, 그의 이름을 딴 통신 위성도 만들어집니다.

그의 대표적인 어록으로 '아서 클라크의 과학 3법칙'이 있습니다.

> ✦ 제1법칙. 유명하고 나이 든 과학자가 무언가가 가능하다고 말한다면 거의 옳다. 그러나 그가 무언가가 불가능하다고 말한다면 그건 틀리기 십상이다.
>
> 제2법칙. 가능성의 한계를 발견하는 유일한 방법은 불가능의 영역으로 살짝 들어가보는 것이다.
>
> 제3법칙. 고도로 발달한 기술은 마법과 구별되지 않는다.

뭔가 '상상 장려 문구'와도 크게 다르지 않은 느낌입니다.

예술의 역할처럼 SF는 당대 현실을 담아내고 나아가 미래를 바라봐 왔습니다. 과거 세계 대전 당시 SF 소설가들은 전쟁이나 멸망을 소재로 많이 다뤘다고 합니다. 1960년대 이후에는 환경 문제로 인해 생태학적 유토피아를 다룬 소설을, 컴퓨터와 네트워크의 발달 이후에는 컴퓨터 기술에 지배당하는 억압적인 사회 분위기를 다룬 사이버펑크Cyberpunk 소설이 많이 나왔습니다. 2020년대 팬데믹 이후에는 또 어떤 작품들이 선보일지 궁금해집니다.

> ✦ 그 멸망이 나에게도 들이닥치는 순간을 끊임없이 상상했다. 전염병에 걸려 사랑하는 사람과 마지막을 함께하지 못하는 순간

을, 천체 충돌로 작별 인사조차 나누지 못하는 끝을, 분진 나노봇에 호흡이 막혀 무릎을 꿇고 쓰러지는 고통을.

2021년 출간된 김초엽 작가의 단편집 《방금 떠나온 세계》(한겨례출판)에 수록된 〈최후의 라이오니〉 속 구절입니다. 이런 상황에 닥치면 우리는 어떻게 해야 할까요? 우리는 어떤 기술로 대비해야 할까요? AI 기술이 계속 발전하면 인간의 가치는 어떻게 될까요? SF를 쓰고 읽는 지구인들은 이러한 질문을 던지고 답을 찾아가는 데 나름의 상상력을 계속 펼쳐나갈 것입니다.

우리나라도 예전에는 SF 장르가 비주류로 분류되는 편이었지만, 최근 SF 소설과 영화 등 SF 콘텐츠들이 조금씩 늘어나는 추세라고 합니다. 흥미로운 SF 작품이 나오면 뒤따라 작품 속 과학기술에 관한 관심이 높아집니다. SF 문화가 우리의 상상력을 자극하고, 그 상상력으로 과학 기술이 진보하고, 다시 새로운 상상력이 발현되는 일명 'SF 전성시대'가 우리나라에도 찾아오길 바라봅니다. _J

우주를
더 가까이!

천문학자들이 추천하는 SF 소설, 왠지 구미가 당기지 않나요? 특별히 엄선한
세 권을 추천합니다. 《90일 밤의 우주》를 완독하고 나서, SF 소설책도 일독해
보는 건 어떨까요.

《당신 인생의 이야기》(테드 창 지음, 김상훈 옮김, 엘리, 2016)

《라마와의 랑데부》(아서 C. 클라크 지음, 박상준 옮김, 아작, 2017)

《우리가 빛의 속도로 갈 수 없다면》(김초엽 지음, 허블, 2019)

Plus Episode

# 우주,

## 그리고

# 천문학자

# 만 원에 우주를 담다

#과학지폐
#혼천의

우리나라 최장수 지폐 모델은 누구일까요? 바로 세종대왕입니다. 만 원권 모델로 등장하기 전인 1960년대에는 1000환권, 500환권, 100원권에 사용된 적도 있지요. 만 원권에 처음 등장한 것은 1973년이고, 현재까지 도안과 크기가 다섯 번 바뀌었으며 현재 사용하는 만 원권은 2007년에 발행한 것입니다.

지금도 사용 중인 새 만 원권이 특히 흥미로웠던 것은 지폐 속에 '우주'를 담았기 때문입니다. 만 원권을 펼쳐보면, 지폐 앞면에는 병풍 장식의 〈일월오봉도〉와 훈민정음으로 쓰인 〈용비어천가〉를 배경으로 삼고, 세종대왕을 그려 넣었습니다. 뒷면은 국보 천상열차분야지도 별자리를 배경으로 삼고, 혼천시계의 일부인 혼

우주를 담은 우리나라 만 원권 지폐. (출처: 한국은행 화폐박물관)

천의가 도안되었습니다. 이 과학 유물들은 실제로 세종과 연관이 있어 디자인에 포함된 것으로 알려졌지요.

하나씩 간단히 살펴보면, 우선 첫 번째로 천상열차분야지도는 조선을 건국한 태조가 국가의 권위를 세우고자 제작한 이후 세종이 이를 계승해 새로운 천문도를 제작했다는 기록이 남아 있습니다. 두 번째로 세종 때부터 천문학 발전을 위해 국가적인 지원을 아끼지 않았는데, 당시의 혼천의 전통을 이어받은 것이 바로 혼천시계입니다.

하늘의 이치를 담아 제작한 천문도와 천체를 관측했던 혼천의

Cosmos

까지 도안에 넣었다는 것은, 우주를 동경하고 과학을 사랑한 우리 선조의 삶을 보여주고자 한 것입니다. 그런데 이 두 가지 과학 유산 이외에 또 다른 과학기기가 그려져 있습니다. 오늘날 사용하는 천체 망원경입니다. 이는 한국천문연구원 보현산 천문대에서 운영하는 국내 최대 구경의 1.8미터 반사 망원경입니다. 한국천문연구원 보현산 천문대는 국내 광학 천문 관측의 중심지로 항성, 성단, 성운, 은하, 폭발성 천체 등의 생성과 진화를 연구하고 있습니다.

문득 시민 천문대에 근무하는 친구가 들려준 이야기가 생각나네요. 그 친구가 호주 시드니Sydney 천문대를 방문했을 때의 일입니다. 천문대에서 나오는 길에 기부함이 보여 만 원권 지폐를 꺼내 기부함에 넣으려고 하는데, 주위에 관광객들이 모여 있더랍니다. 그는 재치 있게 만 원권에 담긴 우리의 과학 유산을 설명하기 시작했고, 다행히 관광객들이 주의 깊게 경청해주며 우리나라의 오랜 과학의 역사에 놀라움을 표현했다고 합니다. 그 친구에게도 무척 흥미로운 경험이었을 겁니다.

새 만 원권 지폐가 만들어지기 전인 2005년, 혼천시계의 작동 모델을 성공시켰을 때 한국은행의 발권국장이 제작 현장을 다녀간 적이 있습니다. 혼천시계의 역사와 여러 작동 메커니즘에 관심을 보여 당시 매우 의아했던 기억이 납니다. 혼천시계와 은행의 연관성을 전혀 예측하시 못했기 때문입니다. 그 의문은 1년이

지난 후 새 만 원권 지폐가 나온다는 뉴스를 통해 비로소 풀렸지만요. _K

# 옛 궁궐 속 천문 시설

#동궐도
#경복궁도

궁궐을 산책해본 적이 있나요? 역사를 잘 알거나 잘 몰라도 고 즈넉한 분위기와 아기자기하고 섬세한 유적들을 즐기기에 더할 나위 없는 장소가 아닐까 싶습니다. 게다가 눈앞에서 다양한 옛 천문 시설까지 만날 수 있으니 금상첨화지요.

지금부터 옛 궁궐 속 천문 시설을 소개해드릴게요.

처음으로 가볼 곳은 서울 종로구에 있는 창덕궁과 창경궁의 후원입니다. 돈화문을 통해 궁궐로 들어서면 궁궐의 안팎을 구분 짓는 금천교를 건너야 합니다. 이내 궁궐 내 행정 관청으로 불리 는 궐내 각사가 나오고, 창덕궁의 정전인 인정전에 이르게 됩니 다. 일명 포토존이 형성되어 방문객들은 한동안 이곳에 머무르며 옛 궁전의 정취에 흠뻑 빠지게 됩니다. 선정전, 희정당을 둘러보다 보면 어느덧 후원으로 들어갈 수 있는 입구에 다다릅니다.

후원에서 가장 핫한 장소는 단연 부용지입니다. 경복궁 경회루 버금가는 왕실 연못입니다. 왕은 연못에 핀 연꽃을 감상하거나 연못 앞쪽에 있는 규장각(왕실 도서관)을 통해 학문에 정진하고 바른 정치를 하고자 다짐했습니다. 규장각은 신하들과 격의 없는 대화와 토론을 이어간 공간입니다. 규장각 2층은 열람실인데, 주합루라고 불렀습니다. 요즘은 이 건물 전체를 주합루로 부르고 있습니다. '주합宙合'은 우주와 하나가 된다는 의미로 시간과 공간을 뜻합니다. 창덕궁은 자연경관의 아름다움과 한국 궁궐의 건축미를 인정받아 유네스코 세계유산으로 등재되었습니다.

창덕궁의 옛 모습을 세밀하게 묘사해 상세히 알려주는 〈동궐도〉 또한 위대한 유산입니다. 아직 보지 못한 분이 있다면 꼭 한 번 들여다보시길 권합니다. 여기서 '동궐'은 창덕궁(1405년 준공)과 창경궁(1484년 준공)을 함께 지칭하는 말로 경복궁 동쪽에 위치해 붙인 이름입니다. 〈동궐도〉에서는 특히 다양한 고천문기기들을 볼 수 있답니다.

먼저 〈동궐도〉에 나오는 중희당은 1782년 정조가 아들 문효세자를 위해 건설한 궁전입니다. 중희당은 현재 후원으로 들어가는 길로 변해 실제로는 옛 궁전의 모습을 볼 수 없지만, 그림을 들여다보면 이곳 마당에 시간을 측정하는 해시계, 비의 양을 측정하는 측우기, 바람의 방향과 세기를 측정하는 풍기 등 천문기기가 설치되어 있습니다. 정조는 천문학 발전에 크게 이바지한 것으로도 알려진 임금으로, 이곳을 편전으로 사용했습니다.

〈동궐도〉에 나오는 천문 시설을 더 살펴보겠습니다. 물시계인 자격루가 설치되었던 금루각터와 자격루를 관리하는 관원이 상주한 곳인 금루관직소가 있습니다. 근처에는 자격루의 시각 교정을 위해 설치한 일성정시의대도 보입니다. 주합루, 희정당, 취운정 등에도 해시계를 올려놓는 일영대와 해시계가 그려져 있습니다. 주요한 건물 주변에는 시간을 알기 위해 해시계가 설치되었음을 확인할 수 있는 귀중한 자료입니다. 창덕궁 내각, 대청 등에도 측우대와 측우기가 그려져 있습니다.

옥당은 홍문관의 별칭으로 왕실의 글과 책을 다루며 왕의 자문을 담당한 관청입니다. 1669년에 제작한 송이영의 혼천시계를 설치한 곳으로, 이곳에서 학자들은 우주에 대해 심오한 논의를 했습니다. 창경궁의 자경전은 왕의 어머니가 거처하는 대비전으로 지었습니다. 이후 경복궁 중건을 위해 이 건물이 헐리고, 1911년 이 터에 조선 왕실의 귀중한 유물을 보관하기 위해 이왕가박물관을 설립했습니다. 박물관 앞에는 자격루의 부속품인 물항아리와 수수호가 전시되기도 했습니다.

창덕궁뿐만 아니라 조선 시대 법궁이었던 경복궁에도 간의대를 비롯한 다양한 천문 시설이 있습니다. 경회루 북쪽에 설치된

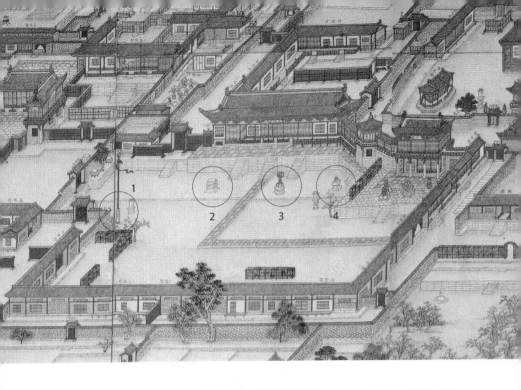

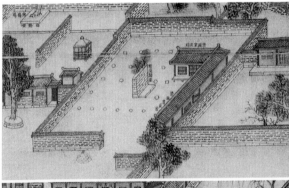

▲ 중희당 앞마당 천문의기들.
　1. 풍기대와 풍기 2. 지평 해시계
　3. 적도경위의 4. 측우기

◀ 금루각터(물시계가 있었던 장소)

▼ 일성정시의대와 일성정시의
　（출처: 고려대학교박물관）

▲ 옥당(혼천시계 보관)

간의대는 얼마 지나지 않아 궁궐의 북서쪽으로 옮겼습니다. 소더비 한국미술경매전(1997년 3월 18일)을 통해 알려진 〈경복궁도〉에는 간의대와 규표圭表(지면에 수직으로 세운 막대인 표表에 의해서 평면으로 설치한 규圭 면으로 드리워진 해그림자 길이를 재는 기구)그림이 있어 옛 천문 시설의 모습을 확인할 수 있습니다. 오늘날 경복궁 북문인 신무문을 통해 들어가면 우측으로 간의대 터를 확인할 수 있는데, 현재 이곳은 고종 때 건립된 태원전이 복원되어 자리하고 있습니다. 임금의 침전으로 사용했던 강녕전 주위로 만춘

전과 천추전, 흠경각이 위치해 일성정시의와 소간의, 흠경각루 등 옛 천문기기들의 발자취를 느껴볼 수 있습니다. 또한 미로와 같은 전각 사이를 지나다 보면 앙부일구와 풍기대를 만날 수 있어 과학에 대한 흥미를 느낄 수 있지요. 가까운 주말, 옛 궁궐을 방문해 천문 시설을 떠올리며 선조의 슬기를 느껴보는 것은 어떨까요. _K

우주를
더 가까이!

조선 시대 화가 신윤복의 〈월하정인〉에 등장하는 달의 모습은 밝은 부분이 위를 향해 그려져 있습니다. 천문학자들에게는 조금 이상해 보였습니다. 일반적으로 달의 밝은 부분은 위가 아니라 아래로 향해 있기 때문입니다. 신윤복이 달의 묘사에서 실수한 것일까요? 천문학자들은 그림 속 달의 모습이 나올 수 있는 조건을 생각했습니다. 그것은 지구 그림자가 달을 가리는 월식 현상으로 설명할 수밖에 없었습니다. 컴퓨터 시뮬레이션을 통해 〈월하정인〉에 그려진 달은 1793년 7월 15일(음력) 자정 무렵, 한양에서 관측한 달의 모습을 그렸던 것임을 알 수 있었습니다.

신윤복, 〈월하정인〉
(출처: 한국데이터베이스산업진흥원)

# 우주를 향한 자신과의 싸움,
# 타인과의 연대

#대학원생
#협력
#공동연구

며칠 전 "소년원은 소년이 잘못하면 가는 곳이고, 대학원은 대학생이 잘못하면 가는 곳이다"라는 우스갯소리를 들었습니다. 쉽지 않은 대학원 시절을 보내온 사람으로서, 웃음이 터져 나왔지요. 자유로움을 포기한 채 수련의 시간을 보내야 하는 박사 학위 과정이 흡사 갱생 과정과 비슷하기 때문입니다.

저의 학위 과정을 돌이켜봐도 그만두고 싶다는 생각을 유난히 많이 했던 것 같습니다. 이 심란한 고민은 주로 연구하는 과정 중 '풀릴 것 같지 않은 문제'에 봉착했을 때 시작되곤 했지요. 누군가에게 도움을 청하고 싶지만, 그럴 수 없었습니다. 지도 교수님이나 학계의 그 어떤 대가도 '이 문제'에 대해선 나보다 더 잘 알 수 없었기 때문입니다. '이 문제'는 홀로 해결해야 하는, 자기와의 싸움이었던 것이지요.

그때마다 저는 '이 문제'로 다시 돌아가지 않아도 되는 이유를 찾곤 했습니다. '난 천문학 할 능력이 안 되는 것 같아', '천문학을 해서 어디에다 써먹지', '천문학보다 재밌는 게 많은 것 같은데'가 자기변명의 주된 레퍼토리였지요. '내가 좀 더 영악했다면, 쉬운 길을 택했을 텐데'라고 생각하며, 어릴 적부터 천문학자만을 꿈꿔온 순수함을 탓하기도 했지요.

그러다 불현듯 문제를 정면 돌파해야겠다는 의지가 일어나곤 했습니다. 다른 삶을 살더라도 '우주'를 완전히 외면하며 살 수는 없다고 생각했기 때문이지요. 하늘을 올려다보지 않을 수 없고, 햇빛을 느끼지 않을 수 없으니까요. 매사에 우주를 연상하며 후회하는 삶을 살 바에는 '이 문제'를 사생결단 내는 것이 훨씬 쉽다고 판단했지요. 용기가 생기자 한참 외면하고 있던 문제를 마주할 수 있었습니다.

학위를 받고 난 뒤에도 학계를 떠날까 고민한 적이 있었지요. 안정적인 연구직 직장에 안착하기까지는 여러 어려움이 따르기 때문입니다. 마지막 순간에 저를 붙잡은 것은 '우주' 혹은 '천문학' 그 자체가 아니라 천문학을 함께하는 사람들, 그리고 그들과 맺어온 관계에 대한 미련이었습니다.

연구는 자기와의 싸움이기도 하지만, 타인과의 관계이기도 합

학회에서 자신의 연구 결과를 발표하거나 타인의 발표를 경청하며 서로의 지식을 공유하는 모습. © 신지혜

니다. 대부분의 연구 프로젝트가 협업에 기반을 두고 있기 때문이지요. 연구 주제를 기획한 리더는 인적 네트워크를 바탕으로 목적과 범위, 필요한 전문성에 따라 공동 연구진을 꾸립니다. 자율성을 바탕으로 한 협업 체계가 만들어지면, 혼자서는 엄두도 낼 수 없었던 복잡하고 어려운 연구가 가능하게 되지요. 토의를 통해 의견을 나누고 수렴하는 과정은 공동 연구 및 협업의 정수라고 할 수 있지요.

관점을 바꿔 생각해 보면, 만나본 적 없는 학자, 다른 시대에 살았던 학자와도 공동 연구가 이루어지고 있습니다. 논문이나 학회 발표를 통해 알게 된 다른 학자의 연구 결과는 나의 연구를 한 단계 더 진전시킬 수 있는 발판이 되기 때문이지요. 각자의 주력 분야에서 만들어낸 연구 결과는 우주에 대한 지식을 차곡차곡 쌓아 올리는 벽돌이 됩니다.

인류는 사유의 능력으로 우주에 대한 이해의 지평을 넓혀왔습니다. 만약 인류에게 협력하는 마음이 없었다면, 그래서 집단의 지성을 모으지 못했다면, 우리가 지금껏 이해하는 우주는 어린아이의 상상 속 우주에 머물러 있었겠지요. 운이 좋게, 아직 살아남을 수 있었다면 말이에요. _S

## 우주를 더 가까이!

세계 곳곳에서 일어나는 일들을 매스컴을 통해 바로 알 수 있듯이, 누가 어떤 내용의 논문을 출판했는지 하루 단위로 체크할 수 있는 웹 사이트가 있습니다. 미국 코넬 대학Cornell University에서 만든 논문 아카이브인데요, 천문학을 비롯한 다양한 분야의 최근 논문 리스트와 요약 글, 논문 링크 등을 제공합니다. 최신 연구 동향을 파악하기에 매우 유용할 뿐만 아니라, 다른 연구자의 연구 방식이나 결과로부터 많은 영감을 받게 된답니다.

**Day 86**

# 천문학자는 오늘도
# 지구 밖으로 탐험을 떠난다

#출근하는천문학자
#천문학
#세부분야

아침 9시, 연구실에 들어와 불을 켭니다. 커피로 정신을 맑게 깨우며 간밤에 도착한 이메일을 확인합니다. 몇 달 전 국제 학술 저널에 제출한 논문이 개제 승인되었다는 반가운 소식이 와 있습니다. 이어 칠레의 동료가 보내온 최근 연구 결과를 살펴보고, 과학적 의견을 담아 이메일을 전송합니다. 10개 남짓한 이메일을 마저 읽은 뒤, 어제 퇴근 전까지 고심하던 연구 주제에 다시 몰입하기 시작합니다.

천문학자는 별을 보는 직업이라는 선입견이 있지요. 때문에 천문학자는 해가 진 뒤에 산속 천문대로 출근할 거라 짐작하는 분이 많습니다. 저 역시 천문학자를 꿈꾸던 어린 시절엔 이와 비슷하게 생각했지요. 한밤중에 지프를 타고 천문대를 오르는, 꽤 낭만적인 출근길을 상상하면서 말이에요. 그러나 대부분의 천문학자는 여느 직장인과 다름없이 아침에 출근해 저녁에 퇴근합니다.

우리가 우주에 직접 갈 수 없으므로, 우주로부터 오는 빛을 수집하는 일은 천문학자에게 매우 중요합니다. 하지만 망원경에 직접 눈을 대고 우주를 관측하는 경우는 거의 없지요. 망원경을 통해 모아진 빛의 정보를 컴퓨터 데이터로 변환해서 저장할 수 있기 때문입니다. 언제 어디서든 관측 데이터를 열어볼 수 있으니 천문학자가 꼭 천문대에 상주할 필요는 없지요.

연구 목적으로 운영하는 천문대에는 관측을 전문적으로 수행하는 '오퍼레이터'가 상주하고 있습니다. 목적에 따라 관측 대상, 일정 및 방법 등의 구체적인 사항을 오퍼레이터에게 전달하면, 이들은 요청에 따라 첨단 관측 장비를 전문적으로 다루어 관측을 수행합니다. 필요에 따라 천문학자가 현장에 함께하기도 하지만, 원격 제어 시스템이 잘 갖춰짐에 따라 천문대에 직접 가는 경우는 점점 줄어들고 있지요.

사실 밤에만 우주를 관측할 수 있는 것은 아닙니다. 지구에서 가장 가까운 별인 태양을 연구하는 천문학자는 태양 관측용 망원경으로 낮에 관측하지요. 전파 망원경에 해당하는 안테나로는 밤낮 상관없이 우주로부터 오는 전파를 수신합니다. 또한 국적과 상관없이 칠레, 하와이, 남아공 등에 산재된 망원경을 사용할 수 있어, 낮에도 지구 반대편에 있는 망원경으로 밤하늘을 원격 관측하지요.

비록 천문대에서 매일같이 밤을 지새우진 않지만, 다양한 망원경을 비롯한 관측기기를 활용해 천체의 정보를 수집하는 이들을 '관측 천문학자'라고 합니다. 이들은 수집한 결과를 분석함으로써 새로운 현상 및 특성을 발견하고, 이를 설명할 수 있는 가설을 제시하지요. 하지만 천문학이 관측적 연구에 그친다면, 단편적 정보와 가설만 난무해 우주에 대한 지식이 체계적으로 쌓이지 못하겠지요.

'이론 천문학자'는 정립된 자연 법칙이나 이론을 기반으로 현상 및 특성을 설명하기 위해 제시된 다양한 가설을 검증하는 역

동료와 토의하거나 발표를 경청할 때를 제외하고, 천문학자가 일과 시간의 대부분을 마주하고 있는 컴퓨터. © 신지혜

할을 맡습니다. 예전에는 주로 종이와 연필, 혹은 칠판에 분필로 수식을 풀어나갔지만, 요즘은 컴퓨터의 막강한 계산 능력을 빌려 시뮬레이션이라 불리는 수치 모의실험을 수행하고, 그 결과를 관측 데이터와 비교함으로써 다양한 가설을 검증해나갑니다.

천문학은 연구 대상에 따라 다시 여러 분야로 나뉩니다. 대표적으로 우주론, 우주 거대 구조, 은하, 별, 성운, 블랙홀, 태양, 행성, 소행성, 달 등이 있습니다. 그 밖에 우리나라 천문학의 역사를 다루는 고천문학, 대중과의 소통을 목적으로 하는 대중 천문학, 첨단 기술을 활용해 최첨단 관측기기를 만드는 분야도 있지요.

이렇듯 천문학은 스펙트럼이 매우 넓습니다. 연구 대상과 방식이 달라도, 우주에 대한 막연함을 과학이라는 지식 체계로 이해하고자 하는 데엔 뜻을 같이하지요. 우리는 어디서 왔으며, 무엇이고, 어디로 가는지에 대한 근원적인 질문에 과학으로 답하기 위해, 천문학자는 오늘도 지구 밖으로 탐험을 떠납니다. _s

**우주를 더 가까이!**

한국천문연구원에서 '이론천문학자의 하루'라는 이름의 브이로그를 제작한 적이 있어요. 세부 전공 분야에 따라 조금 차이는 있지만, 천문학자의 평균적인 일과가 잘 기록되어 있답니다.

# 아마추어 천문학자는
# 아마추어가 아니다

**#아마추어천문학자**
**#천체관측**

입사 첫 출근부터 늦지는 말아야지 다짐한 그날 아침, 전 기어코 택시를 탔습니다.

"한국천문연구원으로 가주세요!"라고 외치고 가방에서 파우치를 꺼내 화장에 전념했습니다. 그런데 택시 기사가 멈춘 곳은 대전시민천문대. 이곳은 시민들이 별을 볼 수 있는 천문대로, 출근지가 아니었습니다. 그날 이후 저는 택시를 타면 목적지인 회사명을 말한 다음 추가 설명을 덧붙입니다.

"도룡동 지나서 화암 사거리 가기 전 삼양사 연구소 옆, KT 맞은편 연구소요. 한국천문연구원. 거긴 천문대랑 다른 곳이에요."

《육일약국 갑시다》의 저자 김성오 씨가 육일약국을 홍보하기 위해 택시를 탈 때마다 육일약국을 설명했다는 것처럼, 저 역시 한국천문연구원을 공들여 설명합니다. 택시 기사님 절반은 이런 곳은 처음이라는 눈치고 절반은 관심 없는 눈치지만요.

사람들은 천문연구원과 천문대를 구분하지 못하고 천문학자와 아마추어 천문학자를 혼동합니다. 물론 둘 사이에는 연관성이 있지만, 차이가 있습니다. 천문학자는 직업적으로 천문 관련 연구를 수행하고 논문을 쓰는 일을 하는 사람입니다(Day 86. 참고). 아마추어 천문학자는 천체를 관측하고 그것들을 기록하는 것을 취미 활동으로 하는 사람들을 말합니다. 비약적으로 비유하자면 아마추어 천문학자들은 취미로 낚시를 하는 것이며, 천문학자들은 낚시로 잡은 물고기가 어느 종이고 특징이 뭔지 연구하는 것과 같다고 할 수 있습니다.

'천문학자'라고 하면 일반인들은 흔히 소형 망원경으로 밤새워 하늘을 관측하는 아마추어 천문학자를 떠올리곤 합니다. 천문학자들은 소형 망원경을 통해 눈으로 관측하는 게 아니라 대형 망원경을 활용해 데이터를 받아봅니다. 그래서 "천문학자는 별을 보지 않는다"라는 유명한 말도 있지요. 하지만 아마추어 천문학자들은 별을 봅니다! 별을 직접 두 눈과 카메라에 담습니다.

아마추어 천문학자들이 우주를 관측하고 기록하는 일은 망원경만으로는 가능하지 않습니다. 망원경의 원리와 조작, 천문 소프트웨어 활용뿐만 아니라 천체와 천문 현상을 이해해야 하고,

478

무엇보다 잠을 포기하는 열정이 있어야 합니다.

아마추어 천문학Amateur Astronomy의 분야로는 크게 눈으로 천체를 관측하거나 망원경 등을 활용해 천체를 관측하는 '안시 관측'과 '천체 사진 촬영' 등이 있습니다. 1980~1990년대에는 망원경을 직접 제작하는 사람이 많았으나, 망원경 구매 여건이 나아지고 사진 기술이 발전하면서 이제는 개인 망원경을 소유하고 관측하거나 천체 사진을 촬영하는 아마추어 천문학자가 많이 늘었습니다. 혼자서 즐기는 것을 넘어 노하우를 공유하고 교육·지도하는 역할을 하거나 빛공해 같은 이슈를 해결하기 위해 캠페인을 벌이기도 합니다. 감탄을 자아내는 수준급 천체 사진 작품도 많이 나오고 있습니다.

아마추어는 라틴어 아마토르Amator에서 유래되었는데, '스스로 좋아하는 일을 하는 것'을 뜻합니다. 월급을 받기 위해서나 권력을 얻기 위해서가 아니라 스스로 기쁨을 얻기 위해 움직이는 것입니다. 하지만 사전적인 의미가 아닌 관용적 쓰임에서 아마추어는 프로의 반대말이나 초보자 등 그 가치를 과소평가하는 뉘앙스가 있습니다. 그래서 저는 아마추어 천문학의 '아마추어'라는 단어의 어감에 갸우뚱거려집니다.

신기하게도 아마추어 생물학자, 아마추어 화학자 등은 드물지만 아마추어 천문학자는 많습니다. 이에 대해 한국아마추어천문학회의 창립자인 박석재 박사는 이렇게 말했습니다.

"사람은 누구나 눈에 보이는 별과 우주에 대해 원초적 호기심을 가지고 있기 때문일 것입니다. 우주는 천문학자 것이 아니라 올려다보는 사람 것이기 때문입니다."

따라서 하늘과 우주를 좋아한다면, 천문학과에 진학해 공부하지 않더라도 얼마든지 아마추어 천문학을 즐길 수 있습니다. 그 방법은 한국아마추어천문학회 교육뿐만 아니라 인터넷상에서 다양하게 얻을 수 있습니다. 우리나라 아마추어 천문학 분야엔 프로가 정말 많으니까요. _J

**우주를 더 가까이!**

**소형 망원경으로 별을 보고 사진을 찍는 아마추어 천문학에 관심이 있다면?**

◎ 아마추어 천문학자들의 대표적인 조직으로 (사)한국아마추어천문학회가 있습니다. 한국아마추어천문학회를 통해 공개 관측회를 체험해보거나 천문 지도사의 교육을 받고 자격을 취득할 수 있습니다.

한국아마추어
천문학회

◎ '별하늘지기'와 같은 대표 온라인 카페를 통해 다양한 정보를 습득할 수 있습니다.

네이버 카페
'별하늘지기'

◎ 지역 천문대 등을 찾아 관측 및 교육 프로그램에 참여할 수 있습니다. (Day 26. 참고)

**Day 88**

# 오레오 쿠키를
# 먹는 사람들

#IAU
#국제천문연맹

천문학자들에게 많이 추천받은 책 가운데 하나가 《오레오 쿠키를 먹는 사람들》(리처드 프렌스턴 지음, 박병철 옮김, 영림카디널, 2004. 절판)입니다. 천문대에서 관측하는 천문학자들에 관한 이야기인데, 'The First light'이란 원제 대신 한국어 번역본에는 '오레오 쿠키를 먹는 사람들'이라는 제목이 붙었습니다. 책 속에 등장하는 천문학자가 야밤에 관측하다 자주 먹는 간식이 오레오 쿠키라서 붙은 제목입니다. 관측하다 당이 떨어질 때마다 오레오 쿠키를 오물거리는 모습을 상상하면 천문학자들이 참 인간적으로 다가옵니다. 이 책의 첫 장에 다음과 같은 글귀가 있습니다.

✦ 교과서에 적혀 있는 과학 지식은 완벽한 체계 속에서 질서정연하게 정리되어 있지만, 최첨단의 현장에서 발견되는 과학적 현상들은 전혀 명쾌하지 않았다. 그것은 엄청난 판돈을 걸고 벌이는 일종의 도박과도 같았다. 아무런 결과도 얻지 못한 채 시간만 낭비하는 일이 다반사였다. 자연을 탐구하는 일은 신이 만들어놓은 요지부동의 자물쇠, 끔찍하게 복잡하고 단단한 자물쇠를 분해해 그 안에 담긴 비밀을 캐내는 작업이라고 할 수 있다.

정말 다행히도 우리 시대 천문학자들은 우주 비밀의 단단한 자물쇠를 푸는 작업을 혼자서 하지 않고 협력해서 하고 있습니다. 지구는 공전과 자전을 하므로 지구의 모든 밤하늘을 제대로 관측하기 위해서는 지구 곳곳에 있는 관측 시설과 천문학자의 조직적인 협력이 중요합니다. 전 세계 천문학자들이 세계 곳곳에 있는 전파 망원경으로 같은 시간에 관측해 사상 최초로 블랙홀의 모습을 포착하는가 하면, 지구를 위협하는 소행성이 다가오면 각 나라의 망원경으로 관측해 정보를 공유하고 궤도를 분석합니다.

집단 지성만 모으는 게 아닙니다. 예산도 모아 거대 관측 시설을 만들고 활용합니다. JWST는 약 13조 원의 예산이 소요됐고, 현재 칠레에 건설하고 있는 세계에서 가장 큰 광학 망원경인 GMT 프로젝트는 약 2조 원을 들여 2030년경 완공 예정으로, 우리나라도 프로젝트에 참여하고 있습니다. 이렇듯 최첨단 천문 연구는 많은 인력과 예산을 바탕으로 하는 '거대 과학'입니다.

이 같은 학문의 특성과 필요성으로 만들어진 천문학자들의 단체가 있습니다. 1919년에 창립한 국제천문연맹, IAU입니다. 2023년 초 기준 85개국 1만 2500여 명의 천문학자가 회원으로 참여한 천문학 분야의 세계 유일 국제기구이자 학술 단체입니다. 우리나라는 1973년에 IAU 회원국이 되었습니다.

전 세계 천문학자들은 3년마다 대륙별로 순회하며 '천문학계의 올림픽'과 같은 국제학술대회 성격의 총회를 개최합니다. 10여 일에 걸쳐 최신 연구 업적과 천문학적 발견을 발표하고 논의합니다. 2006년 프라하에서 개최된 IAU 총회에서는 그 유명한 '명왕성 퇴출 사건'이 일어났습니다(Day 07. 참고).

'허블의 법칙 Hubble's Law'이라는 이름이 '허블-르메트르의 법칙 Hubble-Lemaitre's Law'으로 바뀐 것도 천문학자들의 결정이었습니다. 허블은 1929년 우주의 팽창을 관측적으로 발견했지만, 르메트르는 그보다 2년 앞서 일반 상대성 이론에 근거해 우주가 팽창한다는 빅뱅 이론을 제안한 인물입니다. 2018년 빈에서 개최된 IAU 총회에서 이 결의안이 채택돼 르메트르의 업적이 다시 부각되는 계기가 됐습니다.

우주에는 아직도 풀어야 할 자물쇠가 많고, 자물쇠를 풀기 위한 숙제도 많습니다. 무수해진 인공위성으로부터 밤하늘을 어둡고 조용하게 보호하기, 천문학이 더 널리 퍼지고 누구나 즐길 수

2022년 한국 최초로 부산에서 열린 IAU 총회 모습. (출처: IAU)

있도록 만들기, 개발도상국의 천문학과 젊은 천문학자들을 장려
하기 등, 전 세계 천문학자들이 머리를 맞대고 있으니 희망적이
라고도 할 수 있습니다.

　그리고 개인적으로 더 희망적인 사실은 이 합심에 우리나라
천문학자들도 빠지지 않고 당당히 역할을 해내고 있다는 것입니
다. 2022년 IAU 총회는 우리나라 부산에서 성공적으로 개최했
거든요. 이번 총회의 테마는 '모두를 위한 천문학'이었습니다. 해
운대의 밤하늘 아래서 오레오 쿠키가 아니라 부산 어묵을 먹으

며 모두의 밤하늘을 고민하고 모두가 축제처럼 즐긴 일은 지구인, 그중에서도 한국인으로서 자랑스러우면서도 특별한 경험이었습니다.

어쩌면 인류를 대신해 긴 시간 우주의 비밀을 캐내기 위해 골몰하는 천문학자들을 보며 저는 자주 응원하는 마음을 가지게 됩니다. 그리고 자물쇠가 열리는 순간 되도록 많은 지구인이 함께할 수 있기를 바랍니다. _J

**우주를 더 가까이!**

IAU 필독서, 《천문학의 빅아이디어》는 IAU에서 발간해 전 세계 곳곳의 언어로 번역, 활용되는 책입니다. 이 책은 지구상의 모든 시민이 알아야 할 11가지 주제의 천문학 이야기를 담았습니다. 천문학자의 목소리로 직접 제작한 오디오북으로도 들을 수 있으며, PDF 파일로도 다운받아 읽을 수 있습니다.

오디오북 다운로드

원본 바로 읽기

# 우리의 밤은
# 당신의 낮보다 아름답다

#천문대의밤
#천문학자의밤
#야식

해가 지고, 별이 뜨기 전까지의 시간이 있습니다. 일반인들에게는 서쪽으로 뉘엿뉘엿 넘어가는 일몰을 바라보고 붉게 물든 노을을 감상하는 시간, 천문대에 올라간 천문학자들에게는 돔을 열고 망원경을 움직여 관측을 준비하는 가장 바쁜 시간입니다. 형형색색 고운 빛깔로 뒤덮인 하늘을 감상하기는커녕 일몰 후 빛이 조금 남아 있는 하늘을 더 어두워지기 전에 촬영해야 하거든요. 해가 지고, 별이 뜨기 전 적당히 밝고 적당히 어둡기도 한 하늘은 천문학자들에게 망원경과 카메라의 상태를 점검해볼 수 있는 좋은 기초 자료가 됩니다. 하늘이 점점 어두워져 별이 더 나타나기 전에 한 장이라도 좋은 영상을 얻기 위해 눈과 손을 바삐 움직이다 보면 어느새 하늘은 컴컴해지고, 별빛이 하나둘씩 제 모습을 드러내기 시작합니다.

태양이 지평선 아래로 한참 내려가 더 이상 그 빛을 하늘에 뿌리지 못하는 상태, 좀 어렵게 표현하면 태양의 고도가 −18도보다 아래로 내려가면 천문학에서 이야기하는 공식적인 밤의 시작입니다. 자, 그러면 이제 본격적인 관측을 시작합니다. 연구 대상으로 삼은 천체의 좌표를 망원경에 입력하고 망원경이 해당 위치로 이동하면 카메라로 촬영을 시작합니다. 이 기본적인 절차는 50센티미터 크기의 작은 망원경이든 10미터 크기의 대형급 망원경이든 모두 같습니다. 또한 모든 것이 자동으로 움직이는 로봇 망원경인 한국천문연구원의 부엉이OWL-Net(우주물체 전자광학 감시네트워크Optical Wide-field patroL Network) 망원경이든, 1939년에 만들어 패들을 밟고 조이스틱 같은 것을 수동으로 움직여 조정하는 미국 맥도널드McDonald 천문대 망원경이든 이 절차는 똑같습니다.

그렇게 찰칵 소리를 내며 카메라의 셔터가 닫히면 잠시 뒤 모니터를 통해 한 장의 영상이 나타납니다. 가장 숨죽이는 순간입니다. 지금 이 순간 지구에서 우주에 있는 그 대상을 자세히 바라보고 있는 사람은 오직 나뿐이라는 사실을 떠올리면 숨이 막힐 정도입니다. 그 대상이 지구를 스쳐 지나가듯 움직이는 소행성이든 수십억 년 떨어진 과거의 희미한 빛을 간직한 외부 은하든 그 것은 중요하지 않습니다. 눈으로는 보이지 않는 밤하늘의 어두운

하와이 마우나케아 천문대 정상에서 본 일몰. © 김명진

보현산 천문대에서 촬영한 지구를 스쳐 지나가는 소행성 2011CP4.(가운데 흰색 점이 소행성이고, 주변에 길게 선으로 나타난 것은 별의 궤적이다.) © 김명진

곳, 아무도 보지 않는 그곳에 망원경을 겨누어 빛을 모아서 얻은 한 장의 사진을 마주할 때의 감동은 소나기가 그친 하늘에서 우연히 발견한 일곱 빛깔 진한 무지개를 보는 것 같습니다. 관측 천문학이라는 학문이 가져다주는 짜릿한 순간이지요.

한참 밤하늘 이쪽저쪽을 살피며 관측하다 보면 어느새 태양이 발아래 위치했다고 배꼽시계가 알람을 울립니다. 자정입니다. 천문대에서 먹는 야식을 왜 '나이트 런치Night Lunch'라고 부르는지 쉽게 이해가 갑니다. 우리나라에서는 주로 컵라면과 김밥을 먹습니다. 몇 해 전 소백산 천문대에서는 인삼튀김이 나와 건강한 야식을 맛있게 먹은 기억이 납니다. 외국에서는 주로 샌드위치를 먹는데, 하와이 마우나케아Mauna Kea 천문대는 어떤 종류의 샌드위치를 먹을지, 그 안에 넣을 재료를 골라서 전날 오후에 주문서를 작성하면 관측하러 올라가기 전에 받을 수 있습니다.

든든하게 나이트 런치를 먹고 관측하다 보면 어느새 새벽이 깊어지고 동쪽 하늘이 조금씩 밝아옵니다. 자, 이제 다시 밤보다 더 바쁜 여명의 시간입니다. 일출 전 하늘이 채 밝아지기 전에 영상 보정을 위한 별 없는 평평한Flat 사진을 찍어야 하지요. 그렇게 정해진 모든 관측을 마치면 돔을 닫습니다. 그리고 천문대에서 내려오는 길에 떠오르는 태양을 보며 천문대의 밤을 마무리합니다. 몸은 피곤하지만 밤새도록 별빛 샤워를 마친 황홀한 마음에 눈을 붙여봅니다. 내일 밤에는 또 어떤 우주가 나를 기다리고 있을지 기대하며 잠자리에 듭니다. _M

## 우주를 더 가까이!

한국천문연구원에서 운영하는 KMTNet(Korea Microlensing Telescope Network, 외계 행성 탐색 시스템) 망원경은 칠레, 호주, 남아공에 설치되어 있습니다. 세 곳의 하늘 상태를 실시간으로 보여주는 웹 사이트가 있어요. 세 곳 중 한 곳은 반드시 밤이니 남반구 밤하늘이 궁금하다면 오른쪽 큐알 코드를 스캔해보세요!

 왼쪽 큐알 코드를 스캔하면 방문할 수 있는 웹 사이트는 하와이 마우나케아 정상에 있는 천문대들의 실시간 웹캠을 보여줍니다. 세계에서 가장 별을 관측하기 좋은 곳 중 하나이니 한국 시간으로 오후에 접속해보면 십중팔구 멋진 밤하늘을 감상할 수 있을 거예요.

Day 90

# 클릭 한 번으로 천문 연구에
# 참여하고 싶다면!

#모두의
#밤하늘
#시민참여과학

우리의 지구를 위해, 모두의 밤하늘을 위해 천문학계에서 이뤄지고 있는 방법 중 하나가 '시민 과학'입니다.

요즘은 평범한 시민이지만 생산에 참여하는 소비자, 프로슈머 Prosumer가 많은데, '시민 과학'도 프로슈머와 비슷한 개념입니다. 전문가들의 영역으로만 여겨졌던 과학 연구와 과학 기술 정책에 일반인들이 자발적으로 참여하는, 쉽게 말해 일종의 실천 운동입니다.

가장 유명한 사례는 '은하 동물원 Galaxy zoo' 프로젝트와 '주니버스 Zooniverse' 플랫폼입니다. 2007년 영국 옥스퍼드 대학 University of Oxford 물리학과 대학원생인 케빈 샤빈스키 Kevin Schawinski는 연구를 위해 90만 장이나 되는 우주 사진 속 은하의 모양을 분류해야 했습니다. 나선과 타원, 막대, 원반 등의 모양만 구분할 줄 알면 어렵지 않은 작업이었지만 최소 3년 이상 매달려야 하는 엄청난 양이었습니다. 이에 누구나 간단한 교육을 받으면 사진 속 은하를 분류할 수 있도록 신속히 웹 사이트를 만들고, 프로젝트의 이름을 '은하 동물원'이라고 지었습니다. 그런 다음 "아무도 본 적 없는 우주의 모습을 세상에서 가장 먼저 볼 수 있는 기회"라는 카피를 붙였죠. 영국 언론사인 BBC에서 이 프로젝트를 소개했고, 10만 명 이상이 참여했습니다. 은하 동물원 프로젝트는 주니버스 플랫폼(zooniverse.org)을 통해 지금도 계속되고 있지요.

주니버스는 우주, 예술, 생물, 역사, 환경, 의학, 사회과학 등 다양한 분야의 과학 프로젝트에 일반인이 참여할 수 있는 플랫폼입니다. NASA도 주니버스 플랫폼을 통해 지속적으로 다양한 시민 참여 과학 연구를 진행하고 있습니다. 외계 행성 탐색 전용 위성인 케플러 우주 망원경의 관측 데이터를 공개해 2018년에는 아마추어 과학자들이 지구 환경을 닮은 지구형 행성 5개를 찾아냈습니다.

2010년에 시작해 5년 동안 진행한 '달나라 동물원MoonZoo' 프로젝트(moonzoo.org)는 NASA의 달 정찰 궤도 위성 카메라로 찍은 고해상도 달 사진을 일반인이 제공받아 관찰한 후 그 결과를 NASA에 제공했습니다. 복합적인 임무도 있지만, 달의 분화구인

주니버스 플랫폼 메인 화면 이미지.

크레이터 수를 세는 일처럼 단순한 종류의 일도 있었죠. 정확한 달 크레이터의 수를 안다면 천문학자들은 달의 나이와 달 표면 깊이에 대한 정보, 달과 지구가 우주 쓰레기와 충돌할 위험이 얼마나 되는지 판단하는 데 도움을 받습니다.

최근에는 화성의 새 탐사 지점을 찾는 데 일반 시민의 집단 지성이 결정적인 역할을 했습니다. '플래닛 포Planet Four' 프로젝트

(planetfour.org)는 화성 주위를 공전하는 화성 정찰 위성에 탑재된 고해상도 카메라로 찍은 영상을 바탕으로 화성 표면의 얼룩 등 특징을 발견, 측정하는 프로젝트입니다. 1만 명의 시민이 화성의 남극 지역을 촬영한 이미지를 분석해 화성 탐사선이 새로운 탐사 목표 지점인 '스파이더Spider'를 찾는 데 결정적인 도움을 줬습니다. 스파이더는 고체 상태의 이산화탄소가 대량으로 매장된 곳에서 자주 생겨나는데, NASA는 이들 시민이 지목한 20여 개의 새로운 스파이더 후보 지역 중에서 실제로 스파이더를 찾는 데 성공했습니다.

천문우주 분야뿐만 아니라 지구 온난화, 기후 변화에서도 과학 문해력을 갖춘 시민 과학의 필요성이 점점 커지고 있습니다.

✦ 우리는 전문가는 아니지만 사회의 다양성을 대표하는 시민입니다. 우리에게는 사회의 변화를 가져올 수 있는 힘이 있습니다.

2021년 프랑스 기후시민의회Convention Citoyenne pour le Climat에서 발간한 보고서 서문 속 문장처럼 여러분도 지구 내 여러 연구와 문제 해결에 기여할 수 있습니다. 학창 시절에 과학을 잘하지 않았더라도, 과학자가 꿈이 아니었을지라도 당신도 과학 연구에 참여할 수 있습니다. 과학은 지식이 아니라 태도니까요!_J

**연구에 직접 참여할 수 있는 가장 인기 있는 플랫폼 '주니버스'**

주니버스 사이트에 들어서자마자 "우리는 당신이 여기 와서 너무 기뻐요", "어디서나 과학을 하세요"라는 문구가 반깁니다. 본문에 언급한 은하 동물원부터 화성 남극의 이미지를 분석하는 플래닛 포 등 과학뿐만 아니라 다양한 분야의 최첨단 연구에 참여할 수 있는 프로젝트들이 나열되어 있으니 관심 가는 연구를 골라서 참여해보세요.